"十四五"职业教育国家规划教材

"十三五"职业教育国家规划教材

物联网技术
基础与实践

王忠润　钱亮于◎主　编
刘　丹　薛　莹　陈　珂◎副主编

中国铁道出版社有限公司
CHINA RAILWAY PUBLISHING HOUSE CO., LTD.

内容简介

本书是针对中等职业学校计算机网络技术专业、物联网技术应用专业的学生学习物联网基础知识，了解"互联网+"发展新科技，培养物联网专业技能的需求而撰写。全书充分考虑学生的实际需求，通过具体实践，讲述物联网发展新科技，拓展学生专业知识和技能，达到促进学生了解、掌握物联网基础知识及一般应用的学习目的。

本书包含17个单元，39个任务。每个任务都是围绕物联网的基础知识与技能，结合企想公司的物联网教学套件实验箱的模块展开的。知识和技能的展开主线是遵循物联网的三层体系结构，结合学生生活实际，从基础的感知层开始，了解商品编码、条码、电子标签、传感器，再到中间的传输层深入，包括无线网络、Wi-Fi、ZigBee等，再到高级的应用层技术方案、智能家居系统等，由浅入深、由表及里，层层递进、分级展开的。

本书可作为中等职业学校相关专业教材，也可作为高职相关专业学习物联网的基础知识教材。

图书在版编目（CIP）数据

物联网技术基础与实践/王忠润，钱亮于主编.—2版.—北京：中国铁道出版社有限公司，2022.4（2024.10重印）
"十三五"职业教育国家规划教材
ISBN 978-7-113-28920-1

Ⅰ.①物… Ⅱ.①王… ②钱… Ⅲ.①物联网-高等职业教育-教材 Ⅳ.① TP393.4 ② TP18

中国版本图书馆CIP数据核字（2022）第031407号

书　　名：物联网技术基础与实践
作　　者：王忠润　钱亮于

策　　划：王春霞　　　　　　　　　　编辑部电话：（010）63551006
责任编辑：王春霞　包　宁
封面设计：付　巍
封面制作：刘　颖
责任校对：孙　玫
责任印制：赵星辰

出版发行：中国铁道出版社有限公司（100054，北京市西城区右安门西街8号）
网　　址：https://www.tdpress.com/51eds
印　　刷：三河市兴达印务有限公司
版　　次：2019年2月第1版　2022年4月第2版　2024年10月第5次印刷
开　　本：787 mm×1 092 mm 1/16　印张：18　字数：460千
书　　号：ISBN 978-7-113-28920-1
定　　价：55.00元

版权所有　侵权必究

凡购买铁道版图书，如有印制质量问题，请与本社教材图书营销部联系调换。电话：（010）63550836
打击盗版举报电话：（010）63549461

前 言

物联网，作为新一代信息技术革命的核心内容之一，已经深入到我们生活的方方面面，极大地影响着未来社会的发展。对此，在党的二十大报告中明确指出要"加快发展物联网，建设高效顺畅的流通体系"，对国家物联网的建设和发展指明了方向。因此，培养具有物联网专业知识和技能的实用型人才，既是当今经济社会发展的迫切需求，也是职业学校未来的重要方向。

本教材针对中职学生认知特点及职业教育的规律，在总结多年教学和科研实践经验的基础上，依据重点专业精品课程的标准规划设计，以物联网体系结构的三个层面为主线，从感知层入手，围绕商品编码、一维条码、电子标签等讲解感知功能实现的思路和方法；在中间传输层，结合家庭组网、模块组网，介绍Wi-Fi、ZigBee组网技术，实现信息传输；在应用层面，围绕智能家居、智能传感解决方案等内容分析讲解物联网的具体应用。

全书共17个单元，39个任务。其中感知层4个单元、传输层4个单元、应用层8个单元，各单元均以实际操作任务导入，通过实验过程和实验现象学习，然后再展开理论知识讲解。整体内容深入浅出、层次分明、理论联系实际，具有贴近学生、突出技能的特点。

本教材系第二版，在保留整本教材体系结构及编排特点的基础上，挖掘和融入体现民族精神及爱国主义思想的内容，同时还在各单元加入了重点知识讲解和实践操作的演示视频，方便教学和学习，可通过扫描二维码观看。

本书的编排特点：

（1）以任务实践为先导，先认识部件，完成实验，后学习理论，提高技能，整合学生的认知规律及现代教育思想。充分体现了"以学生为本"的职业教育理念。

（2）以岗位需求为导向，采用任务化驱动，突出实践技能，坚持"岗位技能为中心"思想，遵循了职业教育的原则。

（3）以上海某物联网公司的教学实验箱为依托，以实验任务为先导，吸引、激发学生兴趣，简化难点、后置理论，将物联网具体知识内容融入到实验教学中。

（4）以行业发展为线索，挖掘祖国科技文化的历史发展、杰出贡献、人文实绩，培养学生的爱国情怀，激发学生努力学习，为国争光的崇高理想和热情。

本书设计了17个教学单元，建议安排72学时，其中讲授34学时，实训34学时，复习及考试4学时，每个单元及任务具体学时建议安排如下：

学时分配表

单元内容	学时分配		
	讲授	实训	学时
单元一 概述——初识物联网	2	2	4
单元二 感知层——物联网商品编码	2	2	4
单元三 感知层——电子标签基础	2	2	4
单元四 感知层——电子标签（卡）读写	2	2	4
单元五 感知层——传感器介绍	2	2	4
单元六 传输层——无线通信技术	2	2	4
单元七 传输层——Wi-Fi 通信技术	2	2	4
单元八 传输层——ZigBee 通信技术	2	2	4
单元九 传输层——GPRS 通信技术	2	2	4
单元十 应用层——温、湿度监控技术	2	2	4
单元十一 应用层——光亮控制技术	2	2	4
单元十二 应用层——烟雾控制技术	2	2	4
单元十三 应用层——人体红外与蜂鸣器技术	2	2	4
单元十四 应用层——PM2.5 环境监测技术	2	2	4
单元十五 应用层——网络检测技术	2	2	4
单元十六 应用层——GPS 定位技术	2	2	4
单元十七 应用层——智能家居综合应用	2	2	4
复习及考试	2	2（考试）	4
总计			72

本书由上海商业会计学校计算机网络技术专业组教师联合编写，融入了教师们多年的教学经验。编写中得到了上海企想信息技术有限公司的大力支持和帮助，为本书提供了实践设备和实践素材，并委派工程师配合帮助。本书还得到上海电子信息职业技术学院薛莹老师的大力支持，在此一并向他们表示深深的敬意和衷心的感谢！

由于作者水平有限，书中难免存在错误和不足之处，欢迎广大教师及读者批评指正，编者的邮箱是：jtlwzr@126.com。

编　者
2022 年 11 月

目 录

单元一 概述——初识物联网

任务一 发现身边的物联网 ... 1
任务二 理解物联网的含义 ... 5
任务三 了解物联网的组成结构 ... 9
任务四 了解物联网的应用及发展 ... 12
课后习题 ... 18

单元二 感知层——物联网商品编码

任务一 了解商品编码和条码 ... 20
任务二 理解商品代码及一维条码 ... 24
任务三 认识理解二维码 ... 27
课后习题 ... 34

单元三 感知层——电子标签基础

任务一 认识电子标签 ... 37
任务二 了解电子标签的工作过程 ... 42
任务三 了解电子标签编码 ... 45
课后习题 ... 52

单元四 感知层——电子标签（卡）读写

任务一 低频电子标签扣读写 ... 54
任务二 高频电子标签卡读写 ... 62
任务三 超高频电子标签卡读写 ... 66
课后习题 ... 71

单元五　感知层——传感器介绍

　　任务一　认识常用的传感器 73
　　任务二　了解常用传感器的工作原理 78
　　课后习题 87

单元六　传输层——无线通信技术

　　任务一　无线通信的实验 88
　　任务二　掌握无线通信的基础知识 96
　　课后习题 107

单元七　传输层——Wi-Fi 通信技术

　　任务一　烧写主控板、节点板实验 110
　　任务二　配置主控板、节点板网络参数 117
　　课后习题 134

单元八　传输层——ZigBee 通信技术

　　任务一　ZigBee 通信实验 136
　　任务二　了解 ZigBee 的组网原理 139
　　课后习题 146

单元九　传输层——GPRS 通信技术

　　任务一　GPRS 通信实验 149
　　任务二　了解 GPRS 的基础知识 153
　　课后习题 156

单元十　应用层——温、湿度监控技术

  任务一　温、湿度传感器的实验 ……………………………… 158

  任务二　了解温、湿度监控技术及应用 ………………………… 165

  课后习题 …………………………………………………………… 170

单元十一　应用层——光亮控制技术

  任务一　光照传感器与步进电机实验 …………………………… 172

  任务二　了解光照传感器与步进电机及应用 …………………… 179

  课后习题 …………………………………………………………… 185

单元十二　应用层——烟雾控制技术

  任务一　烟雾测控实验 …………………………………………… 187

  任务二　了解烟雾传感控制应用 ………………………………… 195

  课后习题 …………………………………………………………… 201

单元十三　应用层——人体红外与蜂鸣器技术

  任务一　人体红外与蜂鸣器实验 ………………………………… 202

  任务二　了解人体红外与蜂鸣器工作原理 ……………………… 206

  课后习题 …………………………………………………………… 211

单元十四　应用层——PM2.5 环境监测技术

  任务一　PM2.5 环境监测实验 …………………………………… 212

  任务二　了解 PM2.5 传感器的应用 ……………………………… 216

  课后习题 …………………………………………………………… 221

单元十五　应用层——网络监测技术

任务一　网络监测技术实验 222
任务二　了解网络监测应用 226
课后习题 233

单元十六　应用层——GPS 定位技术

任务一　GPS 通信基本操作 235
任务二　了解 GPS 的技术应用 240
课后习题 245

单元十七　应用层——智能家居综合应用

任务一　智能家居综合应用实验 248
任务二　智能家居基础知识 262
课后习题 269

习题答案　　　　　　　　　　　　　　　　　　　　　　　270

单元一

概述——初识物联网

学习目标

(1) 了解物联网的特征。
(2) 认识物联网的定义。
(3) 理解物联网的组成。
(4) 了解物联网的发展。

近年来,"物联网"这个名词频繁出现在广播、电视中,"物联网"应用也日益广泛地服务大众生活。电子支付全面普及,共享单车比比皆是。未来的"物联网"必将更广泛地应用在工农业生产、人工智能、自动驾驶、航空航天、智慧城市等各个方面。我们必须跟上时代的发展,学习掌握相关的知识、技术,才能创造更加美好的学习和生活环境,建设好我们的国家。

那么,什么是"物联网"？它有什么功能？它与国家经济建设的未来有什么关系？为什么发达国家都极其重视物联网、纷纷制定了各自的发展战略？带着这一连串的问题,我们走进物联网,去认识物联网时代的发展。

前期准备

(1) 带有 NFC 功能的智能手机一部,学生实验需自备。
(2) 带 RFID 电子标签的交通卡、银行卡或校园卡一张。
(3) Wi-Fi 热点（下载软件用）或能用流量上网。

任务一　发现身边的物联网

任务描述

我们身边有着多种多样的物联网。但如果不熟悉它,缺少发现的"眼睛",就似乎感觉不到它们的存在,但它们确实已经广泛应用在人们的日常生活中了。

发现这些物联网,了解它们的使用,进而更多地了解它们的规律,掌握更多的应用,这将成为我们进入物联网世界的便捷途径。下面我们就来完成这个发现任务,请同学们一起睁大眼睛、开动思维、敏锐观察,来发现这些"隐藏"起来的物联网"真身",并尝试应用它们。

任务分析

首先,要理清思路、明确线索,方能按图索骥、发现目标。那么查找物联网"真身"的线索是什么呢?

一个最大的特征就是:物品包含了可传输的信息。

比如说在超市买东西,收银员只要把激光读码器对准商品的一维条码一描,商品的类别及价格信息就进入到计算机结算系统中了,这是商品管理及结算物联网;再比如我们每天乘公交和地铁的"交通卡",只要把它在读写器(或闸机)上扫一扫,乘车费用就自动扣除、结算完成了。这是物联网在自动检票系统中的重要应用。交通卡里面就包含了预存金额的信息、乘坐起始站的信息、终到站的信息等。

任务实施

一、发现目标

同学们结合任务实验,放飞思想的翅膀,去梳理我们的生活瞬间,寻找那些隐藏起来的物联网,并把找到的内容填入表 1-1 中。

表 1-1 可感知信息的物品

序号	物品名称	包含信息	网络说明
1	交通卡	金额、站点等	检票系统
2	校园卡		
3	钥匙扣、门禁卡		
4	身份证		
5	商品条码等		
6	(同学们自己发现的)		

二、物品信息的感知

既然我们找出了物联网的蛛丝马迹,那么,物品里面的信息又是如何发现和传递的呢?例如:交通卡内的信息是如何被感知,并进入到结算系统中的?

其实,在交通卡内部,隐藏了一个电子标签,而闸机上的感应小窗是一个读写器,电子标签的信息经过阅读器读出来,经过网络传输到后台服务器,检票系统接收信息、识别信息,到数据库结算数据,最后完成存储信息的改写、更新,如图 1-1 所示。(后面有详细介绍)

由于我们的智能手机是一个集成了物联网传感器与综合应用的终端设备,相当一部分手机已经配备了阅读器,集成了 NFC(Near Field Communication,近距离无线通信技术)功能的应用。它能实现近距离(10 cm 以内)对类似交通卡中的 RFID 电子标签信息的读写、识别,包括对银行卡、校园卡等信息的读取。

下面动手实践,体验手机中 NFC 功能对这些信息卡的读写操作,真实感受一下物联网的应用。

单元一 | 概述——初识物联网

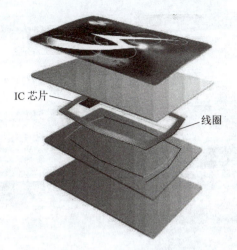

图 1-1 交通卡内部构造

本书以型号荣耀 V30 的手机为例，介绍手机 NFC 功能的使用，读取交通卡信息。（小米 8 以上、华为 P20 以上、OPPO X9 等，都有此功能，操作也大同小异。）

实验全过程主要分三大环节，一是为手机设置开启 NFC 功能；二是安装应用 NFC 功能的 App 软件（如支付宝、上海交通卡等）；三是完成信息的读取。

操作步骤：

步骤一：在手机桌面上从最上边框向下滑动桌面，进入手机设置窗口，如图 1-2 所示。

步骤二：在窗口下部区域找到 NFC 功能，点击打开 NFC 项，打开 NFC 设置功能，如图 1-3 所示。

图 1-2 "设置"界面

图 1-3 "其他无线连接"界面

步骤三：在手机应用市场中查找 App 中关于 NFC 应用项进行安装，如图 1-4 所示（由于本机已经安装完成，所以其右侧按钮显示为"打开"）。

步骤四：安装上海交通卡 App。在手机应用市场中查找到"上海交通卡"App，进行安装。如果未安装支付宝的，还要选择安装支付宝，如图 1-5 所示。

3

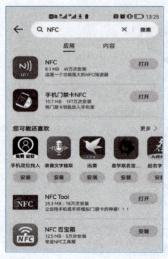
图 1-4 "NFC" 界面

图 1-5 安装上海交通卡 App

步骤五：打开上海交通卡 App。展开上海交通卡的应用界面，如图 1-6 所示。

步骤六：安装并打开支付宝 App 软件（注意，必须要在通用设置中开通 NFC 功能），具体设置界面如图 1-7 所示。

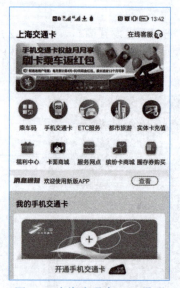
图 1-6 上海交通卡 App 界面

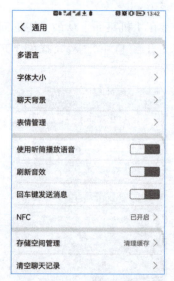
图 1-7 通用设置

步骤七：读取上海交通卡的信息。

打开上海交通卡 App，选择实体卡余额充值与查询，将交通卡贴近于手机背面，手机则自动读识信息并显示出来。如图 1-8 所示。

步骤八：读取银行卡的信息。

开通 NFC 功能后，将银行卡贴近于手机背面，手机提示选择应用程序，选择支付宝后，则读识信息并显示出来，如图 1-9 所示。

单元一 | 概述——初识物联网

图 1-8　交通卡查询的信息

图 1-9　银行卡查询的信息

补充内容：
同学们也可以把自己的校园卡拿出来，进行信息的读取，看看能识别哪些信息。

任务二　理解物联网的含义

任务描述

通过前面的实验，我们发现了身边的物联网应用，对物联网有了初步的感性认识。下一步，我们学习物联网的理论知识，理解物联网的定义、特点、结构等，从而更好地应用物联网解决生活中的实际问题。下面讲述的这些理论知识，重点要掌握什么是物联网，它有哪些特点，并理解其各部分的构成。

任务分析

人们对世界的认识都是先实践，后理论，再到实践的过程。所以我们学习理论知识，理解其定义、原理也需要结合实际，深入浅出，从身边的应用出发来进行分析。因此本任务从生活中的地铁检票系统案例出发，分析物联网的基本构成，了解各部分的功能，从而掌握这些基本概念。

首先，我们把地铁检票系统的功能和工作过程进行抽象和简化，只保留主要功能部分，形成地铁检票系统示意图，如图 1-10 所示。

该系统的核心是信息的识别与结算，包括在进站和出站两个关键环节中。

当进站时，在闸机的识别窗放上交通卡，闸机的读写器识别出卡里的信息，显示信息，与后台服务器信息比对，检测通过，同时打开闸机栏杆锁；当出站时，在出站闸机识别窗放上交通卡，闸机的读写器识别出卡中的信息，并与服务器记录的进站信息比对、结算、扣除费用，并显示剩余费用及出站信息，同时打开闸机栏杆锁，放行出站。

这个过程我们感受到的就是一进一出两个闸机，但实际上是一个完整的包括交通卡在内的

5

信息识别、信息传送、后台结算的检票功能的物联网系统的工作过程。

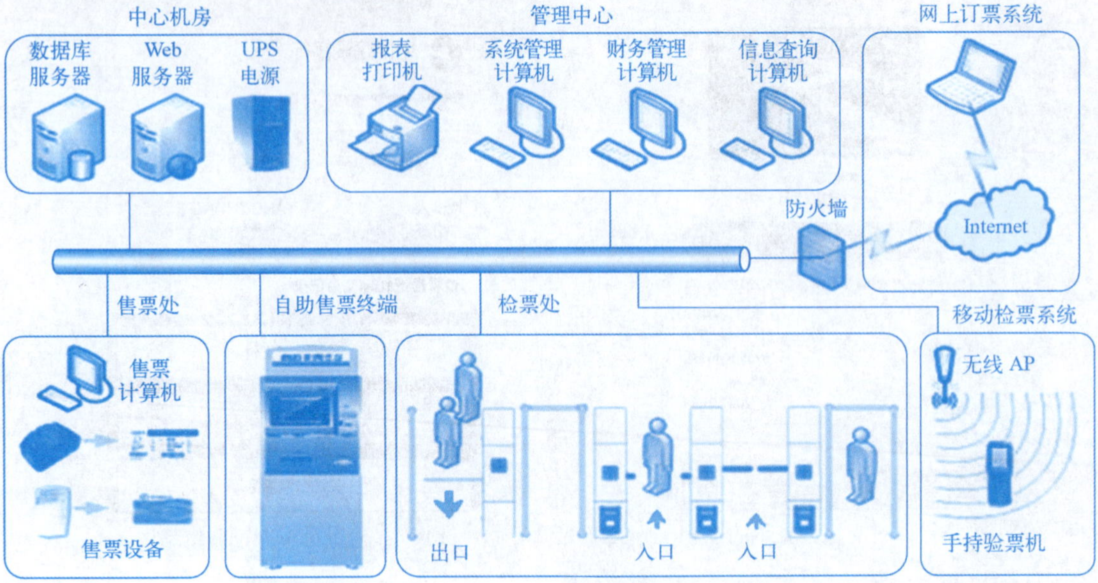

图 1-10 地铁检票系统

根据图 1-10 所示，看到该物联网系统主要包含了交通卡、闸机、网络传输、前台终端、后台 Web 服务器、数据库服务器等主体部分，也包括其他（如监视、打印机等）起辅助作用的部分。它们组合在一起，就构成了一个功能完整的物联网系统。

根据这个案例，让同学们自己总结出物联网的定义，同学们可能会从几个方面进行联想，可能是文字上的，也可能是场景上的。每个同学的想法必然各不相同。

在文字上，对"物""联""网"三个字的直观理解就是三个方面：物品、联系、网络。或许同学们和图 1-11 中的同学一样，大脑中会浮现起相对应的"物""联""网"图片。

图 1-11 "物""联""网"示意图

到底同学们是怎样认识的呢？我们要通过实际行动进行检验，下面开始任务实践。

任务实施

一、分析思考

首先请同学们完成下面的思考：

(1) 对比计算机网络的定义，"物联网"中的"物"是什么？
(2) "物联网"中"联"的含义是什么？
(3) "物联网"中"网"的含义是什么？
(4) 有人把物联网定义为就是让"物"说话，听人控制。说出你同意或反对该观点的理由。
(5) 结合地铁检票系统的应用，从功能独立这个角度，物联网可分成哪几个组成部分？

把上面的回答填写入表 1-2 中。

表 1-2　关于物联网的问答表

项　　目	内容（观点）	说　　明
1. 物联网之"物"？	包含身份、基本数据、环境、状态的物品概括为：	绝大多数情况需要为之添加可识别标签
2. 物联网之"联"？	含义：	
3. 物联网之"网"？	含义：	
4. 关于物联网的定义？	同意： 反对：	
5. 结合本案例从功能上划分"物联网"的组成？		

同学们，请通过自己的分析，总结得出各自的结论。

物联网的定义：

_____

_____

通过以上分析，可以得出如下结论：从形式上分析，所谓的"物联网"就是在"物""联""网"这三方面进行拓展、连接的新一代网络。从内在本质上说就是通过把"物"的方面的智能化，通过网络无线传输，实现物品间、人物间信息传输、调节、管控的网络系统。

> **说明**
>
> 2005 年 11 月 17 日，ITU（International Telecommunication Union，国际电信联盟）在突尼斯召开"信息社会世界峰会（World Summit of Information Society，WSIS）"，发布了《ITU 互联网报告 2005：物联网》，对"物联网"的概念及应用提出了明确和清晰的思路。
>
> 我国权威机构在此基础上，明确了"物联网"概念的内涵，并将物联网定义为：利用条码、射频识别（RFID）、全球定位系统（GPS）、激光扫描器等信息识别、传感设备（感应部件），按约定好的通信要求和规则（协议），进行人与物、物与物间的连接、通信，从而实现对物品进行识别、定位、跟踪、监控和管理的新一代网络系统。

二、了解物联网的特点

下面是三个物联网的应用实例，请同学们填写表 1-3 中的空白处内容，并以此分析物联网系统的特点。

表 1-3　物联网的工作分析

名　称	影　响　因　素				
	时　间	地　点	环　境	连接的物品	实现的功能
地铁检票系统					
迪士尼户外检票系统					
高速自动收费系统					
农产品追溯系统					
蔬菜生产的自动灌溉系统					

通过以上的分析、总结，可以得出物联网的三个特点：全面的感知、精准的传输、智能化的管理。

三、了解物联网的体系结构

物联网的应用非常广泛，小到家庭生活中的冰箱、空调、窗帘，能听懂我们的"话"（控制命令）；中到工作场所的门禁、计算机、库房管理等；大到外出旅行的验票闸机、高速公路 ETC、工业生产中的机器人生产线、农业生产的自动灌溉系统等都存在物联网的身影，发挥着重要的作用，如图 1-12 所示。

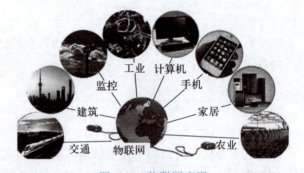

图 1-12　物联网应用

虽然在不同的行业、不同的领域，物联网有各种不同的应用，实现着各自不同的目标，但如果把具体的功能项目抽象出来，它们的工作性质与地铁检票系统的功能实现非常相似。所以，可以通过对地铁检票系统的剖析，理解一般物联网系统的组成，以方便我们的学习和研究。请同学们参照表 1-4 的内容，填写空白的部分。

表 1-4　物联网的功能分类

名　称	功 能 类 别			
	功能 1	功能 2	功能 3	其他项
地铁检票系统				
迪士尼户外检票系统				
高速自动收费系统				
（教师可补充项目）				

通过上面的分析我们可认识到物联网包含三个基本功能模块,也完全是结合了物联网的三大特征,这三大功能模块分别是:

1. 识别、感知功能

即物联网需要有感知功能和设备,用来感知条码、射频标签(存储了物品信息)、GPS 位置信息、环境状态等,以实现信息的存储、采集及发送。

2. 通信、传输功能

物联网需要信息传送,即利用通信设备并遵照约定的通信协议和规则,发送、传输专用数据信息,实现信息从采集端(现场)到后台管理端的传送。

3. 管理、调控功能

这个功能是物联网的核心,因为物联网的最终目标是能够对物品进行定位、跟踪、监控等,最终实现对物品、系统、设备、环境的监管和控制。

视频

物联网的定义

任务三　了解物联网的组成结构

任务描述

一个完整的物联网系统,是由多个功能模块组成的体系结构,需要各部分功能互相配合、协作。正如传统的计算机网络,有终端、服务器及连接线。终端和服务器都属于智能化设备,而通信线路则是传输信息的通道。与此相对应的,物联网也由类似的功能部分组成。

本任务就是从生活中最常见的地铁站闸机验票系统展开分析,从功能上进行分解,从而理解物联网系统的体系结构。

任务分析

类比传统计算机网络,物联网实现也要由类似的终端(节点,如台式计算机、笔记本式计算机、智能手机等)、通信线路,以及提供管理与服务的服务器组成。在通信过程中,双方或多个通信端之间必然要有明确的统一的规则,遵照统一的约定,使用同样的"语言"(又称协议),只有这样才能实现数据的传输、识别、管理,达到共享数据信息、管理所有对象的目的。

在物联网中,由于连接的是"物品"而非"智能终端",所以要实现与"物品"的联网,必须给"物品"补充、增添相应的"感知"功能,还要增添通信功能,遵守相应的通信协议,只有这样才能使这些"物品"连通有了基础条件,才可能把带有"感知"和"通信"功能的"物品"组织起来,接入网络,实现物联网的各项功能。

这个补充的感知功能可以是传感器、单片机、感应元件,也可以是简单到极致的条码(标签——它们可被光电识别,还需要有阅读器配合),或者是电子标签(RFID)等。(后面章节有详细介绍)

物联网一般采用的是无线连接,通过一定的通信协议,实现通信功能。

最后要有服务器端，提供管理与服务。

在地铁检票系统中，通过交通卡（包含有电子线圈、微小电路芯片）闸机，实现了对用户身份、存储金额的快速识别、结算，自动完成了验票的工作。

当然，地铁站中还有其他众多的物联网应用，如视频监控系统、广播呼叫系统、自动空调系统、火警监测系统、电梯管理系统、车辆调配显示系统，甚至包括核辐射、有毒气体检测系统等，在此我们暂不讨论。

任务实施

一、分析物联网各部件的功能

下面以地铁检票系统为例，分析该检票系统的组成及功能。请同学们根据自身的认识，结合应用中的体会，自主思考分析，将地铁检票系统组成部分分离出来，并分析它们的作用及功能，参照图1-10，把分析结果填入表1-5中。

表1-5 地铁检票系统各部件的功能

部　件	作　用	功　能
交通卡	作为感知层接入物联网，记录、上传持卡者卡内的信息	记录存储信息
闸机		
监控器		
自动售票机		
后台服务器		
通信线路（有线和无线）		
其他		

根据上面的分析，可以总结出地铁验票系统是由多个功能层面协调工作的，即包括信息识别部分、信息传送部分、信息处理部分和执行部分等。

根据大量物联网的社会实践，工程技术人员将物联网的组成体系归纳成三个层面：

（1）信息采集部分：本部分主要利用RFID、传感器、阅读器等实现对物品信息的识别、采集、转化功能。这部分被定义为物联网的感知层。

（2）信息传送部分：本部分通过有线、无线等通信设备把采集到的信息传送出去或接收，实现网络信息的输送。这部分被定义为物联网的传输层。

（3）管理、应用部分：本部分是对接收到的数据信息进行后台数据的分析、处理，并发送控制命令到控制执行系统，实现管控功能。这部分被定义为物联网的应用层。

物联网系统的组成体系常概括为"感知部分""传输部分""管理部分""执行部分"四部分，由于管理和执行部分常结合在一起，所以人们通常都简化地认为物联网的完整结构是由三部分组成的，即感知层、传输层、应用层（管理层），如图1-13所示。

图 1-13　物联网的组成及信息传送

二、明确物联网的体系结构

考虑到其他物联网应用的共同特点，以及与互联网、无线通信的关系，可归纳、总结出一般物联网的体系构成，由三部分组成：

（1）感知层：信息采集部分——完成环境状态的感知、自身状态的变化、位置的移动等，并将这些信息转化为容易操控的物理量。环境的感知主要由各类传感器及其读写设备组成。

（2）传输层：信息传递部分——主要将信息传送到网络服务器或其他节点，包括通信设备及网络。传输的主要方法是通过无线网络技术实现。

（3）应用层：信息处理部分——主要指服务器端的软、硬件部分，用于对接收到信息进行识别、监测、管理等。这部分功能是实现物联网的主要目标。

这三个功能层之间的关系是：感知层是基础层，它针对的是分散的各个被测物品（信息节点），进行信息的搜集、采集、汇总等工作，并实现将数据向上一层提交，完成数据的输出工作。传输层保证数据传输的快速、及时、准确，传输的方向是把从感知层接收到的数据向上传输到应用层。应用层接收数据后，进行分析处理，并将处理结果回传或启动执行机构做出相应的管理行为，实现物联网自动化管理的最终功能。

通过对物联网功能的理解，可以画出物联网体系结构图，直观表示出它们之间功能上的层次关系，如图 1-14 所示。

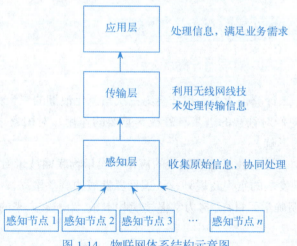

图 1-14　物联网体系结构示意图

考虑到不同的应用，以及不同的技术，可将物联网的三层体系结构进行更为具体的描绘，画出整个物联网体系结构的图示，如图 1-15 所示。

所有的物联网应用系统均是在这三层结构下的具体设计、实施及应用。本书按照这三个层面的结构，先从底部的感知层讲起，从介绍商品编码、条码、二维码、传感器完成信息的搜集、感知等开始,然后讲解网络传输层的无线通信(如 ZigBee、Wi-Fi、GPRS 等),最后介绍充分利用各种传感设备、通信技术,实现物联网的各种应用等。

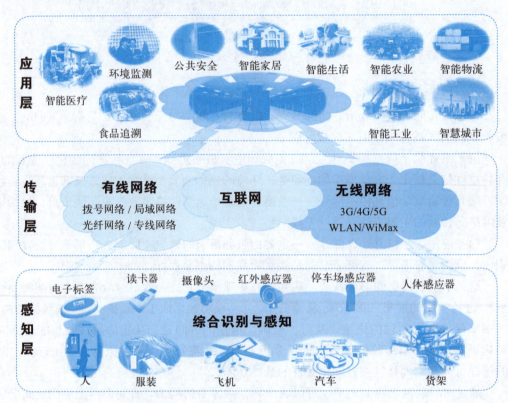

图 1-15　物联网的体系结构

任务四　了解物联网的应用及发展

任务描述

物联网、大数据、云计算被称为人类社会第三次信息化浪潮的三大核心技术,之所以称为核心技术,关键在于它们对社会的进步有着极其重要的作用,对国家未来的发展及社会经济结构的变化产生深远的影响。

本任务介绍物联网在当前社会重要领域的应用,展示物联网技术对社会发展的重大意义,通过发达国家对物联网发展的重视及规划,认识世界发展的竞争格局,期望同学们了解课程的意义、树立责任意识、明确学习目标、努力掌握技能和本领,为国家未来的发展做出自己的贡献。

任务分析

认识物联网发展的重要意义,一方面需要从当前生产、生活的案例中寻找答案。因为遍布在经济生产、社会生活的多个方面的案例说明了其价值。另一方面要从各个国家对物联网发展的态度和政策措施中寻找答案,这说明了其未来意义。

(1)了解物联网技术的应用;

（2）各国家对物联网发展的规划。

任务实施

一、了解物联网技术的应用

由于物联网的应用已经遍布经济活动、社会生活的各方面，为理清思路，我们按照经济领域的划分，从智慧物流、智慧交通、智慧安防、智慧医疗、智能家居、智慧能源、智慧农业、智能制造八个方面介绍其应用情况，并根据查找到的网络资料整理成一张图片，如图1-16所示。

图1-16　物联网应用八大方面

从图1-16可以看出，物联网已经广泛应用到国民生产领域的各个方面，以上八个方面只是最典型的代表。

其中最突出的是智慧物流，它是通过信息技术和通信链实现了对货物、车辆的全过程监控和调配。同学们是否参观过上海洋山深水港，对那里的生产场景是否有深刻的印象呢。

港口作为一项交通基础设施，对于一个国家来说，具有非常重要的意义。所以国家投资700亿，建设了洋山港这个全世界最大的集装箱码头，也是世界最大的海岛型深水人工港，如图1-17所示。

洋山深水港布置集装箱深水泊位达50个，设计年吞吐能力为1 500万标准箱以上。

图1-17　上海洋山深水港远景

如此庞大的码头，仅仅只需要9名工作人员！因为该工程具备完全的自动设备，使用全自动双小车岸桥自动引导车，整个工作流程完全自动化了。

对此同学们是否感到震惊，感到惊奇呢？这就是物联网的魅力，物联网的力量。

二、各国家对物联网发展的规划

由于物联网对各行业和整个国民经济发展的提升作用，以及对未来经济生活的重大影响，世界各国都对物联网的发展给予了高度的重视，纷纷制定了中长期的发展规划，如图1-18所示。

图1-18 物联网主要发展历程

2008年，美国IBM公司首次提出了"智慧地球"的概念，针对智能技术及物联网的发展，提出了把新一代IT技术充分运用在各行各业之中，通过超级计算机和"云计算"将"物联网"整合起来，以更加精细和动态的方式管理生产和生活，形成"感知+互联+智能=智慧地球"的模型，从而达到全球的"智慧"状态，并计划在新一代物联网发展中占据制高地位。

2009年，欧盟委员会向欧盟议会、理事会等递交《欧盟物联网行动计划》。2009年9月，欧盟发布《欧盟物联网战略研究路线图》，提出欧盟到2010年、2015年、2020年这三个阶段物联网研发路线图，并提出物联网在航空航天、汽车、医药、能源等18个主要应用领域和识别、数据处理、物联网架构等12个方面需要突破的关键技术。

日本在2005年推出了U-Japan计划，推广普及物联网的应用；2009年，又推出了"i-Japan战略"规划，继续大力推进信息社会的建设。

韩国在2004年，提出为期十年的U-Korea战略，2009年出台了《物联网基础设施构建基本规划》，2010年，韩国政府陆续出台了推动RFID发展相关政策。

2019年2月，美国启动了"美国人工智能计划（The American AI Initiative）"。

我国早在 1999 年，就启动了传感网（物联网前身）技术研究，形成了一批重要的科研成果，其中有核心处理芯片、相关技术标准等成果问世，研发水平处于世界前列。

2006 年 2 月，《国家中长期科学与技术发展规划（2006—2020 年）》将传感网列入重点研究领域。

2009 年 8 月，时任国家总理温家宝到无锡视察，确定建立中国的传感信息中心——"感知中国"中心的部署，提出了"感知中国"的战略计划。

2010 年，由我国提出并制定的"集装箱货运标签系统"被国际标准化组织（ISO）正式发布。这是我国在物流和物联网领域首个自主制定并由 ISO 正式发布的国际规范。

2012 年 2 月，工业和信息化部正式公布《物联网"十二五"发展规划》（下称《规划》）。《规划》指出，物联网已成为当前世界新一轮经济和科技发展的战略制高点之一，发展物联网对于促进经济发展和社会进步具有重要的现实意义。

《规划》还分析了物联网发展的国内外现状与发展趋势，梳理了物联网产业链，并提出了未来发展的目标与路径。这是国家首次出台如此详细的物联网规划，体现对物联网产业的高度重视。

2013 年 2 月，《国务院关于推进物联网有序健康发展的指导意见》印发，提出要实现物联网在经济社会各领域的广泛应用，掌握物联网关键核心技术，基本形成安全可控、具有国际竞争力的物联网产业体系，使物联网成为推动经济社会智能化和可持续发展的重要力量，并发布了顶层设计、技术研发、标准研制、产业支撑、商业模式、法律法规、信息安全等 10 项行动计划。

2013 年 6 月，中国国家标准化管理委员会发布了 21 项智能交通国家标准，并在 2013 年内陆续实施。依据所公布的信息显示，《电子收费　车道系统技术要求》（GB/T 28967—2012）、《电子收费　车道配套设施技术要求》（GB/T 28968—2012）、《电子收费　车载单元初始化设备》（GB/T 28969—2012）及《道路交通运输　地理信息系统　数据字典要求》（GB/T 28970—2012）标准于 2013 年 6 月 1 起实施。

2013 年 12 月，工信部正式向中国移动、中国电信、中国联通颁发 TD-LTE 制式的 4G 牌照。工信部负责人表示，三家运营企业均已开展 TD-LTE 规模网络试验，TD-LTE 技术完善和产业发展的成熟度已具备了规模化商用的条件。

2015 年 12 月，工信部发布《物联网白皮书（2015 年）》对国家战略新兴产业——物联网的发展提出了规划。

2016 年，国家发布《物联网"十三五"发展规划》对国家物联网的发展提出了新规划。

2017 年 6 月，工信部发布《关于全面推进移动物联网（NB-IoT）建设发展的通知》，明确将从加强 NB-IoT 标准与技术研究、打造完整产业体系，推广 NB-IoT 在细分领域的应用、逐步形成规模应用体系，优化 NB-IoT 应用政策环境、创造良好可持续发展条件等三方面采取 14 条措施，全面推进移动物联网（NB-IoT）建设发展。

2017 年 11 月，中共中央办公厅、国务院办公厅印发了《推进互联网协议第六版（IPv6）规模部署行动计划》，提出要用 5~10 年，形成下一代互联网自主技术体系和产业生态，建成全球最大规模的 IPv6 商业应用网络，实现下一代互联网在经济社会各领域深度融合应用。

2019 年 6 月，工信部向中国电信、中国移动、中国联通和中国广电正式颁发 5G 牌照，批准四家企业经营"第五代数字蜂窝移动通信业务"。这标志着我国正式进入 5G 商用元年。

2019年11月，在全国信标委生物特征识别分技术委员会换届大会上正式成立人脸识别技术国家标准工作组，标志着生物识别技术中关于人脸识别部分的国家标准制定工作全面启动。

2021年9月，工信部印发《物联网基础安全标准体系建设指南（2021版）》（下简称《建设指南》）。规划到2022年，初步建立物联网基础安全标准体系，研制重点行业标准10项以上；到2025年，推动形成较为完善的物联网基础安全标准体系。

2022年6月，由中国京东方科技集团股份有限公司联合中国电子技术标准化研究院提出并立项，由ISO/IEC JTC 1/SC 41归口并组织制定的ISO/IEC 30169:2022《物联网 针对电子标签系统的物联网应用》的国际标准正式获批通过并发布。

2023年2月，中国印发了《数字中国建设整体布局规划》。在该规划中指出，建设数字中国是数字时代推进中国式现代化的重要引擎，是构筑国家竞争新优势的有力支撑。该规划在如何落实实施时特别强调，夯实数字中国建设基础，打通数字基础设施大动脉。加快5G网络与千兆光网协同建设，深入推进IPv6规模部署和应用，推进移动物联网全面发展，大力推进北斗规模应用。

2024年9月，工信部印发《关于推进移动物联网"万物智联"发展的通知》，旨在提升移动物联网行业供给水平、创新赋能能力和产业整体价值，加快推动移动物联网从"万物互联"向"万物智联"发展。

总之，我国在物联网技术发展方面已经逐步发展到了世界水平的技术前沿，在面对百年世界大发展、大变局的时代，这必将极大地加速推进我国各项事业现代化的进程，对中华民族的伟大复兴起到重要的作用。期待同学们能不负韶华、不辞责任、努力学习、掌握本领，为国家的发展和民族的振兴做出自己的最大贡献。

知识拓展

1. 咖啡壶网站的故事

1991年，英国剑桥大学有个叫"特洛伊"的计算机实验室，科学家们在紧张辛苦的工作之余，需要喝点咖啡调节和休息。咖啡壶放在楼下，必须要走两层楼梯到楼下，但往往不凑巧，常常因没有咖啡或咖啡没有煮好而失望地返回，这让技术大师们很烦恼，于是他们在咖啡壶旁边安装了一个便携式摄像机，镜头对准咖啡壶，布好连通的线路，编写了相应的配套程序，利用计算机图像捕捉技术，以3帧/秒的速率把现场画面传递到实验室的计算机，这样实验室的工作人员就可以在房间中查看咖啡是否煮好，随时了解咖啡煮沸情况，确定煮好之后再下去拿，省去反复查看的麻烦。

1993年，这套简单的本地"咖啡观测"系统又经过其他同事的更新，以1帧/秒的速率通过实验室网站连接到了因特网上。据该网站统计，为了窥探"咖啡煮好了没有"，全世界网民竞相前往，蜂拥群至，数百万人点击过这个名噪一时的"咖啡壶"网站。这个"咖啡壶观测系统"就成为了真实物联网的雏形。2001年8月，这只最著名的咖啡壶在eBay拍卖网站以7300美元的价格卖出。一个不经意的发明，在全世界引起了如此大的轰动，源于它激发了人们的好奇心和对未知世界的感知的巨大需求。

2. 一款口红的故事

1997年，一个叫凯文·阿什顿（Kevin Ashton）的英国人，在宝洁公司（P&G）担任欧蕾口红的助理品牌经理。有一次在巡店时,他发现一款热卖的口红货架空空,原本他以为是热销量大,销售一空了,调查后得知其实仓库中存货还很多。是什么造成了补货不及时的这种情况?对于企业而言这是白白地看着受欢迎的产品因为没及时上架而损失了商机和宝贵的赚钱机会。

通过分析问题根源了解到,这种情况不仅是供应链效率问题,更多的是现场无法及时追踪商品信息导致的。因为当时零售商用条形码扫描系统进行库存管理,但无法知道货架上实时的销售状况,以致无法弹性调整商品上架。所以真正的原因主要是仓库和销售点的信息不通畅,供应处反馈信息差而不能及时补货。由于刚好此时英国的零售业开始尝试"无线电感应芯片"(radio-enabled chip,后来被称为 RFID)应用的新技术,于是凯文·阿什顿想到了把"无线电感应芯片"放进货架上的口红中,再配合网络传感通信,实现让店面端立即知道货架上的商品情况的目的。

2000 年,在宝洁公司和吉列公司的赞助下,凯文·阿什顿与美国麻省理工学院 (MIT) 的教授 Sanjay Sarma、Sunny Siu 和研究员 David Brock 共同创立了一个 RFID 研究机构——自动识别中心(Auto-IDCenter),凯文·阿什顿出任了中心的执行主任。具体负责将 RFID 推广给企业的工作。在后继的研究报告中,他引出了物联网的概念(the Internet of Things),并提出"万物皆可通过网络互联",初步确定和阐明了物联网的基本含义。他也因此贡献被尊称为"物联网之父"。

3.《阿凡达》的故事

《阿凡达》描绘和想象的故事发生在公元 2154 年,一个不太遥远的未来世界,地球上某些贪婪的人类为获取另一个星球——潘多拉星球的资源,启动了一项开发计划,该计划是通过使人类与纳美人(潘多拉星球的土著人)的 DNA 混血,培养出身高近 3 米的"阿凡达",以适应潘多拉星球的生存,并采集一种特有的 Unobtanium 元素矿石。

故事的主人公——受伤的退役军人杰克,接受了实验并与阿凡达来到潘多拉星球。

纳美人有非常发达的信息(物联网)系统,他们的历代祖先都可以通过圣树(纳美人称为"萨黑鲁")来实现连接,在树与树根之间都有着成千上万个不同的节点。潘多拉星球上有无尽的大树,构成了一种全星球的网络,纳美人可以登录进去,进行信息的上传、下载和存储。而神树实际上是潘多拉星球的服务器,星球上所有纳美人和生物都是物联网的传感器节点,物与物的通信、人与机器的通信都通过纳美人和马、龙等生物的精神结合的合体来实现,经常在天空出现的"蒲公英"实际上就相当于监控全星球网络的传感器。纳美人的长辫子通过与树的根须相连接,实现神经接触和灵魂的沟通,他们也通过尾巴接触的方式,达到心灵相通。他们的传感系统发达到可以与树连接,与天上的翼龙连接并进行信息交换和互操作,天人合一的巨大网络让所有的一切变得有生命和灵性,人与自然之间的互相依存也清晰可见。

正是靠着这种高度发达的信息技术,以及道德的力量,正义战胜了邪恶贪婪。

物联网的功能就是这样,人类将实现与各种物品沟通,通过植入的电子芯片来了解它的各种信息,这些信息都可以在物联网中被存储和调用,物联网的技术应用将"让一切自由联通",甚至做到"沟通从心开始"。因此,有人将《阿凡达》比作史上最强的物联网宣传片。

4. 西游记和封神演义的故事

《西游记》和《封神演义》也隐含了物联网的内容,书中都提到了两个涉及传感和网络的高技术人物——"顺风耳""千里眼",如图 1-19 所示。

这两人其实是商纣王手下的两员大将，分别叫高明和高觉，这两人原本是棋盘山上的桃树精和柳树精所变，会很多妖术，最神奇的就是他们拥有超凡的本领，能远观上下天庭、千里之外，耳听四面八方、百里之遥，相隔千里能看到敌对方的活动和军事部署，距离百里能听到对方将领的言语号令，正是由于这两位大将的帮助，使得商纣王朝的军队在相当长的一段时间内赢得胜仗，给姜子牙统领的周朝军队带来了很大的麻烦，作战屡攻不克，频频遭受败绩。

后来，姜子牙了解到情况，知晓了千里眼、顺风耳的超凡能力，并摸清了他们的底细，想出了克敌制胜的办法，就是利用旌旗和战鼓干扰了他们的视听，并派军队到棋盘山把桃树、柳树统统挖尽，放火焚烧，断了妖根，在最后的决战中，用打神鞭打死了千里眼、顺风耳，最终周朝军队战胜商纣王的军队，并推翻了商纣王朝的统治，建立了西周王朝，实现了近千年的江山霸业。

图1-19　京剧脸谱：千里眼和顺风耳

设想一下，如果姜子牙不了解情况，没有及时打死"千里眼""顺风耳"，战争的胜负真的还很难预料。可见，能及时地了解和掌握事情发展变化的信息多么重要。

课 后 习 题

一、选择题

1．物联网的英文名称是（　　）。

　　A．Internet of Matters　　　　　　　　B．Internet of Things
　　C．Internet of Theys　　　　　　　　　D．Internet of Clouds

2．（　　）年中国把物联网发展写入了政府工作报告。

　　A．2000　　　　B．2008　　　　C．2009　　　　D．2010

3．第三次信息技术革命指的是（　　）。

　　A．互联网　　　　　　　　　　　　　　B．物联网
　　C．智慧地球　　　　　　　　　　　　　D．感知中国

4．2009年10月（　　）提出了"智慧地球"。

　　A．IBM　　　　B．微软　　　　C．三星　　　　D．国际电信联盟

5．"感知中国"中心设在（　　）。

　　A．北京　　　　B．上海　　　　C．九泉　　　　D．无锡

6．2009年9月，无锡市与（　　）就传感网技术研究和产业发展签署合作协议，标志中

国"物联网"进入实际建设阶段。

  A．北京邮电大学 B．南京邮电大学 C．北京大学 D．清华大学

7．三层结构类型的物联网不包括（　　）。

  A．感知层 B．传输层 C．应用层 D．会话层

8．下列所示特征中，不属于物联网基本特征的是（　　）。

  A．自动化 B．网络化 C．感知化 D．智能化

9．以下选项中不被称为信息技术的三大支柱的是（　　）。

  A．射频技术 B．传感技术 C．计算机技术 D．通信技术

10．下一代互联网 IPv6 已进入布置阶段，中国部署了（　　）根服务器。

  A．1 台 B．2 台 C．3 台 D．4 台

二、多选题

1．下列属于从国家工业角度提出的重大信息发展战略的有（　　）。

  A．U-Japan B．U-Korea C．智慧地球 D．U-China

2．下列属于《让科技引领中国可持续发展》强调的可持续发展方面的有（　　）。

  A．突破物联网关键基础 B．IP 时代相关基础研发

  C．使网络产业成为"发动机" D．节能减排

3．IBM 的智慧地球概念中，智慧地球等于（　　）之和。

  A．传输系统 B．互联网 C．物联网 D．解决方案

4．国际电信联盟（ITU）发布名为 Internet of Things 的技术报告，其中包含（　　）。

  A．物联网技术支持 B．市场机遇

  C．发展中国家的机遇 D．面临的挑战和存在的问题

5．后台数据管理系统的主要功能是（　　）。

  A．完成数据信息存储 B．完成数据信息管理

  C．对电子标签进行读写控制 D．对电子标签进行能量补充

三、判断题

1．2011 年，物联网开始引起全球范围内的关注。（　　）

2．现阶段，电子信息技术已经渗透人们生活的各个方面。（　　）

3．产业和经济发展的需求对物联网的发展是一种更大的推动力。（　　）

4．技术难度有限、社会需求强烈的产物，快速发展是必然。（　　）

5．2010 年被称为"感知中国"的发展元年。（　　）

6．物联网的核心和基础仍然是互联网，它是在互联网基础上的延伸和扩展的网络。（　　）

7．2015 年，工信部发布《物联网白皮书（2015 年）》对国家战略新兴产业——物联网的发展提出了规划。（　　）

四、操作题

  类比手机 NFC 读卡实现的物联网，同学们进一步分析手机其他智能感知的功能，尝试应用实践，并向其他同学讲解其应用的操作过程。

单元二

感知层——物联网商品编码

学习目标

(1) 了解物品编码基础知识。
(2) 了解一维条码编码方法。
(3) 理解二维条码编码方法。
(4) 掌握二维条码读取制作。
(5) 了解国家二维条码标准。

通过单元一的学习我们知道了，为物品增加可感应的元器件或部件，可使物品具有"智能"，由一个不被注意到的盲点，变身为有感知、含信息、能通信的功能部件，接入到网络中，从而在系统部件间实现通信，构建物联网。所以为物品增加可感知的"标记点"，是形成信息通道、组建物联网必备的前提和基础，是实现对物品的管理由传统的纸、笔记录，人工清点到物联网连接、智能识别、自动化管理水平跃升的保障。

本单元的任务，就是了解人们如何让物品有"感知"，变得"聪明""智慧"起来，以及在具体的物品（商品）管理及信息自动化建设中，应用多种解决方案，实施科学化管理。

前期准备

(1) 智能手机一部（安卓系统）。
(2) 安装好"条码识别软件（我查查等）"。
(3) 安装"二维码软件（速拍二维码、万能二维码）"等软件。

任务一　了解商品编码和条码

任务描述

物品管理中最典型的应用就是商品管理。在商品管理中大量地应用了物联网技术。其中最基本的、最常见的就是商品的编码技术，通过商品编码及条码技术，实现了对商品的半自动化的管理，通过光电扫描读取信息极大地提高了速度，加快了大型超市等商品货币结算的工作效率。本单元就是要同学们学习商品管理中的编码方法及条码技术，这是在商品识别中最普遍、最常见的应用之一。

任务分析

对商品进行编码管理是日常生活中的基本方法，如学校对大量学生的学籍管理，采用的学号制度；再比如国家对公民的人身管理采用的是身份证制度，其中的身份证号也是编码管理；甚至小到个人写文章的章节划分也是用编码（序号）进行管理。因此顺着这条思路，在大量的商品生产和销售领域，对商品的管理也实行了编码，下面来体验一下商品编码的应用。

任务实施

一、感知商品编码及一维条码

现实生活中大量为商品增添标签，让商品具有被感知的能力，已经成为一个最基本、最普遍的应用。

下面让我们先体验、感知一下商品管理中，最普遍采用的商品编码——EAN-13 码，了解一下这种编码方法的规则。

从安卓手机的"应用市场"中下载一维条码的识别软件——"我查查"。然后利用该软件，查询身边商品的内容、价格等信息，体会商品编码及一维条码的实际应用，理解对商品赋予条码信息的意义。

本实验操作步骤分两大环节，一是在手机中安装条码识别软件；二是安装完成后启动软件，读取相应的条码信息。

步骤一：手机下载安装"我查查"软件。

在手机"应用市场"的搜索栏中输入"我查查"，查找"我查查"软件，找到后点击右侧"安装"按钮，完成安装，如图 2-1 所示。

步骤二：启动"我查查"软件，软件的应用界面如图 2-2 所示。

点击"查价格"按钮，在扫描界面中手机镜头对准所查产品。即可查询出相应产品信息。可以以身边的纸巾、矿泉水瓶等为例。

图 2-1　安装"我查查"软件

图 2-2　"我查查"软件应用界面

步骤三：运行软件扫描物品并识别出物品信息。

笔者以"抽取式面巾纸"产品为例，显示查询的结果，如图2-3所示。

步骤四：分析条码构成。

例如，条码编码：6914068018171

前3位691表示国家及商品种类代码：中国，日用品；紧跟的四位4068表示生产商代码；再后面五位01817表示产品代码；最后一位是校验位码，如图2-4所示。（具体的国际标准见后面的知识介绍）

图2-3 某产品的查询信息

图2-4 某产品的条码图

二、二维码读写实验

在手机"应用市场"中搜索、下载"生成二维码"和"条码二维码助手"软件，这些软件的基本功能参见表2-1，将软件下载到手机，并安装。

表2-1 二维码读写软件功能介绍

软件名称	功　　能	说　　明
条码二维码助手	1. 商品查询、快递查询、违章查询等； 2. 国内外商品扫码比价，包含超大条码库； 3. 文本、网址、手机号等扫码与生成； 4. 短信、邮件、名片、Wi-Fi等扫码与生成	
生成二维码	1. 生成普通类型二维码； 2. 生成图片二维码； 3. 生成网址、短信、音视频二维码； 4. 生成名片、Wi-Fi二维码等	

安装上述二维码读写软件，找出两件带有二维码的商品，完成下列两个实践操作，体会二维码的应用。

步骤一：启动"条码二维码助手"软件，如图2-5所示。

步骤二：点击扫描所查商品，此处为一本图书。把扫描窗口对准图书条码，识别出的信息如图 2-6 所示。

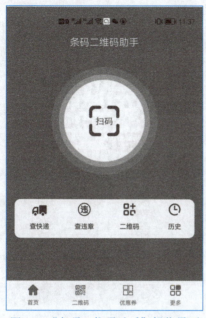

图 2-5 "条码二维码助手"操作界面

图 2-6 查询的商品信息

步骤三：启动"生成二维码"软件。启动后的工作界面如图 2-7 所示。

图 2-7 "生成二维码"界面

步骤四：点选"生成二维码"应用界面中"网址二维码"功能，在弹出的窗口网址栏中输入网址信息。

步骤五：生成网址二维码。

在文本框空白处输入中国铁道出版社有限公司网址"https://www.tdpress.com"（见图 2-8），然后点击"生成二维码"按钮生成二维码，如图 2-9 所示。

图 2-8　生成二维码地址的操作界面

图 2-9　生成后的二维码图示

任务二　理解商品代码及一维条码

任务描述

在上面的任务中，通过实验学习了真实商品的编码以及一维条码、二维码的实例，接触到了商品编码的实际应用，也确实感受到了它们在应用上带来的方便之处。那么，这些条码和编码是如何设计产生、如何规定、如何成为标准、又是如何应用的？本任务即将学习这些知识，了解商品编码、条码的概念及相应的规定和标准。

任务分析

要理解商品管理中的编码规则，可以先从生活中对大量物品进行数字化的编码，方便进行管理的事例出发，分析它们的应用，掌握它们的规律，从中理解编码管理的规则、方法及性能的优劣。从而认识商品的编码，理解商品编码的规则，了解国际标准及应用。

任务实施

一、分析编码规律

前面提到在日常生活中，经常会遇到为提高管理效率，对所管理物品、人员、材料等进行编码（号）简化管理的实例。如学校的学生管理、档案材料的编号管理、全国人口户籍的管理等。在编码过程中，要遵守一定的规则，这个规则也可以称为编码方案。下面请同学们对生活中常见编码方案的规则进行分析、说明，将结果填写到表 2-2 中。

表 2-2　常见编码方案规则调查表

项　　目	实　　例	规则描述
本班同学学号的编码		
法律条文的说明方法		
中国公民身份证号的编码		
商品信息的编码方法		

上面的四个问题中最后一项可能同学们答不上来，后面会详细学习它们。上面的练习让我们都想到了采用编号（码）一定要遵循某种特定的规则：学生有学号的规定，法律条文有 ××条 ××款的要求，身份证号有省、市、县等编码规划等。依照同样的思维，商品管理也需要编码（编号）规则。

二、了解常用概念

商品代码：是指为了识别、输入、存储、查询等处理的需要，用来表示商品特定信息的一个或一组有规律排列的符号，通常由数字来表示。如某产品的代码是：009542020316。

商品编码：即编制商品代码，是按照标准（规则），用一组阿拉伯数字来标识商品的过程和操作。这组数字称为商品代码。商品编码的目的是适应商品管理的现代化、信息处理的自动化，是为了信息操作的简便和快捷而提出来的。

商品代码的作用：统一、规范商品管理，简化实际操作，方便统计分析。

商品代码的分类：主要有全数字型代码、全字母型代码、数字字母混合型代码和条码。

为使商品编码时不出现混淆、歧义，商品编码要遵循以下原则：① 唯一性；② 无含义；③ 全数字。其中，唯一性是指商品项目与其标识代码一一对应，即一个商品项目只有一个代码，一个代码只标识同一商品项目。无含义指代码数字本身及其位置不表示商品的任何特定信息。全数字是商品编码全部采用阿拉伯数字。

编码技术产生于美国，并较早成立了美国统一代码委员会（Uniform Code Council，UCC），1973 年创立了 UPC（Universal Product Code）商品条码应用系统。

1977 年，欧洲正式成立了欧洲物品编码协会（European Article Numbering Association），创立了欧洲物品编码系统 EAN（European Article Number），并于 1981 年改称为"国际物品编码协会"。

1988 年中国物品编码中心成立。1991 年 4 月，中国物品编码中心（Article Numbering Center of China，ANCC）代表我国加入国际物品编码协会。随着我国经济建设的发展，条码系统与技术在提高管理效率和水平方面发挥着越来越大的作用。

2002 年 11 月，UCC 正式加入 EAN，实现了 EAN 和 UCC 的联合，即 GS1（全球第一商务标准化组织）。

对于日益开放、不断融合的全球经济来说，商品编码实施统一标准的要求越来越高，为此，国际物品编码协会提出了相应的标准。

国际上通用和公认的编码标准有 3 种：EAN-13 码、ITF-14 码和 UCC/EAN-128 码。

(1) 标准型 EAN-13 码

长度为 13 位数字，通用于一般尺寸商品的标识。目前国际物品编码协会分配给我国的编码为：内地为 690～699，台湾为 471，香港为 489，澳门为 958，后 4 位是厂商代码，再后 5 位是产品代码，最后一位是校验码，如图 2-10 所示。

对于印刷面积小、体积小的商品，规定可采用缩短版型的条码，即 EAN-8 码，它的长度仅为 8 位。其中国家或地区代码也是 3 位，产品代码是 4 位，检验码 1 位。

(2) ITF-14 码

ITF 条码是有别于 EAN、UPC 条码的条码，在商品运输包装上应用较多，它是 14 位数字字符组成的编码，由保护框、左侧空白区、条码字符、右侧空白区组成。其英文名称为 Interleaved Two of Five，又称 Interleaved 2 of 5，或者叫交叉二五码。具体结构如图 2-11 所示。

图 2-10　EAN-13 码

图 2-11　ITF-14 码

(3) UCC/EAN-128

UCC/EAN-128 应用标识码是一种连续型、非定长编码，能更多地标识贸易单元中需表示的信息，如产品批号、数量、规格、生产日期、有效期、交货地等。

UCC/EAN-128 码由起始符号、数据字符、校验符、终止符、左右侧空白区及供人识读的字符组成。UCC/EAN-128 码可表示变长的数据，符号的长度依字符的数量、类型和放大系数的不同而变化，并且能将若干信息编码在一个编码符号中。该编码符号可编码的最大数据字数为 48 个，包括空白区在内的物理长度不能超过 165 mm，如图 2-12 所示。

图 2-12　UCC/EAN-128 码

上面介绍商品编码时，对黑白相间的条纹（条码）一并进行了介绍，因为商品代码与条码是一个标准的两个侧面，是密不可分的。

三、认识一维条码

为了实现对商品代码的快速识别、操作、管理，人们想到了把数字编码图形化的方法，即把数字转换为条形的黑白相间的符号，方便计算机设备处理。

条码是由黑白相间的条形符号构成的图形，用来表示分类对象的代码。通常条码与数字代码结合在一起表示商品。

一维条码是由一组按特定规则排列的条、空及其对应字符组成的表示一定信息的条纹符号。将商品代码的数字转化为黑白相间的条码是充分利用光学识别技术的一个突破，是商品信息处理自动化、现代化的关键技术。条码的排布结构如图2-13所示。

图2-13　EAN-13码结构

商品条码一般分为四个部分，第一部分代表国家或地区，固定占3位，第二部分代表生产厂商，第三部分代表商品项目代码，第四部分是校验码，固定只占一位。其他各部分按数字位数不同分三种情况，3-5-4-1分、3-4-5-1分、3-6-3-1分，即中间9位数字可形成5-4、4-5、6-3三种组合，可分别代表厂商代码和商品项目代码。常用的代表不同国家或地区的代码见表2-3。

表2-3　部分EAN成员代码

代码	国家或地区	代码	国家或地区	代码	国家或地区
000～139	美国、加拿大	690～699	中国内地	460～469	俄罗斯
400～440	德国	471	中国台湾	300～379	法国
450～459、490～499	日本	489	中国香港	500～509	英国
800～839	意大利	958	中国澳门	570～579	丹麦
888	新加坡	840～849	西班牙	760～769	瑞士
930～939	澳大利亚	890	印度	870～879	荷兰

国际物品编码协会分配给我国的编码为690～699，标准的13位数字码其构成分两种情况：

第一，对690、691为前缀的条码，分别由7位（国家或地区代码3位＋厂商代码4位）、5位商品代码及1位校验码构成。如690MMMM PPPPP C（厂商代码 商品代码 校验码）。

第二，对692、693为前缀的条码，由8位（国家或地区代码3位＋厂商代码5位）、4位商品代码及1位校验码构成。

694和695开头的编码都是为小企业设置的商品编码方案，采用第三种组合方式。696～699尚未使用。

任务三　认识理解二维码

任务描述

上面的任务中学习了商品的条码，了解了一维条码的原理和构成以及应用。本任务学习二维码的知识，了解其原理、规则及应用。

任务分析

一维条码在信息表达上有一个明显的缺点，就是信息含量少。它只能表示有限的几位数字，难以满足现代社会对商品管理的个体化、精细化要求，因此改变编码方法，提高信息化率成为十分迫切的要求。

在保持条码原有技术的基础上，直接扩大信息量的方法很多，最简单且直观的方法是提高条码的维度，可立即大幅度提高编码的信息含量，实现更复杂的编码技术。于是引入了二维码的编码方案。

任务实施

一、扩展一维条码信息量的方法

一维条码由于其长度有限，所以表达的信息量有限，如果要增加条码的信息量，同学们将如何实施？请提出自己的设想，填写在下面的横线中。

_____

_____

_____

二、理解二维码的定义

1．二维码的定义

二维码指在水平和垂直方向的二维空间用条、块、空来存储、表达信息的编码方法。

由于信息容量的大幅度增加，使得二维码既可以表示数字、字符，又可以表示数据文件（包括汉字文件）、图片等。

二维码不但解决了在使用一维条码时不得不依赖数据库和信息无法汉化的问题，还解决了信息识别时对方位角度的判断问题。图2-14所示为二维码实例。

PDF417
线性堆叠式二维码

Data Matrix
矩阵式二维码

BPO 4-State
邮政码

图2-14　二维码样例

2．二维码的种类

（1）线性堆叠式二维码

线性堆叠式二维码核心在于"堆叠"二字，是将多个一维码在纵向上堆叠而产生的。如Code 16K码、Code 49码、PDF417码等（见图2-14）。

（2）矩阵式二维码

矩阵式二维码是在一个矩形空间通过黑、白像素在矩阵中的不同分布进行编码。如 Maxi Code 码、Data Matrix 码、QR Code 码等（见图2-14）。

（3）邮政码

邮政码通过不同长度的条进行编码，主要用于邮件编码，如 Postnet 码、BPO 4-State 码等（见图2-14）。

3．二维码标准介绍——QR Code

QR Code（Quick Response Code）是于1994年9月研制的一种矩阵式二维码，全码呈正方形，黑白两色，在其左上角、左下角和右上角都有一个像"回"字的正方图案，这三个是帮助解码软件定位的图案，因为是使用红外光增强的摄像头扫描，无须直线对准，任何角度都可扫描，均能正确读取信息。它信息容量大、可靠性高、可表示汉字及图像等信息，保密防伪性强，如图2-15所示。

图2-15　QR 码

QR 码还具有以下特点：

① 超高速识读。QR 码有超高速识读特性，每秒可达30个符号，使它适宜应用于工业自动化生产线管理等领域。

② 全方位识读。QR 码具有全方位（360°）识读特点。

③ 容量大。QR 码容量密度为16 KB，一般信息量达到2 KB以上，可以放1 817个汉字、7 089个数字或4 200个英文字母。在汉字信息处理上，QR 码比其他二维码的效率高20%。

④ 可表示中国汉字。QR 码具有特定的汉字表示模式：用13位表示一个汉字。

由于 QR 码制开源，参与成本低，所以逐渐成为中国手机二维码市场最流行的标准。

4．中国的二维码标准

我国对二维码技术的研究开始于1993年，在消化国外相关技术资料的基础上，中国物品编码中心制定了两个二维码的国家标准：《二维条码　网格矩阵码》（SJ/T 11349—2006,已废止）和《二维条码　紧密矩阵码》（SJ/T 11350—2006,已废止），从而大大促进了我国具有自主知识产权技术的二维码的研发。1997年，我国第一部二维码国家标准《四一七条码》（GB/T 17172—1997）颁布，2000年国家标准《快速响应矩阵码》（GB/T 18284—2000）颁布，解决了我国二维码技术开发无标准可循的问题。

2006年，工业和信息化部规定了三个可遵循的中国手机二维码标准：DM 码、QR 码、清华紫光二维码。

其中 DM（Data Matrix）是1989年由美国国际资料公司（International Data Matrix）发明，它是一个由许多小方格组成的正方形或长方形符号，以二位元码（Binary-code）方式来编码，计算机可以直接读取其信息内容。但其信息容量有限，在 25 mm² 的面积上仅能编码 30 个数字。

QR 码由日本丰田公司旗下的 DENSO 公司发明，最初主要在汽车上使用。相比 DM 码，QR 码信息量更大，可支持多种应用需求。目前，QR 二维码表层应用多见于发票、车票等资讯型应用，然而其信息不能修改编辑、仅限简单内容、不能交互信息、无加密。所以直到现在，QR 始终是一种开放的、随意生成的码制，正因此产生了二维码病毒事件。

清华紫光二维码又名"u 码"，是清华紫光国际化徽标"UNIS"开头字母，"u 码"主要由 u 码和 u 码号两部分组成，技术核心为二维条码技术。

近年来，我国二维码标准化工作取得丰硕成果，已经有 5 项二维码码制国家标准制定并发布，其中汉信码作为我国自主知识产权的二维码国家标准已经于 2015 年正式成为国际 ISO 标准项目。

5．汉信码介绍

自 2018 年 2 月 1 日起，由中国物品编码中心牵头起草的《商品二维码》（GB/T 33993—2017）国家标准正式实施。该标准主要规定了商品二维码的数据结构、信息服务以及符号印制质量等技术要求，是我国商品、产品物品编码标识与自动识别、移动支付、电子商务以及大数据等领域的重要标准，对于逐步规范我国开放流通领域二维码的应用、搭建二维码良好生态系统以及商品的跨国流通标识与信息互联互通、推进社会诚信体系建设都起到了促进作用。

汉信码是一种矩阵式二维条码，是中国物品编码中心承担的国家重大科技专项《二维条码新码制开发与关键技术标准研究》课题的研究成果，于 2005 年 12 月 26 日顺利通过国家标准委组织的项目验收，该编码具有抗畸变、抗污损能力强，信息容量高等特点，达到了国际先进水平。其中在汉字表示方面，支持 GB 18030 大字符集，汉字表示信息效率高，达到了国际领先水平，如图 2-16 所示。

汉信码码制与现有二维条码码制相比较，具有如下特点：

（1）汉字编码能力超强

汉信码是目前唯一全面支持我国汉字信息编码强制性国家标准——GB 18030：《信息技术　中文编码字符集》的二维码码制，能够表示该标准中规定的全部常用汉字、二字节汉字、四字节汉字，同时支持该标准在未来的扩展。

图 2-16　汉信码构成

在汉字信息编码效率方面，对于常用的双字节汉字采用 12 位二进制数进行表示，在现有的二维条码中表示汉字效率最高。

（2）极强抗污损、抗畸变识读能力

由于考虑了物流等实际使用环境、识读角度不垂直、镜头曲面畸变、所贴物品表面凹凸不平等原因，也会造成二维条码符号的畸变。汉信码在码图和纠错算法、识读算法方面进行了专门的优化设计，确保汉信码具有极强的抗污损、抗畸变识读能力。达到在倾角为 60°情况下准确识读，能够容忍较大面积的符号污损。

（3）识读速度快

汉信码在信息编码、纠错编译码、码图设计方面采用了多种技术手段提高了汉信码的识读速度。目前，汉信码的识读速度比 DM 码要高，汉信码更便于广泛地在生产线、物流、票据等实时性要求高的领域中应用。

（4）信息密度高

汉信码在码图设计、字符集划分、信息编码等方面设计提高了汉信码的信息，特别是汉字信息的表示效率，当对大量汉字进行编码时，相同信息内容的汉信码符号面积只是 QR 码符号面积的 90%，是 DM 码符号的 63.7%。

（5）信息容量大

汉信码最多可以表示 7 829 个数字、4 350 个英文字符、2 174 个汉字、3 262 个 8 位字节信息，支持照片、指纹、掌纹、签字、声音、文字等数字化信息的编码。

（6）纠错能力强

汉信码根据自身的特点以及实际应用需求，采用最先进的 Reed-Solomon 纠错算法，设计了四种纠错等级，适应于各种应用情形，最大纠错能力可以达到 30%，接近并超越现有国际上通行的主流二维条码码制。

（7）支持加密技术

汉信码是第一种在码制中预留加密接口的条码，它可以与各种加密算法和密码协议进行集成，因此具有极强的保密防伪性能。

（8）图形美观

从码图的总体外观上看，特征明显，方向感强，美观整齐，凹凸有致，有立体美感。

知识拓展

1. 条码的故事

条码最早出现在 20 世纪 40 年代，但得到实际应用和发展还是在 20 世纪 70 年代左右。现在世界上的各个国家和地区都已普遍使用条码技术，而且它正在快速地向世界各地推广，其应用领域越来越广泛，并逐步渗透到许多技术领域。早在 20 世纪 40 年代，美国乔·伍德·兰德（Joe Wood Land）和伯尼·西尔沃（Berny Silver）两位工程师就开始研究用代码表示食品项目及相应的自动识别设备，于 1949 年获得美国专利。该图案很像微型射箭靶，称为公牛眼代码。靶式的同心圆是由圆条和空绘成圆环形。在原理上，公牛眼代码与后来的条码很相近，遗憾的是当时的工艺和商品经济还没有能力印制出这种码。10 年后乔·伍德·兰德作为 IBM 公司的工程师成为北美统一代码 UPC 码的奠基人。

1959 年，以吉拉德·费伊塞尔（Girard Fessel）为代表的几名发明家提请了一项专利，描述了数字 0～9 中每个数字可由七段平行条组成。但是这种码机器难以识读，人读起来也不方便。不过这一构想的确促进了后来条码的产生与发展。不久，布宁克申请了另一项专利，该专利是将条码标识在有轨电车上。20 世纪 60 年代，西尔沃尼亚（Sylvania）发明的一个系统被北美铁路系统采纳。这两项可以说是条码技术最早期的应用。

1970 年，美国超级市场委员会制定出通用商品代码 UPC 码，许多团体也提出了各种条码符号方案。UPC 码首先在杂货零售业中试用，这为以后条码的统一和广泛采用奠定了基础。次年布莱西公司研制出布莱西码及相应的自动识别系统，用以库存验算。这是条形码技术第一次在仓库管理系统中的实际应用。1972 年，蒙那奇·马金（Monarch Marking）等人研制出库德·巴（Code Bar）码，到此美国的条形码技术进入新的发展阶段。

1973年，美国统一编码协会（UCC）建立了UPC条码系统，实现了该码制标准化。同年，食品杂货业把UPC码作为该行业的通用标准码制，为条码技术在商业流通销售领域里的广泛应用起到了积极的推动作用。1974年，Intermec公司的戴维·阿利尔（David Eallair）博士研制出39码，很快被美国国防部所采纳，作为军用条码码制。39码是第一个字母、数字相结合的条码，后来广泛应用于工业领域。

1976年，在美国和加拿大超级市场上，UPC码的成功应用给人们以很大的鼓舞，尤其是欧洲人对此产生了极大兴趣。次年，欧洲共同体在UPC-a码基础上制定出欧洲物品编码EAN-13和EAN-8码，签署了欧洲物品编码协议备忘录，并正式成立了欧洲物品编码协会（EAN）。

1981年，由于EAN已经发展成为一个国际性组织，故改名为国际物品编码协会（IAN）。但由于历史原因和习惯，至今仍称为EAN。

20世纪80年代初，人们围绕提高条码符号的信息密度，开展了多项研究，128码和93码就是其中的研究成果。128码和93码的优点是条码符号密度比39码高出近30%。随着条码技术的发展，条形码码制种类不断增加，因而标准化问题显得很突出。为此先后制定了军用标准1189交插25码、39码、库德巴码和ANSI标准MH10.8M等。同时一些行业也开始建立行业标准，以适应发展需要。此后，戴维阿利尔又研制出49码，这是一种非传统的条码符号，它比以往的条形码符号具有更高的密度（即二维条码的雏形）。接着特德威廉斯（Ted williams）推出16k码，这是一种适用于激光扫描的码制。到1990年底为止，共有40多种条形码码制，相应的自动识别设备和印刷技术也得到了长足的发展。

20世纪80年代中期开始，我国一些高等院校、科研部门及一些出口企业，把条码技术的研究和推广应用逐步提到议事日程。一些行业（如图书、邮电、物资管理部门和外贸部门）已开始使用条形码技术。

1988年12月28日，经国务院批准，国家技术监督局成立了中国物品编码中心。该中心的任务是研究、推广条码技术同意组织、开发、协调、管理我国的条码工作。

2. 国际编码协会

国际物品编码协会（EAN International，EAN）成立于1977年，是基于比利时法律规定建立的一个非营利性质的国际组织，总部设在比利时首都布鲁塞尔。

EAN自建立以来，始终致力于建立一套国际通行的全球跨行业的产品、运输单元、资产、位置和服务的标识标准体系和通信标准体系，在我国称为ANCC全球统一标识系统。

EAN的前身是欧洲物品编码协会，主要负责除北美以外的EAN·UCC系统的统一管理及推广工作，其会员遍及99多个国家和地区，全世界已有约百万家公司、企业通过各国家或地区的编码组织加入到EAN·UCC系统中来。从20世纪90年代起，为了使北美的标识系统尽快纳入EAN·UCC系统，EAN加强了与美国统一代码委员会（UCC）的合作，先后两次达成EAN/UCC联盟协议，以共同开发、管理EAN·UCC系统。2002年11月26日，UCC和加拿大电子商务委员会（ECCC）正式加入国际EAN，使EAN·UCC系统的全球统一性得到进一步的巩固和完善。

随着全球经济一体化对物流供应链管理要求的不断提高，国际物品编码协会也在不断地完善 EAN·UCC 系统，并相应调整自身的组织架构。继美国统一代码委员会（UCC）和加拿大电子商务委员会（ECCC）加入国际物品编码协会后，2005 年 2 月，该协会正式向全球发布了更名信息，将组织名称由 EAN International 正式变更为 GS1。更名对 GS1 的发展意义重大，表明了机构的性质、品牌、发展目标及宣传方针等内容的变化。

3．二维码的诞生

二维码是用计算机软件编码技术形成的平面几何图形，可以通过编码技术来存储数字、汉字或图片，它是一个不含电子芯片的存储器，而且这个图形可以通过打印、印刷、屏显等形式出现，其成本远远低于电子存储器。在代码编制上巧妙地利用某种特定的几何图形按一定规律在平面（二维方向上）分布的黑白相间的图形记录数据符号信息的，利用构成计算机内部逻辑基础的"0""1"比特流的概念，使用若干个与二进制相对应的几何形体来表示文字数值信息，通过图像输入设备或光电扫描设备自动识读以实现信息自动处理，二维条码/二维码能够在横向和纵向两个方位同时表达信息，具有条码技术的一些共性：每种码制有其特定的字符集；每个字符占有一定的宽度；具有一定的校验功能等。还具有对不同行的信息自动识别功能以及处理图形旋转变化等特点。

二维码作为一种全新的信息存储、传递和识别技术，自诞生之日起就得到了许多国家的关注。二维码的应用极大地提高了数据采集和信息处理的速度，改善了人们的工作和生活环境，为管理的科学化和现代化作出了重要贡献。

二维码的特点：

① 高密度编码：信息容量大。

② 编码范围广：可把图片、声音、文字、签字、指纹等可以数字化的信息进行编码，用条码表示出来。

③ 保密、防伪性能好：采用密码防伪、软件加密及利用所包含的信息如指纹、照片等进行防伪。

④ 译码可靠性高：二维码条码的误码率不超过千万分之一，译码可靠性极高。

⑤ 修正错误能力强：QR 二维码最高级别容错能力达 30%，当不超过 30% 的码图有破损时，可以照常破译出丢失的信息。特别设计的纠错能力甚至可以达到 50%。

⑥ 成本低，易制作，持久耐用。

4．二维码的应用

目前二维码的应用主要集中在以下几方面：

① 身份识别。这方面的应用主要是一些名片的制作。在名片上加入二维码，可以快速实现信息的识别和存储。网易最近也推出了二维码名片，方便记录，快速识别，其中包括一些会议签到之类的应用。

② 产品溯源。为加强对产品质量管理及对真实商品和品牌的保护，可以通过将一些产品的基本信息存储到电子标签中，便于查询。还有目前物流运用二维码进行物流跟踪。

③ 电子票务。把电影票、景点门票，采用二维码定制，除去了排队买票验票的时间，无纸化绿色环保。

④ 电子商务。包括二维码提货、二维码优惠券等，目前一些海报上的商品展示也出现二

维码购物。

⑤ 其他娱乐应用。包括一些广告、音乐视频图片的链接，都加在二维码里面，可供识别之后下载。

二维码还在不断地扩展，应用领域将会越来越广泛。同学们，期望你们也能不断探索二维码技术，甚至是物品编码的技术，探索、钻研出更新、更好的系统。

课 后 习 题

一、选择题

1. 在商品上使用商品条码是为了（　　）。
   A．说明是质量合格商品　　　　　　　B．在商品管理中提高效率
2. EAN-13 码是（　　）。
   A．定长条码　　　　　　　　　　　　B．非定长条码
3. 每种码制都具有（　　），条码字符中字符总数不能大于该种码制的编码容量。
   A．固定的编码容量和所规定的条码字符集
   B．相同的编码容量和固定的编码规则
4. EAN-13 商品条码表示的 13 位代码中的（　　）没有对应的条码字符表示。
   A．第一位　　　　　　　　　　　　　B．最后一位
5. 在编码设计、校验原理、识读方式等方面继承了一维条码的一些特点，识读设备、条码印刷与一维条码技术兼容是指（　　）二维条码。
   A．行排式　　　　　　　　　　　　　B．矩阵式
6. 光电扫描器的分辨率表示仪器能够分辨条码符号中最窄单元宽度的指标。能够分辨（　　）的仪器为高分辨率。
   A．0.30～0.45 mm　　　　　　　　　　B．0.15～0.30 mm
7. 扫描光点的尺寸越小，则扫描器的分辨率越（　　）。
   A．低　　　　　　　　　　　　　　　B．高
8. 目前主要采用（　　）将代码转换为条码的图形符号。
   A．软件生成方式　　　　　　　　　　B．硬件生成方式
9. EAN·UCC 全球位置码采用（　　）编码结构，使用 GLN 的厂商必须将其所有的位置码及其相对应的相关信息告知其贸易伙伴。
   A．UPC-A　　　　　　　　　　　　　B．EAN/UCC-13
10. 某商品条码的前缀码（如中国 690）（　　）说明该种商品的原产地是该国家或地区。
    A．不一定　　　　　　　　　　　　　B．一定
11. （　　）年 4 月，中国物品编码中心代表我国加入国际物品编码协会 EAN，为全面开展我国条码工作创造了先决条件。
    A．1991 年　　　　B．1975 年　　　　C．2000 年　　　　D．1982 年
12. 条码是由一组规则排列的（　　）标记，用以表示一定的信息。
    A．条、空及其对应字符组成的　　　　B．条纹、间隔和空白区组成的

13．国际物品编码协会的英文简称是（　　）。
　　A．EAN　　　　　　　　　　　　B．UCC
14．EAN-8 商品条码中（　　）厂商识别代码。
　　A．包含　　　　　　　　　　　　B．不包含

二、填空题

1．EAN 分配给国际 ISBN 系统专用的前缀码_____，用以标识图书。
2．信息容量大、安全性高、读取率高、_____等特性是二维条码的主要特点。
3．汉信码是一种矩阵式二维条码，是由_____研制，2005 年通过国家标准委组织的项目审批、验收，成为国家标准。
4．二维条码通常分为以下两种类型，行排式二维条码和_____。
5．阅读器利用光束扫读条码符号，并将光信号转换为_____，这部分功能由扫描器完成。

三、概念题

1．条码：

2．条码系统：

3．商品代码：

4．商品代码的种类：

5．二维码的种类：

6．二维码的应用：

四、操作题

1．利用"万能二维码"生成个人信息名片。然后利用"速拍二维码"软件识别出来。
2．分析总结"二维码"的其他应用。

单元三

感知层——电子标签基础

学习目标

(1) 认识电子标签及结构。
(2) 掌握电子标签的分类。
(3) 了解电子标签的标准。
(4) 实践电子标签读写操作。
(5) 了解国家电子标签标准。

通过前一单元的学习,我们懂得了给物品增贴标签(条码),物品具有可感知的身份信息,有了一定的交互"智能"。但在实际应用中发现,条码提供的信息还是不够多,而且条码识别的操作也不够快速,在信息的识别、读取上远未达到智能、高效。

那么,如何进一步提升产品标签的智能化,快速高效地获取相应信息呢?有人(电子标签之父)提出了电子标签的概念。它包括让条码标签电子化、芯片化,实现了与整个物联网系统各环节的传输与处理的高速衔接,最终实现了物联组网以及管理过程的全自动化。

本单元的任务,就是了解如何利用微电子技术,让物品具有电子感应能力,具有记忆与传输的"智慧",从而在大规模的商品信息化管理中,实现信息的自动化处理。

前期准备

(1) RFID 实验箱若干组(4人一组)。
(2) 笔记本式计算机若干组,与实验箱配套(4人一组)。
(3) 程序光盘,含 RFID 读写程序(BizIdeal RFID Kit Demo.exe)。

任务一 认识电子标签

任务描述

把条码信息电子化、芯片化,实现标签信息读取的自动化,是电子标签的核心目的。那么电子标签产品是什么形状?有什么特点?它们是如何附加到物品上的?其内部的原理又是如何实现的?本单元将解答这一连串的问题。

任务的目标是，让我们先感受一下电子标签的应用，了解电子标签的读写操作，增加同学们对电子标签的感性认识。其他内容将在后续课程中详细学习。

任务分析

电子标签又称射频标签、应答器等。它是结合无线电的射频识别技术（Radio Frequency IDentification，RFID）、大规模集成电路技术，将物品信息存储在微型芯片中，封装在标识物品的标签上（形状如卡片、小圆柱等），通过无线感应实现数据的非接触读写的标签化技术，能够实现高效的自动化管理的目的。

电子标签需要通过无线电波传递信息，所以通常按其无线电工作频率进行分类，不同的工作频率范围，其内部的电路结构也不同。当然也可按通信距离、按外形特点、按材质等进行类别划分，但最常用的还是按工作频率来划分。

本任务就是先认识几种电子标签，感受电子标签的应用，体验其数据读写的过程，从而为进一步的学习建立丰富的感性认识。

任务实施

一、认识电子标签

打开"RFID 教学套件"实验箱。认识实验箱中的电子标签产品（见图 3-1～图 3-5），并把它们的名称及你了解的情况填写到表 3-1 中。

图 3-1　低频钥匙扣卡

图 3-2　高频 S50 卡

图 3-3　高频标签

图 3-4　超高频卡

图 3-5 超高频标签

表 3-1 电子标签的分类及应用

实　体	标　签		应用场所
	分　类		
	工作频率（段）	外　形	

二、认识本次实验模块

"RFID 教学套件"实验箱中用到的模块共有三部分：一是主控板；二是读写板（分别为低频、高频、超高频，本次实验只用超高超读写板）；三是超高频天线，见图 3-6～图 3-8。实验时需根据要求分别将三部分连接起来。即将主控板与笔记本式计算机相连，将读写板与主控板模块相连，再将大的方形天线与读写板模块连接，注意图中的馈线接口部分。

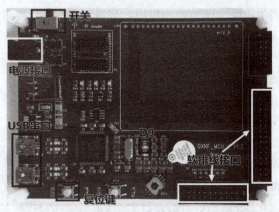

图 3-6 主控板

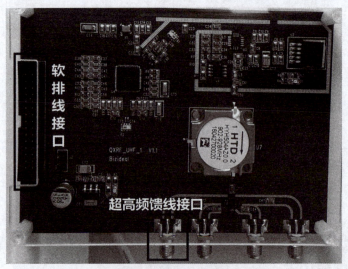

图 3-7 超高频读写板

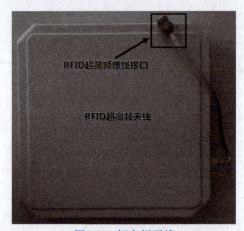

图 3-8 超高频天线

三、读取超高频电子标签内的信息

本实验大体要经过三个大的操作步骤:一是正确连线,尤其是要连接好超高频天线,记住连接的通道号;二是运行 RFID 的读写控制程序,接通相应的工作通道;三是在程序管理界面下实现信息的读写,显示出正确的信息。

实验步骤:

步骤一:将实验模块连接好线路,如图 3-9 所示。

(注意三个连接点:主控板与笔记本式计算机相连;读写板与主控板相连;方形天线与读写板连接。同时要注意超高频天线连接到读写板的通道号。)

(注意三个箭头线的连接处。)

步骤二:启动读写程序(在实验箱附带的光盘中),如图 3-10 所示。

在实验箱附带的光盘中找到"BizIdeal RFID Kit Demo 上位机"文件夹,在该文件夹中找到文件"BizIdeal RFID Kit Demo.exe"读写程序,双击启动读写程序。

图 3-9　模块连接线路图

图 3-10　电子标签读写程序名称及所在位置

步骤三：读取卡中数据。在 BizIdeal RFID Kit Demo 程序窗口，完成下列操作：

（1）选择通信端口（所连计算机系统不同，端口号也不同）。本机为 com3，单击"连接"按钮。出现"串口已打开"信息，表明连接成功。

（2）在最下面选择"超高频"选项，其他选项保持默认设置。

（3）设置相应的通道、功率值。

（4）单击"开始工作"或"停止工作"按钮，均可显示读写信息，如图 3-11 所示。

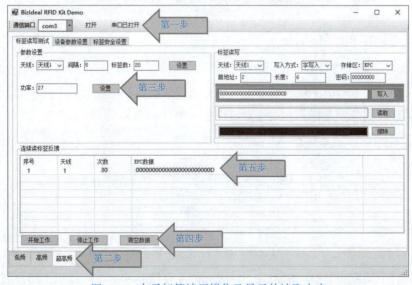

视　频

电子标签简介

图 3-11　电子标签读写操作及显示的读取内容

在反馈信息栏中，显示当前标签的天线、读取次数、EPC 数据等。

在右侧上部有写入数据的选项数据栏及写入命令，可以更新标签卡中的数据信息。

任务二　了解电子标签的工作过程

任务描述

任务一的实验向我们显示出了超高频电子标签卡中包含的特定信息，这些信息是事先由生产企业制作写入的，也可由我们自己写入。这个写入过程是如何实现的？写入的信息又保存在什么地方呢？

本任务学习电子标签的具体知识，包括电子标签的定义、工作原理等，了解它的基本工作过程。

任务分析

电子标签是利用无线射频识别技术（RFID）存储、读取标签内芯片中的信息，对特定目标物品进行标记、识别的技术。

本任务需要了解电子标签技术的基本原理，了解它们的工作过程，从而为进一步应用电子标签打下基础。

任务实施

一、理解电子标签的定义

电子标签利用无线电的射频识别技术和大规模集成电路技术，实现将物品信息存储在微型芯片中，封装在标识物品的标签上（粘贴在物体上），通过无线感应实现数据的非接触读写的物品标识技术，能够实现对物品高效的自动化管理的目的。

理解信息的"保存"如何实现以及信息的"传输"过程如何实现是理解电子标签原理的关键两点。

电子标签定义的四个关键词是 ＿＿＿＿、＿＿＿＿、＿＿＿＿ 和 ＿＿＿＿。

二、了解电子标签的结构

从结构上讲，基本的电子标签系统由三部分组成：标签、阅读器、天线。其中天线分成两部分，作为耦合线圈分别与标签和阅读器制作在一起，如图 3-12 所示。

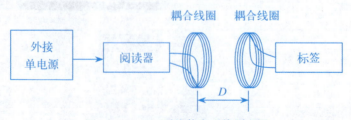

图 3-12　RFID 无线收发系统原理图

标签（Tag）：又称应答器，由天线、耦合元件及存储芯片组成，体积小巧，每个标签具有唯一的电子编码，高容量电子标签有用户可写入的存储空间，附着在物体上标识目标对象。

阅读器（Reader）：读写标签信息的设备，由天线、耦合元件、控制和处理芯片组成，是完成发射和接收无线射频信号，实现读取（写入）标签信息的设备，可设计为手持式或固定式。

电子标签系统的工作过程，是阅读器（主动方）通过耦合天线发送电磁波的能量与信号，应答器（被动方）通过耦合天线感应出电流，并收集能量到一定强度时芯片被激活，电路开始工作，能读取自身存储的信息，并再从天线发送出信息。阅读器再通过天线接收到信息，识别后做相应的处理。在这里每个天线都有双重功能，既是接收者，也是发射者。

标签一般工作在无源状态下，能量完全由阅读器提供，当接收天线将电能收集到工作电压时，芯片被激活，然后电路工作，便可发送自身存储的信息给外界。低频电子标签内部结构如图 3-13 所示。

图 3-13　低频电子标签内部结构

阅读器负责发射射频信号、激活电子标签、接收电子标签发出的信息。整个电子标签无线收发系统工作过程如图 3-14 所示。

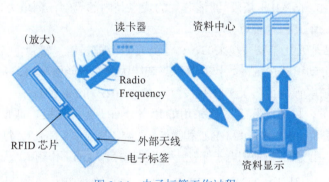

图 3-14　电子标签工作过程

电子标签的阅读器通过天线与标签进行无线通信，可以实现对标签识别码和内存数据的读出或写入操作。由于整个工作快速、占时少，使 RFID 技术可识别高速运动物体并可同时识别多个标签，该技术的飞速发展对于物联网应用的普及具有重要意义。

电子标签系统的三个组成部分是 _____、_____ 和 _____。

三、了解电子标签的工作原理

RFID 技术的基本工作原理并不复杂：当标签进入阅读器天线的电磁场后，接收它发出的射频信号，凭借感应电流所获得的能量激活 IC 芯片工作，存储在芯片中的产品信息被振荡电路读取并发送出去，这是无源标签或被动标签工作方式；对于有源标签则是由标签主动发送某一频率的包含信息的信号，读写器读取信号并解码后，送至主计算机系统进行有关数据处理。

具体工作过程及结构如图 3-15 所示。

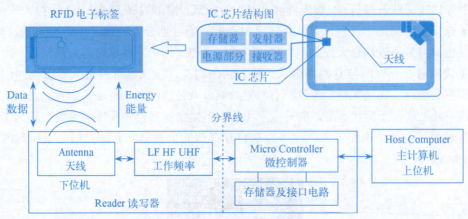

图 3-15　RFID 电子标签工作过程

四、电子标签的分类

电子标签的产品分类有多种，按工作原理可分为无源的、有源的两大类；按工作频率可分为低频、高频、超高频三种。当然也可按形状、材质等分类。下面首先介绍第一种分类。

无源 RFID 产品是最早产生，也是发展最成熟、应用最广的产品。该类芯片没有自带电源，工作电能需要外界阅读器的提供并激活。产品包括公交卡、食堂餐卡、银行卡、宾馆门禁卡、二代身份证等。此类产品进一步按工作频率可划分为低频（125 kHz）、高频（13.56 MHz）、超高频（433 MHz 和 915 MHz 频段）。该芯片的优点是内部无须任何电力，结构简单、小巧，缺点是信号弱，传输距离相对较短。

有源 RFID 产品是近几年发展起来的，由于其自带电源，信号较强，传输距离远，反应速度快，大量应用在自动识别领域，如智能监狱、智能医院、智能停车场、智能交通等领域。该类产品的主要工作频率有超高频 433 MHz，微波 2.45 GHz 和 5.8 GHz。

按工作频率分类，目前国际上广泛采用的频率分布于 4 种波段，低频（125 kHz）、高频（13.56 MHz）、超高频（850～910 MHz）和微波（2.45 GHz、5.8 GHz）。每种频率都有其特点，被用在不同的领域，因此要正确使用电子标签就要首先选择合适的工作频率，如图 3-16 所示。

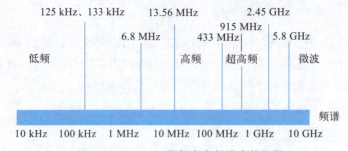

图 3-16　RFID 工作频率在频谱中的位置

低频段射频标签一般为无源标签，简称低频标签，其工作频率范围为 30 kHz～300 kHz。典型工作频率有 125 kHz 和 133 kHz。其工作能量通过天线的电感耦合方式从阅读器耦合线圈的辐射近场中获得。低频标签与阅读器之间传送数据时，低频标签需位于阅读器天线辐射的近场区内。低频标签的阅读距离通常小于 1 m。低频标签的典型应用有：动物识别、容器识别、工具识别、电子闭锁防盗（带有内置应答器的汽车钥匙）等。

高频标签的工作频率一般为 3～30 MHz。典型工作频率为 13.56 MHz。该频段的射频标签工作原理与低频标签完全相同。高频标签一般也采用无源设置，也是通过电感（磁）耦合方式从阅读器耦合线圈的辐射近场中获得。高频标签的阅读距离一般小于 1 m。高频标签由于可方便地做成卡状，广泛应用于电子车票、电子身份证、电子闭锁防盗（电子遥控门锁控制器）、小区物业管理、大厦门禁系统等。

超高频与微波频段的射频标签简称微波射频标签，其典型工作频率有 433.92 MHz、862（902）～928 MHz、2.45 GHz、5.8 GHz。微波射频标签可分为有源标签与无源标签两类。无源时，阅读器天线发射无线电波提供射频能量，将标签唤醒。有源标签则由自带的电源提供电能工作。阅读器天线一般均为定向天线，只有在阅读器天线定向波束范围内的射频标签可被读/写。超高频标签主要用于铁路车辆自动识别、集装箱识别、公路车辆识别与自动收费系统中。

视频

电子标签工作原理

任务三　了解电子标签编码

任务描述

电子标签利用自身的结构特点，保存了比普通标签多得多的数据信息，如地址详细信息（门禁卡）、个人身份信息（校园卡、银行卡）、商品产地、种类信息（产品标签卡）等。这些信息均保存在电子标签的芯片中。

本任务具体学习电子标签的内部结构，了解信息如何保存的相关知识。

任务分析

了解电子标签的工作原理，需要了解电子标签的内部结构，了解标签中的微芯片的不同模块，了解各模块相应的功能。重点是了解信息存储与读取的基本过程及信息存储的方法、位置。目的是掌握电子标签内在的工作原理后，可以更好地在生活中加以利用。

本任务将学习电子标签的内部构造、芯片内部结构，了解数据存储与读写的数据传输过程。

任务实施

一、了解电子标签的信息表示

早期的标签是没有统一序列号的，后来的标签都规定了唯一的 ID 号，即 UID。它是遵照 EPC 国际标准，由国际标准化组织向厂家分配的，即由企业向国际组织申请，国际标准化组织进行批复，编号不会重复。就是说每个标签都有唯一的身份。

下面，以飞利浦公司生产的标准 IC 卡——MF1 IC S50 为例，介绍其卡内部及芯片结构如图 3-17 和图 3-18 所示。

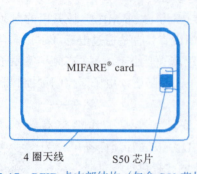
图 3-17 RFID 卡内部结构（包含 S50 芯片）

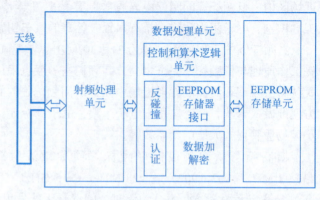
图 3-18 S50 芯片内部结构图

从图 3-18 所示的结构图可以看出，S50 芯片内部有四大功能区，一是天线部分，它环绕在整个标签卡四周；二是射频处理单元，它是完成无线电信号收发的部分；三是数据处理单元，它具体包括运算器、控制器、认证区、接口区等；最右边的是可擦写存储器区域。MF1 IC S50 卡的 UID 的信息被存储在 EEPROM 中。

下面介绍 EEPROM 存储单元的结构。存储空间共分 16 个扇区（区域块），每个扇区有 3 块存储区，每个存储区有 16 个存储位，存 3×2 字节的数据，可以在相应的数据区写入相应的数据内容。信息的读写和存储就是通过数据处理单元，在存储单元和射频单元间传送实现的，如图 3-19 所示。

扇区	块	块内字节																存储对象
		0	1	2	3	4	5	6	7	8	9	10	11	12	13	14	15	
15	3	Key A						Access bit			Key B						控制块
	2																	数据
	1																	数据
	0																	数据
14	3	Key A						Access bit			Key B						控制块
	2																	数据
	1																	数据
	0																	数据
⋮	⋮																	⋮
1	3	Key A						Access bit			Key B						控制块
	2																	数据
	1																	数据
	0																	数据
0	3	Key A						Access bit			Key B						控制块
	2																	数据
	1																	数据
	0																	厂商段

图 3-19 S50 芯片存储单元的结构

二、理解电子标签的编码方法（国际标准）

电子标签 RFID 的标准，主要由两大标准组织 EPCglobal、ISO 制定。

1. EPCglobal 介绍

EPCglobal 是国际物品编码协会（EAN）和美国统一代码委员会（UCC）合作成立，是一个受业界委托而成立的非营利组织，负责 EPC 网络的全球化标准。

目前的 EPC 系统中应用的编码类型主要有三种：64 位、96 位和 256 位。

EPC 编码由版本号、产品域名管理、产品分类部分和序列号四个字段组成，如图 3-20 所示。

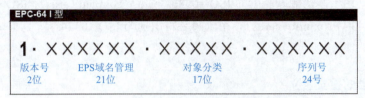

图 3-20　电子标签的编码方案

64 位、96 位、256 位编码方案的主要区别是编码位数不同，即编码空间容量不同，具体标准见表 3-2。

表 3-2　电子标签编码方案信息位数表

版　本	类　型	头字段	EPC 管理者	对象分类	序　列　号
EPC-64	Type 1	2	21	17	24
	Type 2	2	15	13	34
	Type 3	2	26	13	23
EPC-96	Type 1	8	28	24	36
EPC-256	Type 1	8	32	56	160
	Type 2	8	64	56	128
	Type 3	8	128	56	64

各字段的具体内容如下：

1）EPC 的头字段（EPC Header）

头字段标识的是 EPC 的版本号。目前执行的均是 1X 版本。

2）EPC 管理者（EPC Manager）

EPC 体系架构的设计原则之一是分布式架构，具体是通过 EPC 管理者的概念实现的。EPC 管理者是指那些得到电子产品编码分配机构授权的组织。

3）对象分类（Object Class）

对象分类部分用于一个产品电子码的分类编号，标识厂家的产品种类。

4）序列号（Serial Number）

序列号部分主要用于编码产品的电子序列号。此编码只是简单地填补序列号值的二进制。

2. RFID 领域的 ISO 标准

国际标准化组织（ISO）、国际电工委员会（IEC）、国际电信联盟（ITU）等是 RFID 国际标准的主要制定机构。大部分 RFID 标准都是由 ISO（或与 IEC 联合组成）的技术委员会（TC）或分技术委员会（SC）制定的。RFID 领域的 ISO 标准可以分为以下四大类：

(1) 技术标准（如射频识别技术、IC 卡标准等）。

(2) 数据内容与编码标准（如编码格式、语法标准等）。

(3) 性能与一致性标准（如测试规范等标准）。

(4) 应用标准（如船运标签、产品包装标准等）。

视频

电子标签的编码及标准

目前，常用的 RFID 国际标准主要有用于对动物识别的 ISO 11784 和 ISO 11785，用于非接触智能卡的 ISO 10536（Close coupled cards）、ISO 15693（Vicinity cards）、ISO 14443（Proximity cards），用于集装箱识别的 ISO 10374 等。

知识拓展

1. 统一标准的重要意义

很多人都有出国旅游的经历，出国后就会发现，手机、Pad 的充电成了大问题，所带的充电器根本插不到电源插座上，这是由于不同国家或地区电源插座的标准不一致造成的。具体如图 3-21 所示。

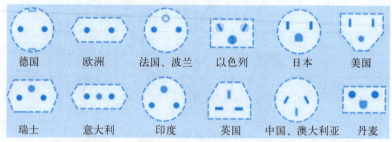

图 3-21　不同国家或地区插座结构标准

如果各个国家或地区使用一种插座样式，遵守同一个标准上述问题就解决了。

所以，标准是指在一定的范围内获得最佳秩序，经协商一致制定并由公认机构批准，共同的和重复使用的规则的活动。同时标准也是制定出来的细则，规范要求。

在国内，依据《中华人民共和国标准化法》将标准划分为：国家标准、行业标准、地方标准和企业标准等 4 个层次。

当涉及进出口时，要遵守国际标准。

标准化的意义有以下几方面：

(1) 标准化为科学管理奠定了基础。所谓科学管理就是依据生产技术的发展规律和客观经济规律对企业进行管理，而各种科学管理制度的形式，都以标准化为基础。

(2) 促进经济全面发展，提高经济效益。标准化应用于科学研究，可以避免在研究上的重复劳动；应用于产品设计，可以缩短设计周期；应用于生产，可使生产在科学的和有秩序的基础上进行；应用于管理，可促进统一、协调、高效率等。

(3) 标准化是科研、生产、使用三者之间的桥梁。标准化可使新技术和新科研成果得到推广应用，从而促进技术进步。

（4）标准化为组织现代化生产创造了前提条件。

（5）促进对自然资源的合理利用，保持生态平衡，维护人类社会当前和长远的利益。

（6）合理发展产品品种，提高企业的应变能力，以便更好地满足社会需求。标准化是对当前产品的精炼和市场的细分，把最适合的保留下来，这样将更好地满足社会的需求。

（7）保证产品质量，维护消费者利益。

（8）促进消除贸易障碍，促进国际技术交流和贸易发展，提高产品在国际市场上的竞争能力方面具有重大作用。

（9）保障身体健康和生命安全，大量的环保标准、卫生标准和安全标准制定发布后，用法律形式强制执行，对保障人民的身体健康和生命财产安全具有重大作用。

2．ISO/IEC 国际标准介绍

ISO（International Organization for Standardization）是国际标准化组织，1995 年国际标准化组织设立了子委员会 SC31（以下简称 SC31），负责 RFID 标准化研究工作。其 RFID 标准可以分为四个方面：

（1）技术标准。如 ISO/IEC 10536、ISO/IEC 14443、ISO/IEC 18000 系列标准等。

（2）数据结构标准。如 ISO/IEC 15424、ISO/IEC 15418、ISO/IEC 15434 等。

（3）性能标准。如 ISO/IEC 18046、ISO/IEC 18047、ISO/IEC 10373-6 等。

（4）应用标准。如 ISO/IEC 10374、ISO/IEC 18185、ISO/IEC 11784 等。

ISO/IEC 定义 RFID 标准结构框架如图 3-22 所示。

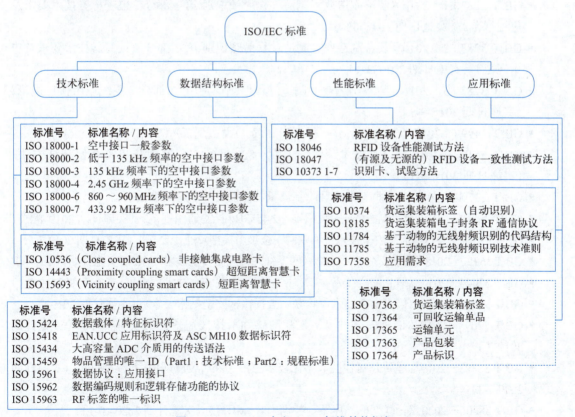

图 3-22　ISO/IEC 定义 RFID 标准结构框架

3. RFID 中国标准

我国从 2005 年 11 月成立电子标签标准工作组,制定了一系列国内行业标准,其中一部分为:

- GB/T 29768—2013《信息技术　射频识别 800/900 MHz 空中接口协议》(实施日期 2014-5-1)
- GB/T 28925—2012《信息技术　射频识别 2.45 GHz 空中接口协议》(实施日期 2013-2-9)
- GB/T 28926—2012《信息技术　射频识别 2.45 GHz 空中接口符合性测试方法》(实施日期 2013-2-9)
- GB/T 29266—2012《射频识别　13.56 MHz 标签基本电特性》(实施日期 2013-6-1)
- GB/T 26228.1—2010《信息技术　自动识别与数据采集技术　条码检测仪一致性规范　第 1 部分:一维条码》(实施日期 2011-5-1)
- GB/T 29261.3—2012《信息技术　自动识别和数据采集技术　词汇　第 3 部分:射频识别》(实施日期 2013-6-1)
- GB/T 29261.4—2012《信息技术　自动识别和数据采集技术　词汇　第 4 部分:无线电通信》(实施日期 2013-6-1)
- GB/T 29261.5—2014《信息技术　自动识别和数据采集技术　词汇　第 5 部分:定位系统》(实施日期 2015-2-1)
- GB/T 29272—2012《信息技术　射频识别设备性能测试方法 系统性能测试方法》(实施日期 2013-6-1)
- GB/T 32829—2016《装备检维修过程射频识别技术应用规范》(实施日期 2017-3-1)
- GB/T 32830.1—2016《装备制造业　制造过程射频识别 第 1 部分:电子标签技术要求及应用规范》(实施日期 2017-03-01)
- GB/T 32830.2—2016《装备制造业　制造过程射频识别 第 2 部分:读写器技术要求及应用规范》(实施日期 2017-3-1)
- GB/T 32830.3—2016《装备制造业　制造过程射频识别 第 3 部分:系统应用接口规范》(实施日期 2017-3-1)
- GB/T 34996—2017《800/900 MHz 射频识别读/写设备规范》(实施日期 2018-5-1)
- GB/T 35102—2017《信息技术　射频识别　800/900 MHz 空中接口符合性测试方法》(实施日期 2018-5-1)
- GB/T 23704—2017《二维条码符号印制质量的检验》(实施日期 2018-7-1)
- GB/T 36364—2018《信息技术　射频识别　2.45 GHz 标签通用规范》(实施日期 2019-1-1)
- GB/T 37044—2018《信息安全技术　物联网安全参考模型及通用要求》(实施日期 2019-7-1)
- GB/T 36951—2018《信息安全技术　物联网感知终端应用安全技术要求》(实施日期 2019-7-1)
- GB/T 37024—2018《信息安全技术　物联网感知层网关安全技术要求》(实施日期 2019-7-1)
- GB/T 37025—2018《信息安全技术　物联网数据传输安全技术要求》(实施日期 2019-7-1)
- GB/T 37093—2018《信息安全技术　物联网感知层接入通信网的安全要求》(实施日期 2019-7-1)
- GB/T 38323—2019《建筑及居住区数字化技术应用　家居物联网协同管理协议》(实施日期 2020-7-1)
- GB/T 38606—2020《物联网标识体系　数据内容标识符》(实施日期 2020-10-1)
- GB/T 38624.1—2020《物联网　网关　第 1 部分:面向感知设备接入的网关技术要求》(实

施日期 2020-11-1》

- GB/T 38624.2—2021《物联网　网关　第 2 部分：面向公用电信网接入的网关技术要求》（实施日期 2022-5-1）
- GB/T 38624.3—2024《物联网　网关　第 3 部分：面向公共电信网接入的网关测试方法》（实施日期 2024-10-1）
- GB/T 38637.1—2020《物联网　感知控制设备接入　第 1 部分：总体要求》（实施日期 2020-11-1）
- GB/T 38637.2—2020《物联网　感知控制设备接入　第 2 部分：数据管理要求》（实施日期 2021-2-1）
- GB/T 38656—2020《特种设备物联网系统数据交换技术规范》（实施日期 2020-10-1）
- GB/T 38660—2020《物联网标识体系　Ecode 标识系统安全机制》（实施日期 2020-10-1）
- GB/T 38662—2020《物联网标识体系　Ecode 标识应用指南》（实施日期 2020-10-1）
- GB/T 38663—2020《物联网标识体系　Ecode 标识体系中间件规范》（实施日期 2020-10-1）
- GB/T 38669—2020《物联网　矿山产线智能监控系统总体技术要求》（实施日期 2020-11-1）
- GB/T 38662.2—2023《物联网标识体系　Ecode 标识应用指南　第 2 部分：电线电缆和光纤光缆》（实施日期 2023-12-1）
- GB/T 43816—2024《林草物联网　传感器通用技术要求》（实施日期 2024-3-15）

由于物联网属新兴的技术领域，所以新标准、新技术会层出不穷，我们在项目开发及设计时，必然要求遵守国家标准，做外贸出口产品时更要遵照国际标准。

4．电子标签信息的写入方式

1）生产过程中一次写入信息

这种方式对电子标签进行信息的写入，能让每个出厂的标签都具备完整的信息，具有唯一性，在使用过程中，标签仅具备只读功能，而且需要建立标签唯一 UID 与待识别物品的标识信息之间的对应关系（如车牌号）。

2）有线接触方式后期写入信息

电子标签也可以采用有线接触的方式实现信息写入，这种标签信息写入装置通常称为编程器。这种接触式的电子标签信息写入方式通常具有多次改写的能力。标签在完成信息写入之后通常需将写入口密闭起来，以满足应用中对其防潮、防水、防污等要求。

3）采用无接触方式后期写入信息

专用的电子标签读写器能够对标签进行无接触方式的信息写入，这种写入方式下的电子标签通常也具有其唯一的不可改写的 UID。在应用中，可根据实际需要仅对其 UID 进行识读或仅对指定的电子标签内存单元（一次读写的最小单位）进行读写。一般大量用在一次性使用的场合，如航空行李标签，特殊身份证件标签等。

以上三种是目前比较常见的电子标签信息写入方式，通过介绍可以看出每种信息的写入方式都具有一定的特点，那么需要使用电子标签的企业就应该根据实际的应用状况和需求，来选择合适的信息写入方式，从而能够让电子标签发挥出最佳的作用。

5．RFID 应用

由于 RFID 的优异特点及使用的方便，在众多的生产、生活领域都得到了广泛的应用。

1）安全防护领域
- 门禁保安。
- 汽车防盗。
- 电子物品监视。

2）商品生产销售领域
- 生产线自动化。
- 仓储管理。
- 产品防伪。
- RFID 卡收费。

3）管理与数据统计领域
- 畜牧管理。
- 运动计时。

4）交通运输领域
- 高速公路自动收费管理。
- 火车和货运集装箱的识别。

电子标签和射频识别技术在我国处于一个刚刚起步的阶段，但是由于它满足了现实中对各种信息的快速获取及准确处理，所以它的发展潜力是巨大的，在不久的将来，RFID 技术将同其他识别技术一样，深入到人们生活的各个领域，有越来越广泛的应用。

课后习题

一、选择题

1. 下列不是低频 RFID 系统特点的是（　　）。
   A．它遵循的通信协议是 ISO 18000-3　　B．它采用标准 CMOS 工艺，技术简单
   C．它的通信速度低　　D．它的识别距离短（<10 cm）

2. 超高频 RFID 系统的工作频率范围是（　　）。
   A．<150 kHz　　B．850～910 MHz
   C．13.56 MHz　　D．2.45～5.8 GHz

3. ISO 18000-3、ISO 14443 和 ISO 15693 这三项通信协议针对（　　）RFID 系统。
   A．低频系统　　B．高频系统　　C．超高频系统　　D．微波系统

4. 未来 RFID 的发展趋势是（　　）。
   A．低频 RFID　　B．高频 RFID　　C．超高频 RFID　　D．微波 RFID

5. 中国政府 2007 年发布《关于发布（　　）频段射频识别（RFID）技术应用试行规定的通知》。
   A．<150 kHz　　B．13.56 MHz　　C．2.45～5.8 GHz　　D．800/900 MHz

6. 下列（　　）载波频段的 RFID 系统拥有最高的带宽和通信速率、最长的识别距离和最小的天线尺寸。
   A．<150 kHz　　B．850～910 MHz

  C．13.56 MHz   D．2.45～5.8 GHz

 7．绝大多数射频识别系统的耦合方式是（ ）。

  A．电感耦合式   B．电磁反向散射耦合式

  C．负载耦合式   D．反向散射调制式

 8．读写器中负责将读写器中的电流信号转换成射频载波信号并发送给电子标签，或者接收标签发送过来的射频载波信号并将其转换为电流信号的设备是（ ）。

  A．射频模块   B．天线   C．读写模块   D．控制模块

 9．电子标签正常工作所需要的能量全部是由阅读器供给的，这一类电子标签称为（ ）。

  A．有源标签   B．无源标签   C．半有源标签   D．半无源标签

二、填空题

 1．RFID 的英文全称是 _____。

 2．RFID 系统通常由 _____、_____ 和 _____ 三部分组成。

 3．在 RFID 系统中，读写器与电子标签之间能量与数据的传递都是利用耦合元件实现的，RFID 系统中的耦合方式有两种：_____、_____。

 4．按读写器和电子标签之间的作用距离可以将射频识别系统划分为三类：_____、_____、_____。

 5．典型的读写器终端一般由 _____、_____ 和 _____ 三部分构成。

 6．根据电子标签工作时所需的能量来源，可以将电子标签分为 _____、_____ 两种。

 7．电子标签按照天线的类型不同可以划分为 _____、_____ 和 _____ 三种。

三、简答题

 1．什么是 RFID？

 2．简述 RFID 系统的基本组成。

 3．简述低频和高频 RFID 的工作原理。

 4．简述微波 RFID 的工作原理。

四、操作题

 1．修改读写高频 RFID 卡的内容。

 2．修改读写超高频 RFID 卡的内容。

单元四

感知层——电子标签（卡）读写

学习目标

(1) 了解 RFID 的实验设备、环境。
(2) 理解 RFID 工作的基本原理。
(3) 认识 RFID 教学套件实验模块。
(4) 掌握 RFID 标签（卡）读写操作。
(5) 了解物联网标准领先的意义。

电子标签具有信息保存时间长、能被自动识别、读写便捷、传输方便等优点，在多种场合和环境下得到广泛应用，了解并掌握电子标签的原理、使用，对于深入了解物联网，掌握物联网的应用，具有非常重要的意义。

本单元以"RFID 教学套件"实验箱为基础，学习电子标签的读写操作，理解 RFID 技术原理。要求读者从实践出发，认真完成实验，理解并掌握电子标签的基本读写操作步骤，了解注意事项，掌握存储电子标签信息的方法。

前期准备

(1) RFID 教学套件实验箱若干组（4 人一组）。
(2) 笔记本式计算机若干，数量与实验箱一一对应（4 人一组）。
(3) 实验箱模块配套软件（配套光盘，包含文件：BizIdeal RFID Demo.exe、USB 转 RS232 连接线驱动程序、JLINK V8 ARM OB 4 合 1 调试器驱动）。

任务一　低频电子标签扣读写

任务描述

低频电子标签扣的常见应用就是小区门口的电子钥匙扣，它是最早使用电子标签技术的物联网应用之一。由于有先后发展的两个技术标准，所以本任务中的钥匙扣也有只读和可写两种产品，同学们在做读写实验时要注意它们的区别。

任务分析

对电子标签的读写，需要通过读写器来实现。本实验箱有一个特殊点，就是为增加主控板模块的灵活性,实验箱在设计上采用了分离式的结构,即将原本一体的读写模块部分功能拆分成了两部分:主控部分+读写执行部分。即把工作频率不同的读写部分分离出来,即主控板+低频板(或高频板/超高频板),分开后的目的是实现一个主控板模块可以适应与多个读写板相连,完成分别与低频板、高频板、超高频板多个目标的读写任务。

本实验模块包括:主控板、低频板、高频板、超高频板、J-link、RFID超高频天线、低频钥匙扣(ID4100、T5557)、高频S50卡、高频标签、超高频卡、超高频标签。

任务实施

一、认识实验箱所用模块

(1)主控板:存储数据,处理获取的数据,如图4-1所示。

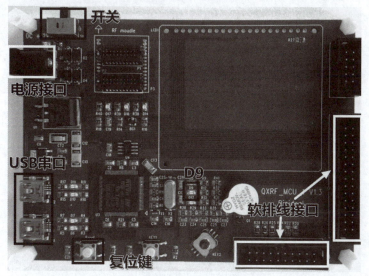

图4-1 主控板

(2)低频板、高频板、超高频板:配置了读写天线线圈,实现与RFID标签(卡)接触,完成通信,实现信息数据的读写操作,如图4-2~图4-4所示。

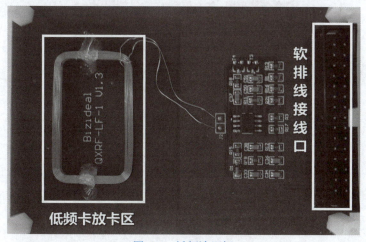

图4-2 低频读写板

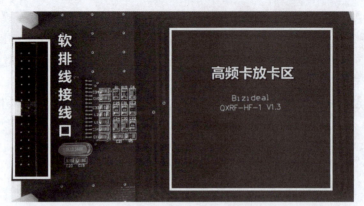

图 4-3 高频读写板

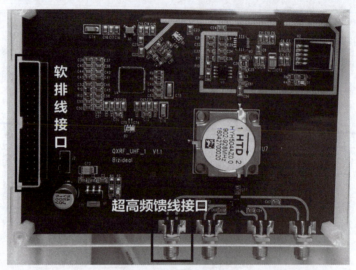

图 4-4 超高频读写板

另外,当读写超高频卡时,要求读写板外接更大的、独立的矩形天线,以提高信号的强度,如图 4-5 所示。

图 4-5 超高频读写天线

(3) J-link:烧写器,与主控板连接,进行数据烧写,如图 4-6 所示。

单元四 | 感知层——电子标签（卡）读写

图 4-6　J-link 烧写器（主体、USB 接口、串行接口）

（4）J-link 接线：连接 J-link 与计算机，如图 4-7 所示。

（5）软排线：如图 4-8 所示。

　　图 4-7　J-link 接线　　　　　　　　　　图 4-8　软排线

（6）电源适配器：为模块提供电能，如图 4-9 所示。

（7）超高频天线馈线：在超高频标签卡读写时，需要通过此线连接到天线上，如图 4-10 所示。

 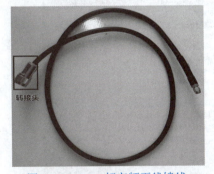

　　图 4-9　电源适配器　　　　　　　　图 4-10　RFID 超高频天线馈线

二、读写电子标签的数据

本实验箱使用 STM32F103VC 芯片作为主控板 CPU，实现数据的存储及命令发布和控制功能，再采用通用输入/输出接口（General Purpose Input Output，GPIO）或总线扩展器，连接相应的模块组件（低频板、高频板、超高频板等），实现与 RFID 标签通信，完成读写信息的任务。

本实验操作主要分三大环节：

（1）将笔记本式计算机通过 J-link 与主控板相连，烧写主控板驱动程序。

（2）将笔记本式计算机通过 J-link 与低频读写板相连，烧写读写板驱动程序。

（3）连接笔记本式计算机、主控板、读写板，实现 RFID 卡的读写。

操作步骤：

步骤一：环境安装与配置。

（1）安装烧写器驱动程序"JLINK V8 及 ARM OB 4 合 1 调试器"，如图 4-11 所示。

（2）双击安装程序，按界面提示操作，直至完成。

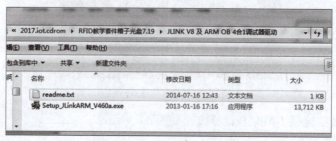

图 4-11　烧写器驱动程序

步骤二：启动烧写软件"J-Flash ARM"。

（1）连接好笔记本式计算机、主控板、烧写器。

（2）在开始菜单中查找 SEGGER 组项，再找到烧写程序 J-Flash ARM，单击启动，如图 4-12 所示。

步骤三：选择主板 CPU 类型。

打开 J-Flash ARM 软件后，显示界面如图 4-13 所示。首先设置参数，选择 CPU 类型。具体选择 Options → Project settings 项。

图 4-12　烧写程序

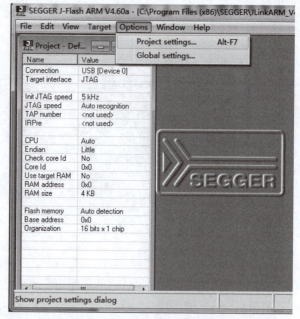

图 4-13　程序运行的参数配置

步骤四：设置主板 CPU 型号。

在新对话框中选择 CPU 选项卡，选择 Device 单选按钮，在其下拉列表框中查找所需项，即"ST STM32F103VC"，如图 4-14 所示，单击"确定"按钮，返回主界面。

单元四 | 感知层——电子标签（卡）读写

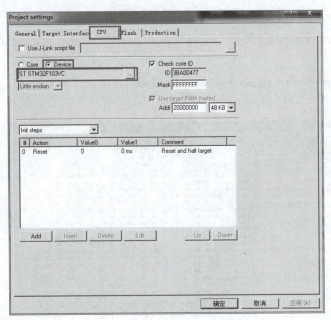

图 4-14　设置 CPU 型号

步骤五：烧写低频卡驱动程序。

（1）连接好下位机（低频烧写板）：10 针软排线连接主控板与 J-link，适配电源连接主控板。

（2）用 J-link 接线连接 J-link 与计算机。

（3）选择 File → Open data file 命令，选择低频板读写驱动文件，如图 4-15 所示。

（4）在光盘中查找下位机低频驱动文件，在光盘 J-Flash 软件中找到低频 hex 文件（十六进制）读写器驱动文件，选择后单击"确定"按钮，如图 4-16 所示。

图 4-15　File 菜单

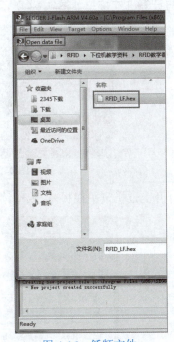

图 4-16　低频文件

步骤六：执行烧写程序。

（1）选择 Target → connect 命令。若窗口下方显示"Connected successfully"提示，则连接成功。

（2）选择 Target → program 命令（或按【F5】键），单击"确定"按钮，运行烧写命令。若烧写成功，则下方提示栏有成功提示，如图 4-17 所示。

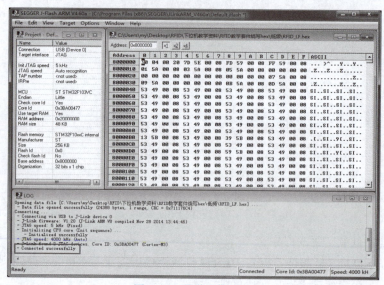

图 4-17 通道连接成功

步骤七：读写卡片。

（1）断开 J-link 与主控板的连接，用 15 针软排线将低频板与主控板连接，用 USB 串口线将主控板与计算机连接，如图 4-18 所示。

图 4-18 连接排线及计算机

（2）打开上位机（主控板），启动读写程序"BizIdeal RFID Demo.exe"，如图 4-19 所示。

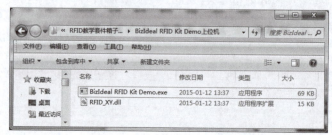

图 4-19 打开读写程序

(3) 设置连接。在程序界面中选择通信端口，单击"打开"按钮建立连接。

(4) 选择读写项。在程序界面左下角选择"低频"项，如图 4-20 所示。

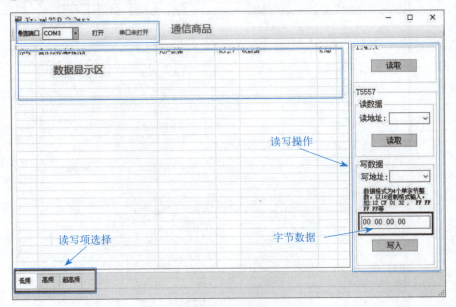

图 4-20　数据读取界面

(5) 读写数据。将 ID4100 钥匙扣放在读写板上，准备读写数据（ID4100 的数据只能读取，不可写入），如图 4-21 所示。

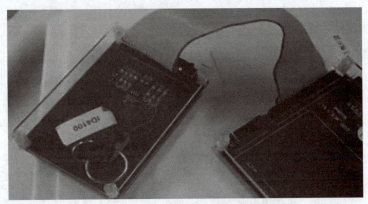

图 4-21　放置钥匙扣

(6) 读取数据。在左下角选择"低频"项，在操作界面右侧单击"读取"按钮，会听到"滴"的一声，数据读取成功。读取成功后，将 ID4100 的钥匙扣取下，换成 T5557 的钥匙扣（该钥匙扣可以读写），如图 4-22 所示。

(7) 在"读地址"下拉列表框中选择数据"01"（其他地址数据也可以），单击"读取"按钮，观察数据显示区，读取数据成功。

在"写地址"下拉列表框中选择数据"01"，把下方数据后两位改为"EE"，单击"写入"按钮，观察数据显示区，写入数据成功，重新读取一次，观察数据显示区内容，数据更改成功，如图 4-23 所示。

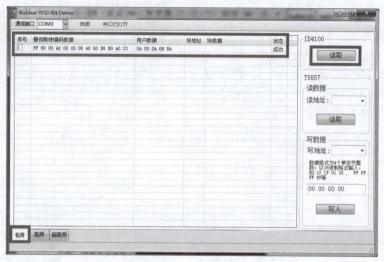

图 4-22　读取数据

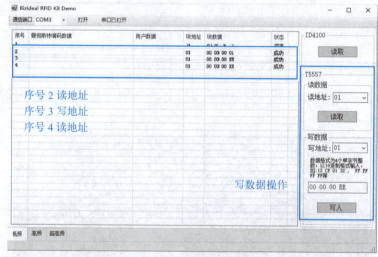

图 4-23　不同地址的数据

视频

RFID读写器程序烧录（低频）

> **注意**
>
> 写入新的地址之后，重新读取地址时，"读地址"下拉列表框中选择的数据要和写地址时"写地址"下拉列表框中选择的数据一致。

任务二　高频电子标签卡读写

任务描述

高频电子标签也是采用近场电磁耦合的原理，感生出电流，激活芯片工作。所以本任务的实验操作与前一实验基本相同，通过高频读写板，使电子标签工作频率与读写板的工作频率相吻合，从而读写出数据。同学们通过本实验理解电子标签的工作频率，分析高频与低频的区别。

任务分析

为了实现对低频、高频、超高频电子标签的读写，需要用三个不同的读写器。根据本实验箱的结构特点可知，为了增加灵活性，降低成本，本实验箱采用了可更换的读写器天线前端，这样，通过更换读写天线端模块即可实现读写不同频段电子标签的目的。

所以，本实验在模块连接上，只需要把低频的天线端模块换掉，连接上高频的天线端即可。但需要注意，一定要对读写器的读写程序进行重新烧写，保证其工作在不同的频段上。

任务实施

一、读写高频标签数据

对高频电子标签的读写，在软件操作上与对低频电子标签的读写非常相似，大的步骤是相同的。不同之处一是烧写的工作程序不同，二是在最后读写阶段的细节不同，这个细节就是在读写软件的操作界面上，要选择读写的类型卡为高频标签，软件切换的界面就是针对高频标签的操作。

本实验的主要操作步骤有三步，一是连接模块；二是更新主板程序，重新烧写高频读写程序；三是读取数据。

操作步骤：

步骤一：主控板高频读写程序烧写。

（1）连接烧写器：将 J-link USB 串口线连接到计算机，软排线连接到主控板，如图 4-24 所示。

图 4-24　模块连线图

（2）烧写：启动烧写程序，如图 4-25 所示。

参照任务一低频读写的实验步骤，启动烧写程序，并注意此处选择高频板驱动程序文件"RFID_HF.hex"（十六进制数据程序文件）。

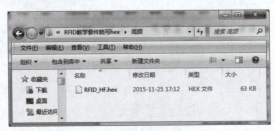

图 4-25　高频驱动程序

（3）完成烧写任务。参照任务一操作。由于 CPU 类型一致，所以本操作不需要更改 CPU 类型，如图 4-26 所示。

步骤二：连接线路。

（1）连接高频读写板。断开 J-link 与主控板的连接。用软排线连接主控板与高频读写板，如图 4-27 所示。

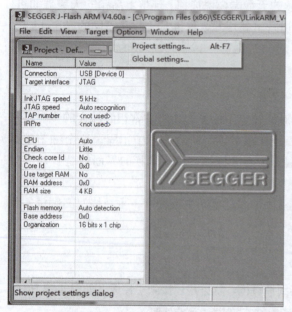

图 4-26 设置环境参数

图 4-27 模块间排线连接

（2）读写卡程序。启动程序文件"BizIdeal RFID Kit Demo.exe"，连接端口，选择端口后打开连接端口，在左下角选择"高频"项。将高频 S50 卡放在高频板放卡区。在 ISO 14443A 区（黑色框区域）单击"读标签""读块数据"按钮，读取数据，如图 4-28 所示。

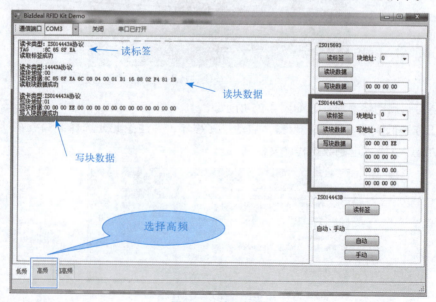

图 4-28 读取数据

（3）读取标签数据。将高频标签放入读写器。在操作界面上选择 ISO 15693 处（右上方黑色框区域），数据显示如图 4-29 所示。

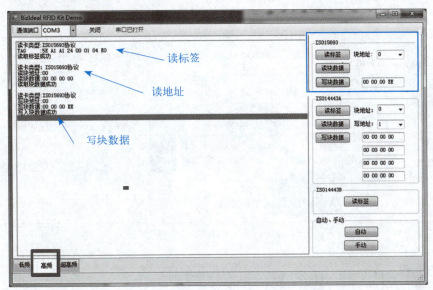

图 4-29　选择调频卡界面

（4）写入数据。在"写入"处写入新的地址，在数据区填入正确的数据，单击"读标签"按钮，即可读取新写入的地址，如图 4-30 所示。

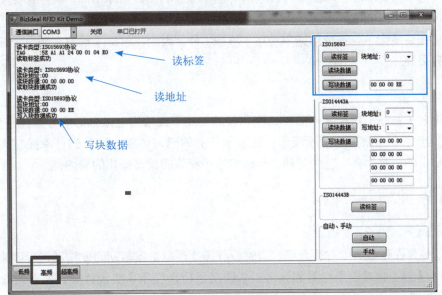

图 4-30　读取数据

（5）对比高、低频电子标签操作的不同点。主要的不同点是软件选择的工作环境（工作频率）不同，注意左下角的频率选择为"高频"。

步骤三：了解原理。

了解实验箱的模块组件，理解电子标签的读写操作原理，如图 4-31 所示。

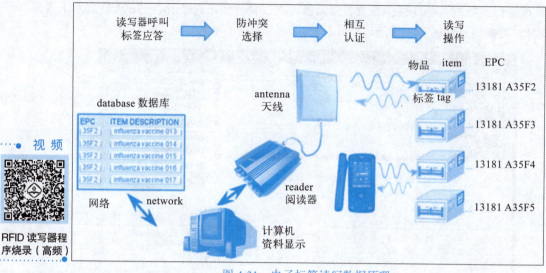

图 4-31　电子标签读写数据原理

任务三　超高频电子标签卡读写

任务描述

超高频电子标签卡的读写操作与其他两种电子标签的读写操作不同，在于标签工作频率的不同，导致信息传送的方式不同。由于系统工作在超高频，所以阅读距离大，应用范围广，传送数据速度快，最大单标签读取速率可达 170 张 / 秒。因此，熟悉了解超高频电子标签的读写操作非常有必要。

任务分析

超高频电子标签工作模式不同于低频和高频，其天线采用电磁辐射的方式传送数据信息。所以本实验多了一个很大的盒状天线。通过本任务的学习实践，同学们可掌握超高频电子标签卡的读写实践，并体会、总结三种工作频率电子标签的读写操作的异同点。

任务实施

读写超高频电子标签数据

本实验操作在任务一中有过介绍，当时没有涉及烧写主板驱动的操作过程，因为当初的任务只是让同学们了解对电子标签的读写，未涉及用什么程序来实现读写，所以此处需要进行完整的操作，先对主控板烧写超高频读写程序，再进行数据的读写。

下面只介绍主要的、有区别的部分，即超高频天线的连接、通道设置等部分，其他步骤由同学们自己完成。

步骤一：连接超高频天线与超高频读写器。

（1）将超高频读写天线接头与超高频读写板接头连接。

（2）将主控板与超高频读写板连接。

（3）将主控板与笔记本式计算机连接，如图 4-32 所示。

图 4-32　超高频线路连接

步骤二：启动烧写软件"J-Flash ARM"。

（1）事先连接好笔记本式计算机、超高频节点板、烧写器。

（2）在开始菜单中查找 SEGGER 组项，再找到烧写程序 J-Flash ARM，单击启动。按照步骤操作，直到完成烧写程序，如图 4-33 所示。

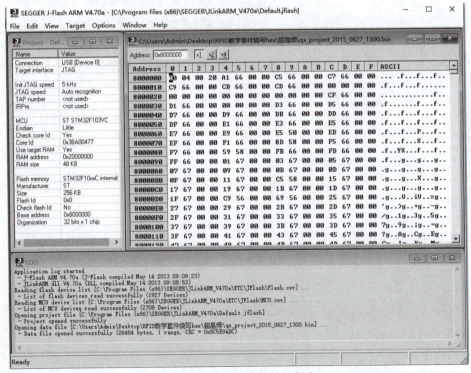

图 4-33　烧写超高频读写程序

步骤三：启动读写程序。

启动"BizIdeal RFID Kit Demo.exe"，如图 4-34 所示。

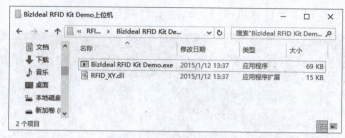

图 4-34 运行读写程序

步骤四：读取数据。

（1）工作环境为超高频状态，在程序界面左下角选择"超高频"项，将超高频卡或电子标签放在读写天线上。

（2）显示读写数据。保持天线、功率为默认值，单击左下角的"开始工作"按钮，阅读器开始不停地读取卡中的数据，具体内容如图 4-35 所示。

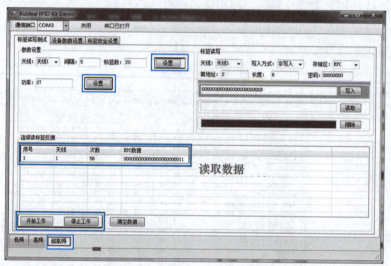

• 视 频

RFID 读写器程序烧录（超高频）

图 4-35 超高频标签读写界面

步骤五：改变读写状态。

改变距离、角度、速度等会影响信息的读取，对此可以做对比实验。

由于超高频电子标签天线功率较大，所以读写距离可以加大，通过移动超高频电子标签卡的位置、距离，可感受远距离读写的操作。当移动超高频卡距离超过 2 m 后，信号减弱，此时，读写器不能识别卡。

同学们可多角度、多距离地探索这个问题。

知识拓展

1. 中美物联网国际标准争夺战

有一句话："一流企业做标准，二流企业做品牌，三流企业做产品。这句话表达了谁有制定标准的主导权，谁就能占据主动，在激烈的竞争中保持领先优势。这说明标准背后的含义是经济主导权之争，是未来发展优先地位之争。其实国家间的发展竞争也是一样，大家是否还记得几亿件衬衫才能换回一架飞机，辛辛苦苦每生产一台VCD、DVD，都需要向别人交纳高额的专利费。因此说，标准之争是国家之间关乎产业生存的争夺，是关乎未来发展优势的地位之争。

在现实世界中，这种争夺真实地发生了，这就是，中美物联网标准主导权的竞争。

由于国家领导人的高瞻远瞩以及科技工作者的努力，我国在物联网标准的研究和制定方面起步早、收效大，形成了一系列的科研成果。2013年9月，由无锡物联网产业研究院发起的物联网六域模型参考架构标准，向国际标准化组织正式提出申请立项。如果这个架构标准被通过，世界物联网标准的制定权和领导权将落到中国手上，这对以美国为首的西方国家来说是格外痛苦和难以接受的。因此围绕着立项问题，美、英、日等国百般阻挠，妄图破坏或瓦解立项工作，在我国科技工作者和国家标准化委员会工作人员的共同努力下，在第二轮投票中战胜以美国为首的一些国家，成功实现立项。

2014年9月2日，ISO/IEC JTC1正式批准我国提出的《物联网参考体系结构》国际标准工作项目，国际标准项目号为ISO/IEC 30141。《物联网参考体系结构》国际标准的正式立项是我国国际标准化领域取得的又一个突破性进展，同时也标志着我国开始主导物联网国际标准化工作。

但是反对国家的阻挠和破坏从没有停止，他们相继利用规划漏洞，想出了各种花招和手段企图破坏后续的进程，提出更换标准工作组、更换主编领导人以及标准拆分等一系列难题，最终都被我国科学家和工作者一一破解。

从2013年开始的几年时间，以无锡物联网产业研究院刘海涛院长，沈杰副院长带领的中国团队，在国家标准化委员会和中国电子技术标准化研究院等的全力支持和指导下，经历立项反复、组织更换、主编更换、标准拆分和合并等一系列人为波折，以及十多次投票，顶住美、英、日等国家联合发起的一次次挑战，突破了曲折迂回的一次次暗流和破坏。其中最惊险的一次，是在上海举行的会议上，某国提出对我方不利的"拆分"方案，经过激烈交锋，最终投票结果为10比10，按照规则，平局维持原判，中国获胜！

2015年，国际标准组织（ISO/IEC）在比利时布鲁塞尔召开的物联网标准化大会决定，新成立的物联网标准工作组（WG10）将同步转移原中国主导的物联网体系架构国际标准项目（ISO/IEC 30141），并由中国专家继续担任该体系架构项目组主编辑，这标志着我国继续拥有国际物联网标准最高话语权。

尽管整个过程充满坎坷和悬念，经过了多轮波折，我国最终还是赢得了投票，实现零的突破。这是我国科研人员第一次在信息技术领域参与"原始规则"的制定，第一次作为"主导者"而不是"跟随者"出现在国际标准舞台上，第一次取得主导一个庞大的系统性国际标准的制定权，具有突破性的历史意义。

那么为什么美国会极力阻挠中国提出标准和领导标准的规划和制定呢？

"物联网顶层架构标准，好比盖大楼时搭的框架，是物联网技术和产业发展的顶层设计和基础。中国掌握标准的主导权，也就掌握第三次信息化浪潮和第四次工业革命的核心。"无锡物联网产业研究院副院长沈杰说："正如美国主导的ISO/OSI七层参考模型成为互联网时代的基石，ISO/IEC 30141的六域模型将改变我国此前由于物联网标准不统一导致跨界融合创新受限、产业发展相对缓慢的问题，为物联网在各行业的大规模应用落地，以及相关产业发展带来重大契机。更重要的是，我国掌握物联网架构标准的主导权，将改变互联网时代'受制于人'

的困境，对国家战略安全的重要性不言而喻。"

人类正迎来以信息物理融合系统（CPS）为基础，以生产高度数字化、网络化、机器自组织为标志的第四次工业革命，其中以基于物联网的智能制造为主导。物联网推动智能制造环节之间的协同、行业之间的融合，推动研产商之间的深度合作。从战略意义上说，谁掌控了物联网标准，谁就是工业 4.0 时代的主导者。这其中的国家利益显而易见。我国在物联网国际标准架构的制定中起主导作用，将有利于我国提出更多新的物联网国际标准项目，而在国际标准制定中掌握话语权，将极大带动中国技术和产业发展。

2．5G 标准为何如此重要

要了解 5G 的重要性以及 5G 标准将给人类社会带来什么样的影响。首先需要了解 3GPP。
1）什么是 3GPP？

3GPP 其实是一个通信行业协会，其宗旨是协调成员间矛盾，制定通信标准及契约。

3GPP 最初的工作范围是为第三代移动通信系统（主要是 UMTS）制定全球适用技术规范和技术报告。随后其工作范围得到扩展，增加了对 UTRA 长期演进系统的研究和标准制定。后来因参与者增多，组织越发强大，把 4G、5G 发展标准的制定也纳入旗下。

3GPP 的会员包括 3 类：组织伙伴、市场代表伙伴和个体会员。这里面包括欧洲的 ETSI、日本的 ARIB、日本的 TTC、韩国的 TTA、美国的 T1 和中国通信标准化协会六个标准化组织。3GPP 市场代表伙伴不是官方的标准化组织，它们是向 3GPP 提供市场建议和统一意见的机构组织。

2）5G 标准下 3GPP 的分类

弄清楚 3GPP 组织，回到 5G 本身，在 5G 标准中，3GPP 定义了三大应用场景：
- eMBB：3D/超高清视频等大流量移动宽带业务；
- mMTC：大规模物联网业务；
- URLLC：如无人驾驶、工业自动化等需要低时延、高可靠连接的业务。

其中，在 eMBB 场景下的标准成为了各家争夺的焦点，而在这个场景之中又形成了三大阵营。
- 高通为代表的美国企业阵营 LDPC code（低密度奇偶校验码）；
- 华为为代表的中国企业阵营 Polar code（极化码）；
- 法国为代表的欧洲企业阵营 Turbo code（涡轮码）。

3）5G 的功能

表面看 5G 通信技术只是通信速率的简单增加，但实质上 5G 的发展将带来一系列变革。

5G 提供足够的网速，可以提前实现物联网的构想，让万物互联成为可能，届时人类社会将步入全面智能设备时代。同时，5G 也能实现远程精准操作，通过 5G 高速有效的网络，让远程设备有效地运转。例如，让一架机器人深入危险区域进行探寻，同时在远程用人工进行实时操作，由于网速够快，因此传输的信息、画面、数据都可以得到有效保证，做到实况传播。

5G 也能让移动设备以及 PC 拥有无限的容量，当 5G 能够满速运载时，用户可以把几乎所有的存储内容全部上传至云端，由于 5G 理论下行速率能达到 1.25 Gbit/s，因此从云端下载数据的速率要比硬盘传输的速率更快，如今硬盘传输速率约为 550 Mbit/s。所以在 5G 普及之后，绝大部分设备连硬盘都可以不用了。

5G 也将会有效地帮助 VR 和 AR 技术更好地普及。由于虚拟现实技术所需要传输的数据太大，导致许多设备都不得不在其后加一根导线进行连接，这也限制了设备的使用范围以及使用场景，5G 的出现正好能够让其摆脱这些限制，真正实现无线 AR/VR 的实时传输。

4）5G 发展的竞争

无论是 5G 本身的市场，还是 5G 所带动的相关产业，其市场潜力都无比巨大，有着巨大的经济效益，更何况 5G 在未来还将渗透到军事、生活、教育等方面，所以 5G 标准的话语权对于世界各个国家而言，其重要性都是非比寻常的。

课 后 习 题

一、选择题

1. 低频电子标签的典型工作频率是（　　）。
   A．125～134 kHz   B．13.56 MHz
   C．840～845 MHz   D．920～925 MHz

2. 高频电子标签的工作频率是（　　）。
   A．125～134 kHz   B．13.56 MHz
   C．840～845 MHz   D．920～925 MHz

3. 本实验有两种低频 RFID 钥匙扣，下列关于内部芯片类型的说法正确的是（　　）。
   A．ID4100 是可擦写芯片   B．ID4100 是不可擦写芯片
   C．T5557 是不可擦写芯片   D．两者都是可擦写芯片

4. 高频电子标签的读写有两个 ISO 协议标准，下列关于这两个标准的说法正确的是（　　）。
   A．ISO 14443 适用距离近，安全性高的防伪卡
   B．ISO 15693 适用距离近，安全性高的防伪卡
   C．ISO 15693 适用距离远，安全性要求不高的会员卡
   D．ISO 14443 适用距离远，安全性要求不高的会员卡

5. 超高频读写板有四个天线接线柱，关于这些接线柱的说法正确的是（　　）。
   A．四个接线柱是连在一起的，使用时没有区别
   B．四个接线柱是两两连在一起的
   C．四个接线柱是独立的，代表不同的频道
   D．多个接线柱只起到增强信号的功能

6. 在本实验中，读取不同类型的电子标签中的数据之前，都要烧写主控板和节点板，目的是将工作程序写入芯片中。执行烧写操作的程序名称是（　　）。
   A．J-Flash ARM   B．Driver Genius
   C．HEX-RFID-Low   D．SHAOXIE.prog

7. 在实验中，读取数据之前要烧写主控板和节点板，将工作程序写入芯片中。其中在烧

写程序配置环境时，需要设置的选项不包括（　　）。

  A．选择 CPU 型号   B．选择接口

  C．选择工作频率类型   D．选择工作电压

8．电子标签按电源的供给方式分为无源和有源两类，其中有源的工作特点不包括（　　）。

  A．识别距离远   B．识别稳定性强

  C．读取速度快   D．标签寿命长

9．在天线周围的场区中有一类场区，在该区域里辐射场的角度分布与距天线口径的距离远近是不相关的。这一类场区称为（　　）。

  A．辐射远场区 B．辐射近场区 C．非辐射场区 D．无功近场区

10．在射频识别系统中，最常用的防碰撞算法是（　　）。

  A．空分多址法 B．频分多址法 C．时分多址法 D．码分多址法

二、填空题

1．本实验箱使用 STM32F103VC 单片机作为主控 CPU，构成主控板模块，_____。

2．本实验模块包括：主控板、低频板、高频板、超高频板、J-link、_____、低频钥匙扣卡、_____、高频 S50 卡、高频标签、_____。

3．主控板有三大类接口：_____、_____、_____。

4．超高频读写板在实验前要连接上_____和_____。

5．实验用软件环境包括：_____、_____、_____。

6．自动识别技术是应用一定的识别装置，通过被识别物品和识别装置之间的接近活动，自动地获取被识别物品的相关信息，常见的自动识别技术有_____、_____、_____和_____。

7．在 RFID 系统中，读写器与电子标签之间能量与数据的传递都是利用耦合元件实现的，RFID 系统中的耦合方式有两种：_____、_____。

8．从功能上来说，电子标签一般由天线、_____、_____、时钟、存储电路组成。

三、操作题

在超高频卡的读写中，信息是分地址不同存放的，根据同学们的学号信息，将其身份证号、学号、班级号分三个不同的地址存放到卡中，并读取显示出来。

单元五
感知层——传感器介绍

学习目标

(1) 了解传感器的概念。
(2) 理解传感器的分类。
(3) 了解常用传感器的工作原理。
(4) 掌握实验用传感器的工作过程。
(5) 了解国家传感器技术的发展。

物联网的体系结构是由作用相对独立的三个功能层组成的，即感知层、传输层、应用层。

电子标签（RFID技术）工作在感知层面，目的是给物品增加"感知"功能，让物品具有可被"感知"的能力，为物联网的通信连接奠定底层基础。

除了电子标签以外，人们找到了另外一种解决感知的办法，即给物体加装一种称为传感器的部件，即感知传输功能组件，能使物品同样具有了可连入物联网的能力。

本单元将学习如何利用传感器为普通的"物品"增加"感知"部分，使物体具有必需的智能，例如能感知环境温度、湿度、烟气、人体等，并且能够把这种状态信息转换成电信号传送出去。

本单元重点是要求同学们掌握传感器的定义、了解部分传感器的基本原理、掌握它们的分类，并了解传感器的连接方法。

前期准备

(1) 无线传感网教学套件实验箱若干（4人一组）。
(2) 笔记本式计算机若干（4人一组）。
(3) 平板PAD若干（一组一个）。
(4) 配套光盘软件。

任务一 认识常用的传感器

任务描述

传感器（Transducer/Sensor）是一个能感知环境（如气温、气压等）信息，或是能够感知移动、速度、角度等变化状态信息,将信息转换为电信号或其他形式的信息,并传送出去的组件。

相对于电子标签的信息简单、单一,传感器技术发展时间早,种类繁多,形式多样,原理也各不相同。但在物联网层面上,它们的作用是相同的,就是感知信息,传输数据。所以我们需要对传感器有一定的基础性的了解。

任务分析

传感器的种类众多,传感、检测的项目也是各不相同,了解这些传感器,了解它们的名称、作用,对正确应用物联网非常必要。

本任务主要是认识、学习传感器部件,初步了解各种传感器的外观、功能、主要用途,理解传感器的定义。在企想物联网实验套件中,有两种实验箱均有传感器组件,它们分别是Wi-Fi教学套件实验箱、无线传感网教学套件实验箱。本项目结合两种实验箱介绍传感器的知识并完成相应的实验。

任务实施

一、了解实验箱中的传感器

由于大量的物联网应用需要用到传感器,所以我们的教学实验箱中有两个套件箱都用到了传感器模块,只不过一个是集成化在一起的,一个是分别制作、可单独试验的。

前面介绍过,传感器是把物体的位移、速度、压力,以及环境温度、湿度、声音、光照、烟雾等物理量转换成易于测量、传输和处理的电学量(如电压、电流等)的组件。

下面从实验箱入手,逐步认识、学习它们,并了解它们的原理,掌握它们的应用。

套件一:认识Wi-Fi实验箱中集成化的传感器组,如图5-1所示。

该集成板中包括:红外传感器、烟雾传感器、步进电机、直流电机、温度传感器、湿度传感器、光亮度传感器等。

图5-1 组合的传感器集成板

套件二:认识无线传感网实验中的传感器模块。

本实验箱中的传感器是独立的部件。包括:红外传感器、烟雾传感器、步进电机、直流电机、温度传感器、湿度传感器、光亮度传感器、液晶显示模块等,如图5-2所示。

每个传感器模块都有相应的标识,请同学们将它们一一找出。

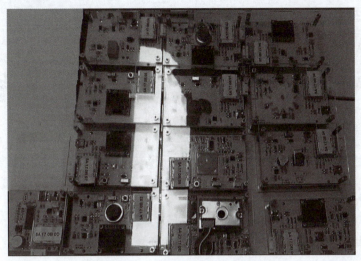

图 5-2　分离开的传感器节点板

其他传感器模块：

1）二氧化碳传感器

可检测空气中二氧化碳的浓度，如图 5-3 所示。

2）粉尘传感器

可检测粉尘浓度，适用于工地扬尘、道路扬尘、环保的在线粉尘浓度检测，当粉尘浓度高于一定的阈值时，可在后台设置报警系统，如图 5-4 所示。

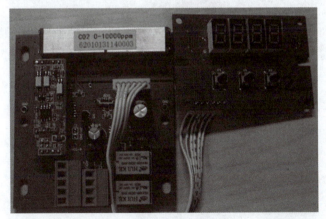

图 5-3　二氧化碳传感器

图 5-4　粉尘传感器

3）酒精传感器

可检测空气中酒精浓度，除可用于检测汽车驾驶人外，也可用于工业生产、发酵等需要检测乙醇蒸气的工作场合。图 5-5 所示为酒精传感器。

4）人体红外传感器

检测具有红外特征的人的位置，并在达到阈值时发出信息报警。主要用于安防、治安等场合。图 5-6 所示为人体红外传感器。

图 5-5　酒精传感器　　　　　　　图 5-6　人体红外传感器

二、数据信息传输实验

操作步骤：

步骤一：找出实验所需部件。

1．平板 PAD

其作用为显示读取的数据，如图 5-7 所示。

图 5-7　平板 PAD

2．协调器

协调器负责组织、管理 Wi-Fi 网络和 ZigBee 网络，实现两个网络间数据传递。注意要给主板安装供电电池，如图 5-8 所示。

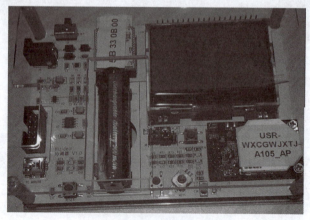

图 5-8　协调器

3. 传感器节点板

具体负责某个项目的传感器模块工作。本次取出温度、湿度传感器。要注意给节点板安装电池，如图 5-9 所示。

图 5-9　温度、湿度传感器节点板

步骤二：打开各部件电源开关，建立网络连接。

本系统协调器通过 Wi-Fi 模块与平板电脑连接，通过 ZigBee 模块与节点板连接，将传感器信息传送到平板电脑，并显示出来（系统已经默认）。

在平板电脑中找出并打开 IOTControl 应用程序，打开参数显示功能则可看到图 5-10 所示的画面。

图 5-10　建立网络连接

传感器的定义及分类

步骤三：打开温度、湿度节点板。打开节点板，打开电源开关，让节点板开始工作，如图 5-11 所示。

步骤四：查看显示的信息。

当网络连接成功后，协调器与节点板传递信息，显示数据。同时，在平板电脑上显示相应的数据，如图 5-12 所示。

图 5-11 连接节点板

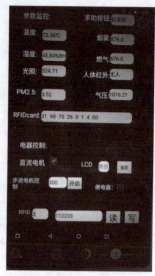

图 5-12 平板电脑显示读取信息

任务二 了解常用传感器的工作原理

任务描述

东汉末年，有位著名的医生叫华佗，他可通过望、闻、问、切，精准地确定病人的病情。这个望、闻、问、切就是感知的手段，通过这几个手段组合，来捕捉病人的人体内部情况，确诊病人的病因、部位，然后对症医治，或开药或手术处理。

传感器也是通过特定的技术手段，来感知相应的物体及环境的信息，如温度、湿度、速度、高度、方向、位置等，并能将这些信息转换为电物理量传送出去。所以掌握它们的原理对于未来的正确应用是十分必要的。

任务分析

学习传感器，不但要知道其功能，也要了解其工作过程，知晓其工作原理。本任务的目的是结合实验了解常用传感器的工作原理，了解其内部的工作过程及信号转换，了解传感器的分类等，掌握常用传感器的基本功能及适用场合，为正确使用传感器打下良好的基础。

任务实施

一、分析常见的感知原理

传感器是实现对温度、湿度、压力等环境状态的感知，并将所获信息传输出去。其中最重要的是感知部分,它需要借助对此项参数敏感的器件和某个原理来实现。例如,医疗上常用的人体温度计,就是利用水银对温度的敏感及自身体积热胀冷缩原理,来反映某个时间,该水银温度计所处的环境温度。

现实生活中有很多这方面实例,请同学们对此进行分析、梳理,举出若干个类似的实例,把分析内容填写在表 5-1 中。

表 5-1 信息感知的不同原理及应用

项　目	实现原理	应用场合
检测人体或环境温度的温度计	热胀冷缩	人体、环境温度
称重量的天平		
测量大气压力的水银柱		
其他		

二、了解常见传感器的种类及原理

传感器是把环境监测中的非物理量(如位移、速度、压力、湿度、温度、流量、声音、光照等)转换成易于测量、传输、处理的电学量(如电压、电流、电容等)的一种组件,用来实现信息的感知、传输、处理、存储、显示、记录和控制等要求。

传感器一般由敏感元件、转换器件、转换电路三部分组成。

通常根据其基本感知功能分为热敏元件、光敏元件、气敏元件、力敏元件、磁敏元件、湿敏元件、声敏元件、放射线敏感元件、色敏元件和味敏元件等十大类。

下面分别介绍常用的传感器及其感知原理。

1. 温度传感器

温度传感器(temperature transducer)是指能感受温度并转换成可用输出信号的传感器。温度传感器是测量温度仪表的核心部分,由于依据不同的原理实现,所以品种繁多。

温度传感器按测量方式可分为接触式和非接触式两大类,按照传感器材料及电子元件特性分为热电阻和热电偶两类。热电偶传感器的实物图如图 5-13 所示。

非接触式温度传感器的敏感元件与被测对象互不接触,又称非接触式测温仪表。这种仪表可用来测量运动物体、小目标和热容量小或温度变化迅速(瞬变)对象的表面温度,也可用于测量温度场的温度分布。最常用的非接触式测温仪表基于黑体辐射的基本定律,称为辐射测温仪表。

其中热电偶的工作原理是,当一段金属两端的温度不一样时,会在金属两端产生电位差(电压),不同金属在相同温度下,会产生不一样的电位差,温度与电位差的关系是正相关的,这样当把两段金属线连接起来,放在不同的温度环境中,就可通过仪表来检测两段金属的电位差的大小,从而测量出目标点的温度。图 5-14 所示为热电偶温度传感器原理;图 5-15 所示为热电偶温度计实物。

图 5-13 热电偶传感器

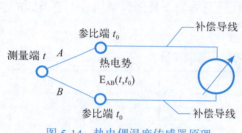

图 5-14 热电偶温度传感器原理

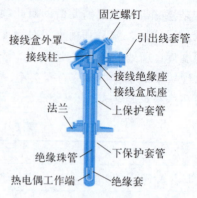

图 5-15 热电偶温度计实物

2．烟雾传感器

烟雾传感器是通过对烟雾有敏感反应的光、电器件，实现监测烟雾浓度的传感部件。

烟雾传感器种类繁多，从检测原理上可以分为三大类：

（1）利用物理化学性质的烟雾传感器：如半导体烟雾传感器、接触燃烧烟雾传感器等。

（2）利用物理性质的烟雾传感器：如热导烟雾传感器、光干涉烟雾传感器、红外传感器等。

（3）利用电化学性质的烟雾传感器：如电流型烟雾传感器、电势型气体传感器等。

烟雾报警器是利用烟雾传感器，实现对环境烟雾浓度及时监测并进行报警的设备。日常使用的传感器可分为离子烟雾报警器和光电烟雾报警器等。

离子烟雾报警器有一个内外一体的电离室，里面有放射源元素——镅241，强度约0.8微居里左右，正常状态下，电离产生的正、负离子，在电场的作用下各自向正负电极移动，处于电场的弱平衡状态。当有烟雾进入外电离室，烟雾阻挡了离子到达对面电极，破坏了这种平衡关系，报警电路检测到浓度超过设定的阈值时会发出报警，如图 5-16 所示。

离子式烟雾传感器是一种技术先进、工作稳定可靠的传感器，被广泛运用到各种消防报警系统中，性能远优于气敏电阻类的火灾报警器。

光电式感烟探测器主要利用红外线探测，利用光线在与环境相通的气室中通过带有烟气的过程中会发生反射、散射，影响透光性，实现烟气浓度的检测目的，如图 5-17 所示。

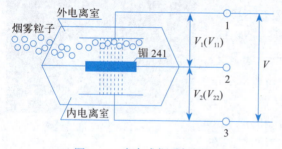

图 5-16 光电式烟雾探测器原理

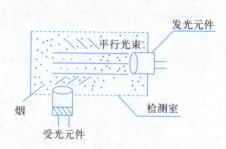

图 5-17 光电式烟雾探测器原理

由于生活中有重多的场合会遇到烟雾，所以烟雾传感器广泛应用在城市安防、小区、工厂、公司、学校、家庭、别墅、仓库、资源、石油、化工、燃气输配等众多领域。烟雾传感器的实物如图 5-18 所示。

3. 人体红外传感器

人体红外传感器是一种能检测人体发射的红外线的新型高灵敏度红外探测元件。它能以非接触形式检测出人体辐射的红外线能量的变化，并将其转换成电压信号输出，如图 5-19 所示。

图 5-18　MQ-2 型烟雾传感器

图 5-19　人体红外感应器

人体红外感应传感器是利用热释电效应原理制成的一种传感产品，热释电效应就是因温度的变化而产生电荷的一种现象。这种电荷被转换成电压信号输出，输出的电压信号加以放大，便可驱动各种控制电路，如图 5-20 所示。

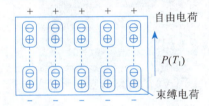

(a) 在温度 T_1 时自由电荷和束缚电荷　　(b) 温度升高到 T_2 时，束缚电荷减少　　(c) 温升导致的等效效果

图 5-20　热释电效应原理

人体红外感应传感器适用于走廊、楼道、仓库、车库、地下室、洗手间等场所的自动照明、抽风等用途，真正体现楼宇智能化及物业管理的现代化。其功能特点如下：

（1）自动控制产品，当有人进入开关感应范围时，专用传感器探测到人体红外光谱的变化，开关自动接通负载。人不离开且在活动，开关持续导通；人离开后，开关延时自动关闭负载，人到灯亮，人离灯熄，亲切方便，安全节能。

（2）具有过零检测的功能：无触点电子开关，延长负载使用寿命。

（3）应用光敏控制，开关自动测光，光线强时不感应。

人体红外感应装置在我们的生活中随处可见，如红外感应自动水龙头、红外感应干手器、红外感应自动门等。

4. 光照传感器

光照度是衡量光明亮程度的物理量，其定义是每平方米的流明（lm）数，也称勒克斯（Lux），又称米烛光。1 Lux=1 lm/m²，即被摄主体每平方米的面积上，受距离 1 m、发光强度为 1 烛光的光源，垂直照射的光通量。

光照传感器的光接收器件把可见光吸收后转换成电信号，电信号的大小对应光照度的强弱。由于光电二极管的输出与照度（光流量/感光面积）成比例，因此可以构成照度传感器，将光电流通过通用运算放大器进行电流 - 电压转换。

生活中常见的利用到光照传感器的装置很多，如光敏电阻路灯，根据白天黑夜的光照强度调节电阻,达到控制电路通断的目的。图 5-21～图 5-22 所示为一些常见的红外感应设备,图 5-23 为光照传感器。

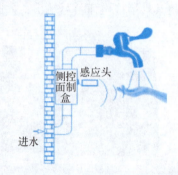

图 5-21 红外感应自动水龙头

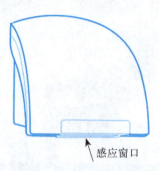

图 5-22 红外感应干手器

图 5-23 光照传感器

5. 燃气传感器

燃气传感器用来监测瓦斯、液化石油气、一氧化碳等有无泄漏,以预防气体泄漏引起的爆炸以及不完全燃烧引起的中毒。监测可燃性气体泄漏的警报器的核心部分就是燃气传感器,它被广泛应用于煤矿和工厂,也在家庭里开始普及。

从作用机理上,燃气传感器主要分两种:半导体气体传感器和接触燃烧传感器。

半导体气体传感器主要是在 SnO_2 等 N 型氧化物半导体上添加白金或钯等贵金属而构成的。可燃性气体在其表面发生反应引起 SnO_2 电导率的变化,从而感知可燃性气体的存在。这种反应需要在一定的温度下才能发生,所以还要对传感器用电阻丝进行加热,如图 5-24 所示。

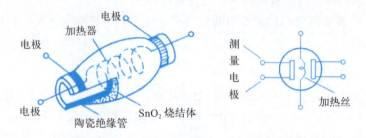

图 5-24 半导体气体传感器原理

接触燃烧传感器是指可燃性气体与催化剂接触时发生燃烧,使得白金线圈的电阻发生变化从而感知燃气的存在。这种传感器是由载有白金或钯等贵金属催化剂的多孔氧化铝涂覆在白金线圈上构成的。

常见的有 MQ-5 型燃气传感器，它属于半导体气体传感器。

MQ-5 气体传感器所使用的气敏材料是在清洁空气中电导率较低的二氧化锡（SnO_2）。

当传感器所处环境中存在可燃气体时，传感器的电导率随空气中可燃气体浓度的增加而增大。使用简单的电路即可将电导率的变化转换为与该气体浓度相对应的输出信号。

MQ-5 燃气传感器对丁烷、丙烷、甲烷的灵敏度高，对甲烷和丙烷可较好地兼顾。这种传感器可检测多种可燃性气体，特别是天然气，是一款适合多种应用的低成本传感器，如图 5-25 所示。

6．湿度传感器

湿度传感器是指能将湿度转换成容易被处理的电信号的设备或装置。市场上常把温度和湿度制作在一起，温湿度传感器一般是测量相对湿度量。常见的种类有无线温湿度传感器、风管式温湿度传感器、管道式温湿度传感器。图 5-26 所示为数字式温湿度传感器 SHT10。

图 5-25　MQ-5 型燃气传感器

图 5-26　数字式温湿度传感器 SHT10

传统测湿装置是干湿球湿度计，又称干湿计，是利用水蒸发要吸热降温，而蒸发的快慢（即降温的多少）和当时空气的相对湿度有关这一原理制成的。其构造是用两支温度计，其一在球部用白纱布包裹，将纱布另一端浸在水槽里，即由毛细作用使纱布经常保持潮湿，即湿球。另一端未用纱布包裹而露置于空气中的温度计，谓之干球（干球即表示气温的温度）。利用两者的温度差计算相对湿度。

现代温度检测主要利用湿敏元件实现，主要有电阻式、电容式两大类。

湿敏电阻的特点是在基片上覆盖一层用感湿材料制成的膜，当空气中的水蒸气吸附在感湿膜上时，元件的电阻率和电阻值都发生变化，利用这一特性即可测量湿度。

湿敏电容一般是用高分子薄膜电容制成的，常用的高分子材料有聚苯乙烯、聚酰亚胺、酪酸醋酸纤维等。当环境湿度发生改变时，湿敏电容的介电常数发生变化，使其电容量也发生变化，其电容变化量与相对湿度成正比。

电子式湿敏传感器的准确度可达 2%～3%RH，这比干湿球测湿精度高。

无线温湿度传感器主要用于探测室内、室外温湿度。虽然绝大多数空调都有温度探测功能，但由于空调的体积限制，它只能探测到出风口空调附近的温度，这也正是很多消费者感觉其温度不准的重要原因。有了无线温湿度探测器，就可以确切地知道室内准确的温湿度，当室内温度过高或过低时能够提前启动空调，自动调节到一个宜人的温度。

7．PM2.5 传感器

PM2.5 探测器作为环境监测中很重要的内容，必须依靠强大的技术力量作为支撑，同时它也是智能家居系统中的重要部件。一方面它可以联动到系统中的声光报警器，一旦检测到 PM2.5 的值超标，报警器就可以自动报警；另一方面，它可联动新风系统、空调等设备对所检测的区域及时进行通风换气，使用户能生活在新鲜的空气之中，保证健康。

图 5-27 所示为激光 PM2.5 传感器，其采用激光散射的原理：当激光照射到通过检测位置的颗粒物时会产生微弱的光散射，在特定方向上的光散射信号波形与颗粒直径有关，通过不同粒径的波形分类统计及换算公式可以得到不同粒径的实时颗粒物的数量浓度，按照标定方法得到跟官方单位统一的质量浓度。

图 5-27　PM2.5 传感器

8．气压传感器

气压传感器主要是用于测量气体绝对压强的转换装置，可用于血压、风压、管道气体等方面的压力测量。其性能稳定可靠，主要适用于与气体压强相关的物理实验，如气体定律等，也可以在生物和化学实验中测量干燥、无腐蚀性的气体压强。

空气压缩机的气压传感器主要由薄膜、顶针和一个柔性电阻器完成对气压的检测与转换功能。薄膜对气压强弱的变化异常敏感，一旦感应到气压的变化就会发生变形并带动顶针动作，这一系列动作将改变柔性电阻的电阻值，将气压的变化转换为电阻阻值的变化以电信号的形式呈现出来，之后对该电信号进行相应处理并输出给计算机呈现出来。原理如图 5-28 所示。

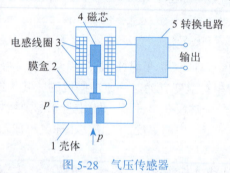

图 5-28　气压传感器

还有的气压传感器利用变容式硅膜盒完成对气压的检测。当气压发生变化时引发变容式硅膜盒发生形变并带动硅膜盒内平行板电容器电容量的变化，从而将气压变化以电信号形式输出，经相应处理后传送至计算机得以展现。

图 5-29 所示为几种常见的气压传感器。

视　频

常用传感器的工作原理

图 5-29　几种气压传感器

知识拓展

一、传感器的补充知识

1. 传感器的定义

国家标准 GB 7665—1987 对传感器的定义如下：传感器是能感受规定的被测量并按照一定的规律转换成可用信号的器件或装置，通常由敏感元件和辅助元件组成。

2. 敏感元件介绍

敏感元件是传感器的核心，它的作用是直接感受被测量的物理量，并将信号进行必要的转换输出。例如以弹性体作为敏感元件的传感器，其输入（检测）的量可以是拉力、压力、温度等物理量，当受力或温度变化时弹性元件本身发生弹性变形（或应变），通过测量形变的大小，可以计算出被测量的大小。如金属丝在外力作用下发生机械形变，它的电阻值也将发生变化，这种现象称应变效应；如果是半导体或固体受到作用力后电阻率要发生变化，这种现象称压阻效应。

当某些电介质当沿一定方向对其施力而变形时内部产生极化现象，同时在它的表面产生符号相反的电荷，当外力去掉后又恢复不带电的状态，这种现象称为极化效应；在介质极化方向施加电场时电介质会产生形变，这种效应称为电致伸缩效应。以上都属于参数型的敏感器件。另外在光线作用下半导体中的电子逸出物体表面向外发射称为外光电效应；入射光强改变物质导电率的现象称为光电导效应；半导体材料吸收光能后在 PN 结上产生电动式的效应称为光生伏特效应。

根据电磁感应原理，将块状金属导体置于变化的磁场中或在磁场中做切割磁力线运动时，导体内部会产生一圈圈闭合的电流（涡流），利用该原理制作的传感器称为涡流传感器。

利用半导体对某种气体敏感、导电率变化大的特性，可以制作气敏传感器等。

3. 传感器的历史

传感器技术是在 20 世纪中期问世的，其间技术的发展大体经历了以下四个阶段：

（1）结构型传感器。例如应变式位移计。

（2）物性型传感器。例如固态压阻式压力传感器。

（3）智能型传感器。例如 ST-3000 型智能压力传感器，它带有微处理器，具有检测和信息处理功能，以及自诊断、自适应功能。

（4）分子型传感器。它是利用分子的构形和构象，以及由此而表现出的电磁现象为理论基础而制作的。显著特点：尺寸小到分子级，并由一个大分子或几个分子器件构成。

人体是各类传感器的高度会集之处，而且绝大部分生物体内的传感器都是分子型传感器。目前为止，真正的传感器只有在生物体内能够找到，这就提示我们可以借助基因工程等生物技术合成分子传感器系统。

二、传感器新技术

1. 我国首个原子光学传感器诞生

2014 年 6 月，我国首个碱金属原子传感器在长春光学精密机械与物理研究所诞生。该传感器可应用于精密计时技术、单兵卫星精确定位、长航时远距离惯性导航、高灵敏度水下金属磁场测量等领域。

中科院长春光学精密机械与物理研究所（简称光机所）首次研制出碱金属原子光学传感技术专用的 795 nm 和 894 nm 垂直腔面发射激光器。该器件采用完全自主的结构设计、材料生长和芯片工艺研制而成，芯片体积仅为 0.05 mm^3。这些产品将应用于航天、国防以及民用领域，可作为核心光源用于芯片级原子钟、原子磁力计、原子陀螺仪等碱金属原子传感器。

基于原子光学技术的精密传感需要一些特定的波长，并且满足窄线宽、低功耗、可直接调制、单模和稳定偏振态的光源来激发碱金属原子。传统灯泵浦光源方案的传感器存在的体积大、功耗高、稳定性差等问题，一直是困扰原子光学传感器小型化的主要难题。垂直腔面发射激光器作为一种新型的半导体激光器，具有窄线宽、低功耗、高调制频率、小体积和容易集成等特征，使得原子光学器件的微型化和低功耗应用成为可能。

2．比亚迪首创高集成一体化电流传感器

2014 年 7 月，比亚迪首创高集成一体化电流传感器。比亚迪纯电动汽车 E6 所搭载的 BLX9-200I0V1HA 以及比亚迪的合资品牌"腾势"所搭载的 BSX9-600IOV1HA 电流传感器，均由比亚迪微电子有限公司自主研发设计，且该方案已获得国家专利（ZL201220429774.2）。该电流传感器是基于 ASIC 技术高集成化设计，并采用多联体电流传感器解决方案。该方案打破了常规需要三个传感器的方式，采用集成化设计，为国内首创。

与常规方案相比，比亚迪电流传感器方案将霍尔芯片、运算放大器、滤波和温度补偿集成于单个芯片，可靠性更高，失效率更低。与传统的组装方式相比更加牢固，稳定性更强，完全满足各种路况对汽车电子器件的苛刻要求。同时，比亚迪电流传感器方案只需单 5 V 供电，有效降低了系统能耗；集成一体化设计，使得电子器件体积更小，有效节省空间。

3．光感提高 1 000 倍的石墨烯图像传感器

新加坡南洋理工大学助理教授王岐捷和他的研究小组精心研制了一片石墨烯传感器。这一传感器能够检测广谱光，捕捉和持有光生成电子粒子的时间比大部分传感器更长，捕捉光线的能力比传统传感器强 1 000 倍，且耗能仅为 1/10。

利用这类传感器还可以在光线较少的情况下捕获更清晰的照片。值得一提的是，这类传感器的价格仅为传统传感器（次级 CMOS 传感器和 CCD 传感器）的 1/5。

这一新研发的传感器将有机会应用于红外拍摄、交通超速拍照、卫星地图等相关设备。研究团队正致力于将其开发成为商业产品。

4．光纤传感器的基本工作原理

光纤传感器是将来自光源的光经过光纤送入调制器，使待测参数与进入调制区的光相互作用后，导致光的光学性质（如强度、波长、频率、相位、偏振态等）发生变化，称为被调制的信号光，再利用被测量对光的传输特性施加的影响，完成测量。

光纤传感器的测量原理有两种。

（1）物性型光纤传感器原理。物性型光纤传感器是利用光纤对环境变化的敏感性，将输入物理量转换为调制的光信号。其工作原理基于光纤的光调制效应，即光纤在外界环境因素（如温度、压力、电场、磁场等）改变时，其传光特性（如相位与光强）会发生变化的现象。

（2）结构型光纤传感器原理。结构型光纤传感器是由光检测元件（敏感元件）与光纤传输回路及测量电路所组成的测量系统。其中光纤仅作为光的传播媒质，所以又称传光型或非功能型光纤传感器。

课 后 习 题

一、判断题

1. 光敏电阻的亮电流与暗电流之差称为光电流。（　　）
2. 半导体传感器是典型的物理型传感器，它是通过某些材料的电特性变化来实现被测量的直接转换。（　　）
3. 半导体气敏传感器的加热方式分为直热式和旁热式。（　　）
4. 人体红外感应传感器利用了湿度效应原理。（　　）
5. PM2.5 传感器是采用激光散射的原理：当激光照射到通过检测位置的颗粒物时会产生微弱的光散射。（　　）

二、填空题

1. 通常传感器由_____部分组成，是能把外界_____转换成_____的器件和装置。
2. 金属丝在外力作用下发生机械形变时它的电阻值将发生变化，这种现象称为_____效应；半导体或固体受到作用力后电阻率要发生变化，这种现象称为_____效应。
3. 某些电介质当沿一定方向对其施力而变形时内部产生极化现象，同时在它的表面产生符号相反的电荷，当外力去掉后又恢复不带电的状态，这种现象称为_____效应；在介质极化方向施加电场时电介质会产生形变，这种效应又称_____效应。
4. 在光线作用下电子逸出物体表面向外发射称为_____效应；入射光强改变物质导电率的现象称为_____效应；半导体材料吸收光能后在 PN 结上产生电动式的效应称为_____效应。
5. 块状金属导体置于变化的磁场中或在磁场中作切割磁力线运动时，导体内部会产生一圈圈闭合的电流，利用该原理制作的传感器称为_____传感器；这种传感器只能测量_____物体。
6. 热敏电阻正是利用半导体的_____数目随着温度变化而变化的特性制成的敏感元件。

三、简答题

1. 简述传感器应用的共同特点和共同过程。

2. 光纤传感器一般分为哪两大类？

3. 简述半导体气敏传感器获取信号的方法。

四、操作题

1. 利用直流电机和步进电机节点板，实现对直流电机、步进电机启闭的控制。
2. 利用人体感应红外节点板，实现对人体感应的探测与显示。

单元六

传输层——无线通信技术

学习目标

(1) 认识无线通信模块。
(2) 了解无线通信方法。
(3) 掌握Wi-Fi技术基础知识。
(4) 掌握Wi-Fi通信实验操作。
(5) 了解国家WLAN技术的发展。

通过前面单元的学习,我们掌握了物联网体系结构中的基础层(即感知层)的相关知识,下面开始学习物联网体系结构中第二层(即传输层)的内容。

传输层的功能是把感知层得到的信息传送出去,交给应用层进行处理,一般传送到后台计算机或服务器即完成了该层的任务。

现实中计算机网络通信中有两种基本方式(按通信介质来划分):一种是有线的,包括双绞线、同轴电缆、光纤等;另一种是无线的,通过在通信节点间建立无线功能模块,利用无线电信号实现节点间的信息联络和信息传送。

由于无线传输无须布线、连接方便、布局灵活、传输率高等独特的优点,正好契合了物联网节点的分布要求,得到了普遍应用,所以本单元就来学习如何实现物联网节点间以及功能层间的无线通信。

前期准备

(1) Wi-Fi教学套件实验箱,若干组(4人一组)。
(2) 笔记本式计算机若干台,与实验箱配套。
(3) 相关配套的光盘软件。

任务一 无线通信的实验

任务描述

现实生活中有各种各样的无线通信,如手机、对讲机、无线音箱、耳机、遥控器等。从通信的技术原理上分析,有家庭Wi-Fi、蓝牙、红外线遥控、激光等。与日常生活联系紧密的

单元六 | 传输层——无线通信技术

无线通信主要有三种，一种是实现手机远距离通信（如 3G、4G、5G 等）；一种是蓝牙通信（bluetooth）；另一种是 Wi-Fi 通信，它可实现多点互联网登录及访问，依靠其灵活的技术，方便的数据通信功能实现了大范围的全球化应用。

任务分析

Wi-Fi（Wireless Fidelity）是一种短距离的通信技术，在无线局域网中的含义是"无线相容性认证"，本质上是一种商业认证，特征上也是一种无线联网技术。通过 Wi-Fi 可实现利用无线电波接入局域网。

常见的组网方式就是用一个无线路由器，在这个无线路由器电波覆盖的有效范围内，通信节点都可以采用 Wi-Fi 连接方式连接网络，如果无线路由器连接了一条 ADSL 线路或别的上网线路，则又称为"热点"。

本任务就是利用 Wi-Fi 无线传感网套件箱，实现传感器与最上层管理中心间的信息通信，体验并了解物联网中利用 Wi-Fi 技术实现通信的操作要点、参数设置及通信过程。

任务实施

认识无线传输的模块

无线通信就是利用电磁波信号在自由空间中扩散和传播的特性进行信息传送的一种通信方式。在移动中实现的无线通信又称移动通信。

无线通信中最常用的技术之一就是 Wi-Fi 技术，本实验以 Wi-Fi 教学套件实验箱为核心，实现各模块间连接通信，从中体会无线传输的实现过程。

整个实验分三大环节：一是烧写主控板系统程序，配置主控板的 Wi-Fi 参数；二是烧写节点板控制程序，配置节点板 Wi-Fi 参数；三是连接好各部分线路，在主控板程序中对指定的节点板号进行读取操作。

> **注意**
> 本实验主控板与节点板的 Wi-Fi 烧写与参数设置出厂时已经配置好，可以不用重复设置，直接执行步骤三。除非读取不正常，则需要按下面过程从步骤一开始进行设置。

实验步骤：

步骤一：打开实验箱，接通主控板电源。

（1）将实验箱中电源与主控板连接好，打开电源开关，启动成功后，显示工作界面，如图 6-1 所示。此时主控板的热点 Wi-Fi 启动并工作。

注意：长按复位键是清除用户设置的参数，恢复出厂设置。

（2）设置主控板 Wi-Fi 参数：

① 设置笔记本式计算机 Wi-Fi 参数，连接主控板热点 Wi-Fi。

在笔记本式计算机右下角指示器中单击无线连接图标 📶，如图 6-2 所示。

此处第一项即为主控板网络 Wi-Fi 名称。

注意：如果主控板没有 Wi-Fi 网络名称，要做清除复位操作，即长按"复位键"10 s 以上。

图 6-1　主控板显示界面　　　　　图 6-2　查询主控板 Wi-Fi 网络名称

② 打开"更改适配器设置"设置网络参数，如图 6-3 所示。

当笔记本式计算机连接到指定网络后，单击"更改适配器设置"选项，修改无线网络连接属性，将 IP 地址修改为本网内的地址。

③ 修改网络"属性"。在打开的设置窗口中出现几个网络连接图标，右击"无线网络连接"图标，选择"属性"命令（见图 6-4），进入属性设置对话框。

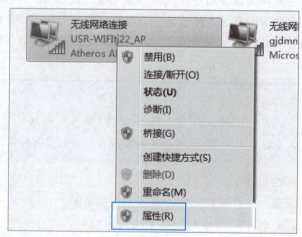

图 6-3　调整 Wi-Fi 网络参数　　　　　图 6-4　设置网络属性

④ 修改"Internet 协议版本 4（TCP/IPv4）"属性。

选中"Internet 协议版本 4（TCP/IPv4）"选项，单击"属性"按钮，如图 6-5 所示。

⑤ 在弹出的对话框中修改 IP 地址：默认网关为主控板网关地址；主控板与节点板出厂默认地址为 10.10.100.254；IP 地址最后一组数为主机地址，设置在 1～253 之间，不与节点板 IP 地址冲突，单击"确定"按钮，如图 6-6 所示。

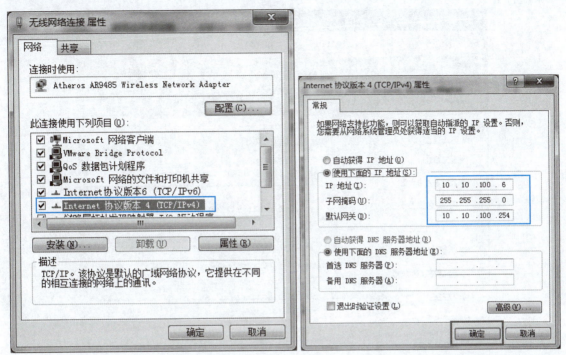

图 6-5　设置 Ipv4 网络参数　　　　　图 6-6　设置 IP 地址

⑥ 设置 Wi-Fi 参数。打开笔记本式计算机的浏览器，在地址栏中输入 IP 地址"10.10.100.254"，按【Enter】键出现登录界面，输入管理员名称"admin"，密码也是"admin"，如图 6-7 所示。

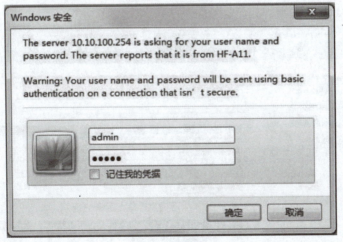

图 6-7　登录界面

⑦ 进入主控板网络管理员设置界面，设置参数。在左侧项目列表中单击"模式选择""无线接入点设置""无线终端设置"等超链接，在右侧设置相应参数，如图 6-8 所示。

⑧ Wi-Fi 模式选择。本主控板要设置成"AP 模式"，即 Access Pointer 模式，故选择"AP 模式"即可（见图 6-8）。

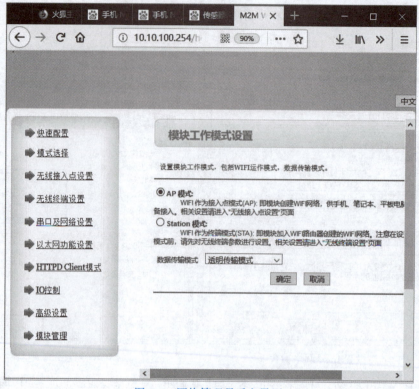

图 6-8　网络管理员后台界面

⑨ 无线接入点设置。设置"网络名称"为 USR-WIFItj22-AP；IP 地址为 10.10.101.154，如图 6-9 所示。

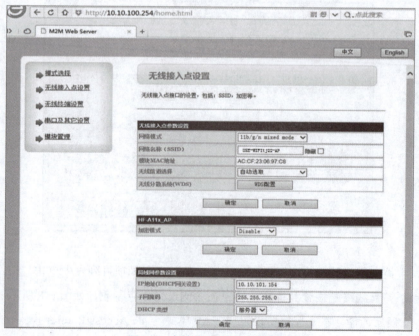

图 6-9　主控板无线接入点设置

⑩ 无线终端设置。本模块保持参数不变，如图 6-10 所示。

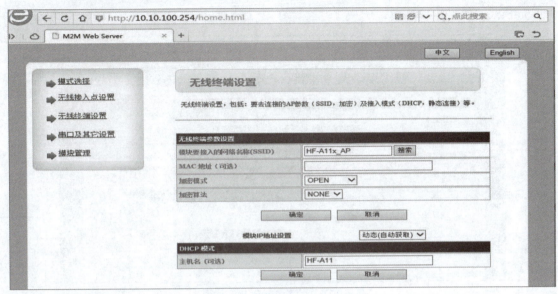

图 6-10　主控板无线终端设计

⑪ 串口及其他设置，网络模式设置为 Server，如图 6-11 所示。

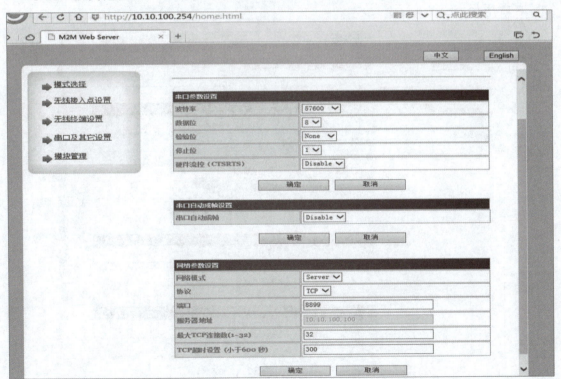

图 6-11　主控板串口参数设计

步骤二：设置节点板 Wi-Fi 参数。

（1）烧写节点板。

（2）设置参数：

① 节点板参数设置与主控板类似,区别主要在于工作模式设置为"终端"模式,即 Station 模式,如图 6-12 所示。

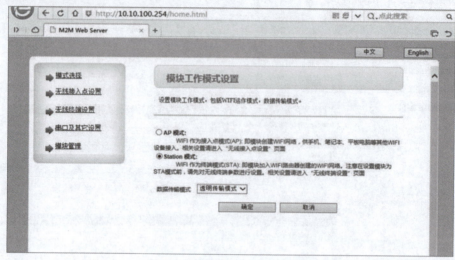

图 6-12　节点板 Wi-Fi 模式设置

② 无线接入点设置。设置网络名称为 USR-WIFItj22_AP；设置 IP 地址为 10.10.101.254,如图 6-13 所示。

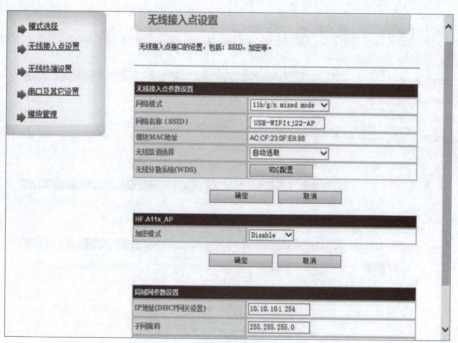

图 6-13　节点板无线接入点设置

③ 无线终端设置。设置"模块要接入的网络名称"为 USR-WIFItj22_AP；设置 IP 地址为 10.10.101.101 或 102、103(节点板 1、2、3);子网掩码为 255.255.255.0；网关设置为 10.10.100.254,如图 6-14 所示。

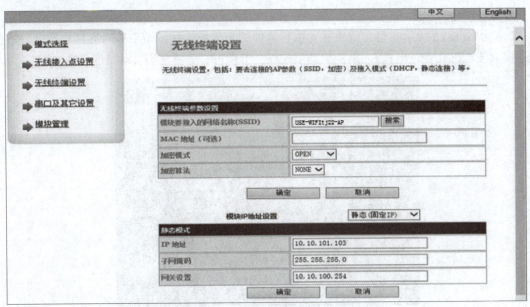

图 6-14 节点板无线终端设置

④ 串口及其他设置。网络模式设置为 Client；服务器地址为 10.10.101.254，如图 6-15 所示。

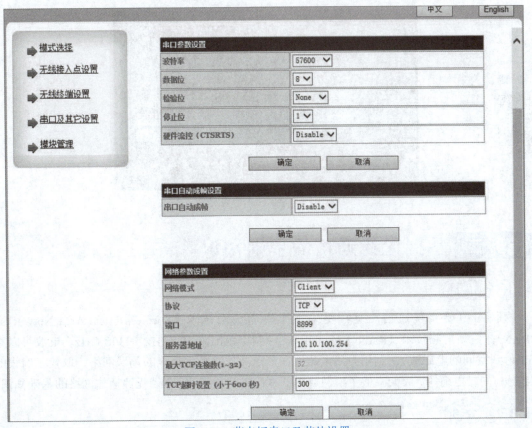

图 6-15 节点板串口及其他设置

步骤三：运行程序。

（1）按图6-16所示将包含传感器、执行部件的集成板连接到节点板对应接口座上（本例只连接直流电机和步进电机），重新启动主控板、节点板，等待它们自动组网成功。

图6-16　模块接线图

（2）在主控板的屏幕上设置节点板1程序，运行程序，直流电机和步进电机开始转动，完成实验，如图6-17所示。

视频
Wi-Fi 教学实验箱介绍

图6-17　数据传输内容显示

任务二　掌握无线通信的基础知识

任务描述

物联网中要实现通信，通常要采用无线局域网技术（Wireless Local Area Networks，WLAN）。它属射频技术（Radio Frequency，即频率范围为300 kHz～300 GHz，电波可以直接辐射到空间的电磁波），利用无线电磁波在节点间传输数据组成的局域网络，取代了旧式的双绞线、同轴电缆等，大大降低了组网成本。本任务就是了解、学习无线通信网络的基础知识。

任务分析

前面讲过，由于物联网需要监测的位置节点是呈分散式、分布型的，所以，节点间的通信采用什么技术首先要考虑布线成本问题。由于无线通信不需要连接网线，布置灵活，所以成为物联网组网首选的通信技术。那么，什么是 WLAN 无线通信技术，它有什么特点，它包括哪些内容，节点间如何实现组网，这些都是本任务要学习的内容。

任务实施

一、了解无线局域网 WLAN

1．定义

无线局域网是一种利用射频（Radio Frequency，RF）技术进行数据传输的系统，也是一种通信技术标准。该技术使用了开放给工业、科学、医学三种机构使用的 ISM（Industrial、Scientific、Medical，工业/科研/医学）的无线电广播频段通信。此频段属于 Free License（免授权许可），只需要遵守一定的发射功率（一般低于 1 W），并且不要对其他频段造成干扰即可。

在 WLAN 技术中应用最普遍的国际标准是 IEEE 802.11（IEEE，Institute of Electrical and Electronics Engineers，电气和电子工程师协会），该标准定义了物理层和媒体访问控制（MAC）协议的规范。主要包括以下技术标准：

- 802.11，1997 年发布，原始标准（2 Mbit/s，工作在 2.4 GHz）。
- 802.11a，1999 年发布，物理层补充（54 Mbit/s，工作在 5.2 GHz）。
- 802.11b，1999 年发布，物理层补充（11 Mbit/s，工作在 2.4 GHz）。
- 802.11g，2003 年发布，物理层补充（54 Mbit/s，工作在 2.4 GHz）。
- 802.11n，2009 年批准，支持多输入多输出技术（Multi-Input Multi-Output，MIMO），提供标准速度 300 Mbit/s，最高速度 600 Mbit/s 的连接速度。

其中，802.11a 标准使用 5 GHz 频段，支持的最大速度为 54 Mbit/s，而 802.11b 和 802.11g 标准使用 2.4 GHz 频段，分别支持最大 11 Mbit/s 和 54 Mbit/s 的传输速度。

Wi-Fi（Wireless Fidelity）原先是无线保真的缩写，在无线局域网的范畴是指"无线相容性认证"。它实质上既是一种商业认证，同时也是一种无线联网技术。应用 IEEE 802.11 标准技术，以前通过网线连网，而 Wi-Fi 则是通过无线电波连网，常见的接入点就是一个无线路由器，又称"热点"。

WLAN 与 Wi-Fi 是什么关系呢？事实上 Wi-Fi 就是 WLANA（无线局域网联盟）的一个商标，该商标仅保障使用该商标的商品互相之间可以合作，与标准本身实际上没有关系，但因为 Wi-Fi 主要采用 802.11b 协议，因此人们逐渐习惯用 Wi-Fi 称呼 802.11b 协议。从包含关系上来说，Wi-Fi 是 WLAN 的一个标准，Wi-Fi 包含于 WLAN 中，属于 WLAN 协议中的一项新技术。Wi-Fi 的覆盖范围可达 90 m，而 WLAN 最大（加天线）可达到 5 km。

2．常用的基本概念

WLAN 网络主要由 WLAN 接入点设备（Access Point，AP）、WLAN 终端设备（网络卡 STA）、接入控制点（Access Controller，AC）、PORTAL 服务器、RADIUS 认证服务器等组成，如图 6-18 所示。

1）AP 接入点设备

AP 是不仅包含单纯性无线连接的接入点，也同样可以是无线路由器、无线网关等类设备，这些设备同样可以支持新设备的接入，所以它们都可统称为 AP。

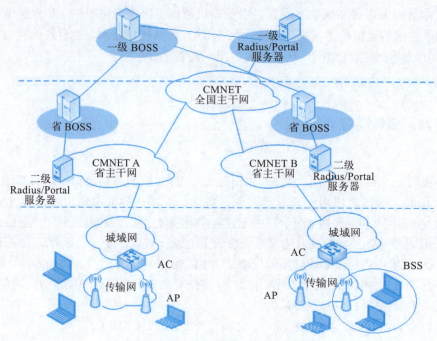

图 6-18 WLAN 网络

在无线网络中，AP 相当于有线网络的集线器，它能够把各个无线终端连接起来。

2）STA 终端设备

STA（Station，终端设备）具有网络卡功能，只可访问 AP，实现单向接入节点，双向数据传送，如笔记本式计算机、PDA 等。

3）AC 接入控制点

当采用基于 Web 方式的用户认证时，AC 作为安全控制点和后台的 RADIUS 用户认证服务器相连，完成对 WLAN 用户的认证。在计费中，AC 作为集中式的计费数据采集前端，采集用户数据通信的时长、流量等计费数据信息，并将其发送到相应的认证服务器产生话单。

4）PORTAL 服务器

该服务主要完成 Web 访问、认证页面推送、用户认证、下线通知等功能。

5）RADIUS 认证服务器

在用户名/口令认证中，RADIUS 认证服务器接受来自 AP/AC 的用户认证服务请求，对 WLAN 用户进行认证，并将认证结果通知 AC。

6）用户认证信息数据库

使用 Web 认证机制时，该认证信息数据库存储 WLAN 用户信息，包括认证信息、业务属性信息、计费信息等。当 RADIUS 认证服务器对 WLAN 用户认证时，通过数据库存取协议存取数据库中的用户授权信息，检查该用户是否合法。

7）BOSS 系统

在 WLAN 数据业务中，BOSS 系统主要完成以下功能：业务注册服务，为用户开户；用户信息的更新，更新相应的 WLAN 用户信息；计费和结算，BOSS 系统接收从 RADIUS 用户认证服务器和 AS 发送的 WLAN 数据业务话单，实现该用户的统一计费和结算。

8）BSS（Basic Service Set）基本服务区域

BSS 是由一组任意数量的 STA 组成的网络整体。

3. 组网过程

802.11 WLAN 是一个基于蜂窝的架构。每一个蜂窝（即 BSS）被一个基站（即访问点或 AP）控制，其他 STA 通过认证，不断加入或退出，如图 6-19 所示。

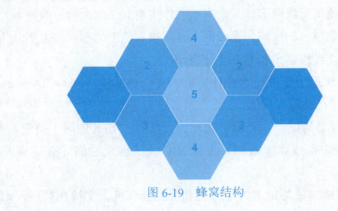

图 6-19 蜂窝结构

4. STA 接入过程

在 WLAN 中，节点接入网络需要三个步骤：①发现网络；②身份认证；③关联通信。STA 接入步骤如图 6-20 所示。

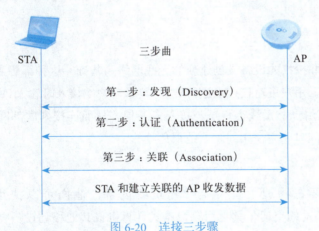

图 6-20 连接三步骤

二、了解无线通信标准

无线通信网络分为公众移动通信网实现的无线网络（如 5G、4G、3G 或 GPRS）和无线局域网（WLAN）两种方式。GPRS 手机上网方式是一种借助移动电话网络接入 Internet 的无线上网方式，因此只要所在城市开通了 GPRS 上网业务，你在任何一个角落都可以通过带无线网卡的笔记本式计算机实现上网。

无线局域网常见标准有以下几种：

IEEE 802.11a：使用 5 GHz 频段，传输速度为 54 Mbit/s，与 802.11b 不兼容。

IEEE 802.11b：使用 2.4 GHz 频段，传输速度为 11 Mbit/s。

IEEE 802.11g：使用 2.4 GHz 频段，传输速度主要有 54 Mbit/s、108 Mbit/s，可向下兼容 802.11b。

IEEE 802.11n（2009年批准）：使用2.4 GHz频段，传输速度可达300 Mbit/s。

目前IEEE 802.11b最常用，但IEEE 802.11g更具下一代标准的实力，802.11n也在快速发展中。

接入无线网络需要使用无线网卡，无线网卡的作用类似于以太网中的网卡，作为无线局域网的接口，实现与无线局域网的连接。无线网卡根据接口类型的不同，主要分为三种类型，即PCMCIA无线网卡、PCI无线网卡和USB无线网卡。

PCMCIA无线网卡仅适用于笔记本式计算机，支持热插拔。PCMCIA只适合笔记本式计算机的PC卡插槽。现在已经基本淘汰。

PCI无线网卡适用于普通的台式计算机使用。无线NIC与其他网卡类似，不同的是，PCI通过无线电波而不是物理电缆收发数据。无线NIC为了扩大它们的有效范围需要加上外部天线。

USB接口无线网卡适用于笔记本式计算机和台式计算机，支持热插拔，如果网卡外置有无线天线，那么，USB接口就是一个比较好的选择。

三、了解无线网络安全

无线网络安全并不是一个独立的问题，应该在几个方面进行防范，有些威胁是无线网络所独有的，这包括：

1．插入攻击

插入攻击以部署非授权的设备或创建新的无线网络为基础，这种部署或创建往往没有经过安全过程或安全检查。用户可对接入点进行配置，要求客户端接入时输入口令。如果没有口令，入侵者就可以通过启用一个无线客户端与接入点通信，从而连接到内部网络。但有些接入点要求所有客户端的访问口令完全相同。这是很危险的。

2．漫游攻击者

攻击者没有必要在物理上位于企业建筑物内部，他们可以使用网络扫描器（如NetStumbler等）在移动的交通工具上用笔记本式计算机或其他移动设备嗅探出无线网络，这种活动称为"WarDriving"；走在大街上或通过企业网站执行同样的任务，称为"WarWalking"。

3．欺诈性接入点

所谓欺诈性接入点是指在未获得无线网络所有者的许可或知晓的情况下，就设置或存在的接入点。一些雇员有时安装欺诈性接入点，其目的是避开公司已安装的安全手段，创建隐蔽的无线网络。这种秘密网络虽然基本上无害，但它却可以构造出一个无保护措施的网络，并进而充当入侵者进入企业网络的开放门户。

4．双面恶魔攻击

这种攻击有时也称为"无线钓鱼"，双面恶魔其实就是一个以相似的网络名称隐藏起来的欺诈性接入点。双面恶魔等待着一些盲目信任的用户进入错误的接入点，然后窃取个别网络的数据或攻击计算机。

5．窃取网络资源

有些用户喜欢从邻近的无线网络访问互联网，即使他们没有什么恶意企图，但仍会占用大量的网络带宽，严重影响网络性能。而更多的不速之客会利用这种连接从公司范围内发送邮件，或下载盗版内容，这会产生一些法律问题。

6．对无线通信的劫持和监视

正如在有线网络中一样，劫持和监视通过无线网络的网络通信是完全可能的。它包括两种情况，一是无线数据包分析，即熟练的攻击者用类似于有线网络的技术捕获无线通信。其中有许多工具可以捕获连接会话的最初部分，而其数据一般会包含用户名和口令。然后攻击者就可以用所捕获的信息来冒充一个合法用户，并劫持用户会话和执行一些非授权的命令等。第二种情况是广播包监视，这种监视依赖于集线器，所以很少见。

当然，还有其他一些威胁，如客户端对客户端的攻击（包括拒绝服务攻击）、干扰、对加密系统的攻击、错误的配置等，这都属于可给无线网络带来风险的因素。

四、了解常用的防范措施

1．启用 WEP 机制

正确全面使用 WEP 机制来实现保密目标与共享密钥认证功能，必须做到五点。一是通过在每帧中加入一个校验和的做法来保证数据的完整性，防止有的攻击在数据流中插入已知文本来试图破解密钥流；二是必须在每个客户端和每个 AP 上实现 WEP 才能起作用；三是不使用预先定义的 WEP 密钥，避免使用缺省选项；四是密钥由用户来设定，并且能够经常更改；五是要使用最坚固的 WEP 版本，并与标准的最新更新版本保持同步。

2．MAC 地址过滤

MAC（Media Access Controller，物理地址）过滤可以降低大量攻击威胁，对于较大规模的无线网络也是非常可行的选项。一是把 MAC 过滤器作为第一层保护措施；二是应该记录无线网络上使用的每个 MAC 地址，并配置在 AP 上，只允许这些地址访问网络，阻止非信任的 MAC 访问网络；三是可以使用日志记录产生的错误，并定期检查，判断是否有人企图突破安全措施。

3．进行协议过滤

协议过滤是一种降低网络安全风险的方式，在协议过滤器上设置正确适当的协议过滤会给无线网络提供一种安全保障。过滤协议是个相当有效的方法，能够限制那些企图通过 SNMP（Simple Network Management Protocol，简单网络管理协议）访问无线设备来修改配置的网络用户，还可以防止使用较大的 ICMP（Internet Control Message Protocol，网际控制报文协议）数据包和其他会用作拒绝服务攻击的协议。

4．屏蔽 SSID 广播

尽管可以很轻易地捕获 RF（Radio Frequency，无线频率）通信，但是通过防止 SSID 从

AP 向外界广播，就可以克服这个缺点。封闭整个网络，避免随时可能发生的无效连接。把必要的客户端配置信息安全地分发给无线网络用户。

无线通信技术简介

5．有效管理 IP 分配方式

分配 IP 地址有静态地址和动态地址两种方式，判断无线网络使用哪个分配 IP 的方法最适合自己的机构，对网络的安全至关重要。静态地址可以避免黑客自动获得 IP 地址，限制在网络上传递对设备第三层的访问；而动态地址可以简化 WLAN 的使用，可以降低那些繁重的管理工作。

知识拓展

一、常见的无线通信技术

1．Wi-Fi（IEEE 802.11）

Wi-Fi 是 IEEE 定义的一个无线网络通信工业标准，最早提出于 1997 年，目的是提供无线局域网接入标准，主要用于解决办公室无线局域网和校园网中用户与用户终端的无线接入。其优势在于，无线电波的覆盖范围广（100 m 左右），传输速度快（11 Mbit/s），成本低，省去网络布线，方便厂商介入。Wi-Fi 网络如图 6-21 所示。

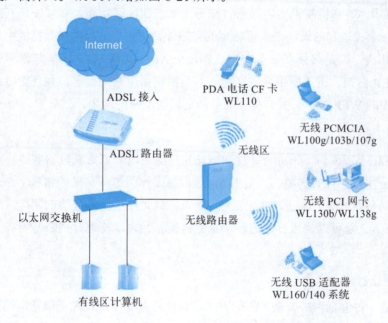

图 6-21　Wi-Fi 网络

2．ZigBee 紫蜂

ZigBee 是最近发展起来的一种短距离、低速率无线通信技术，它具有低功耗、低成本、自组织、易应用的特点，主要工作在 2.4 GHz 频段，采用扩频技术。该技术主要应用于工业监控、传感器网络、家庭监控、安全系统等领域。ZigBee 网络如图 6-22 所示。

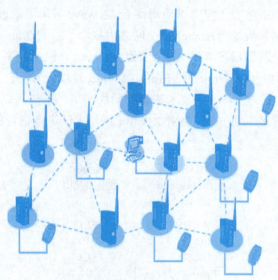

图 6-22 ZigBee 网络

3. BlueTooth 蓝牙

由爱立信公司 1994 年首先提出的一种工作在 2.4 GHz 频段的短距离无线通信技术规范，信道带宽为 1 MHz，连接距离一般小于 10 m，使用高增益天线可达 100 m，鉴于以上特性，蓝牙技术被应用于无线设备、图像处理、智能卡、身份识别等安全产品，以及娱乐消费、家用电器、医疗健康等领域。

4. UWB

由于 UWB（Ultra WideBand，超宽频）不采用正弦载波，而是利用纳秒级的非正弦波窄脉冲传输数据，因此其所占的频谱范围很宽，传输速率大，而且干扰小，能广泛应用在高速率数据收发机的场合。

5. NFC

NFC（Near Field Communication，近场通信）是由 Philips、NOKIA 和 Sony 主推的类似于 RFID 的短距离无线通信技术标准，不同的是，NFC 采用了双向的识别和连接，在 20 cm 距离内工作于 13.56 MHz 频率范围。它能快速自动地建立无线网络，为蜂窝设备、蓝牙设备、Wi-Fi 设备提供一个"虚拟连接"，使电子设备可以在短距离范围进行通信。NFC 的短距离交互大大简化了整个认证识别过程，使电子设备间的互相访问更直接、更安全和更清楚，不用再听到各种电子杂音。

常见的无线通信技术对比情况如图 6-23 所示，常见的通信技术情况对比见表 6-1。

6. Z-Wave

Z-Wave 是由丹麦公司 Zensys 所一手主导的基于射频的、低成本、低功耗、高可靠、适于网络的短距离无线通信技术，工作频带为 868.42 MHz（欧洲）～ 908.42 MHz（美国），采用 FSK（BFSK/GFSK）调制方式，数据传输速率为 9.6 ～ 40 kbit/s，信号的有效覆盖范围在室内是 30 m，室外可超过 100 m，适合于窄宽带应用场合。Z-Wave 采用了动态路由技术，每个 Z-Wave 网络都拥有自己独立的网络地址（HomeID）；网络内每个节点的地址（NodeID），由控制节点（Controller）分配。每个网络最多容纳 2^{32} 个节点（Slave），包括控制节点在内。Zensys 提供 Windows 开发用的动态库（Dynamically Linked Library，DLL），开发者利用 DLL 内的 API 函数进行 PC 软件设计。通过 Z-Wave 技术构建的无线网络，不仅可以通过本网络设备实现对家电的遥控，甚至可以通过 Internet 网络对 Z-Wave 网络中的设备进行控制。

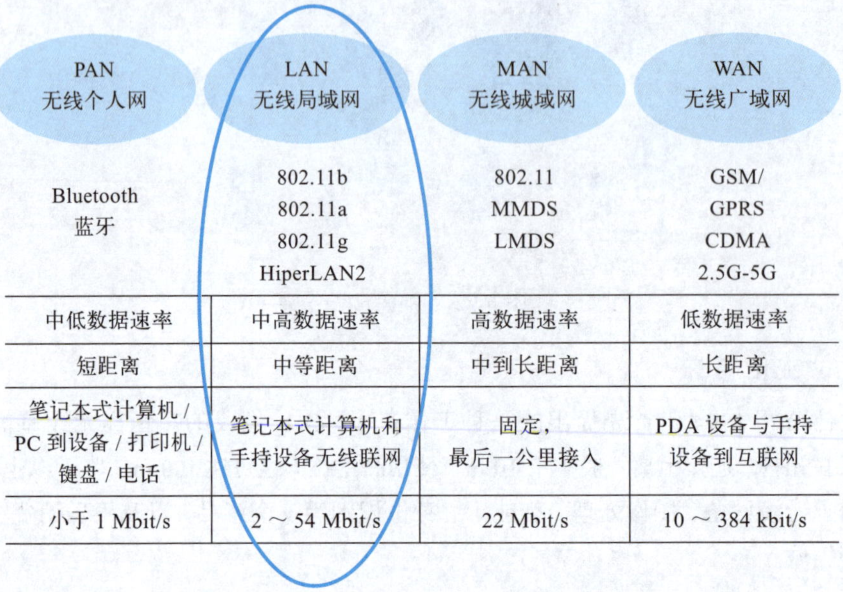

PAN 无线个人网	LAN 无线局域网	MAN 无线城域网	WAN 无线广域网
Bluetooth 蓝牙	802.11b 802.11a 802.11g HiperLAN2	802.11 MMDS LMDS	GSM/ GPRS CDMA 2.5G-5G
中低数据速率	中高数据速率	高数据速率	低数据速率
短距离	中等距离	中到长距离	长距离
笔记本式计算机 / PC 到设备 / 打印机 / 键盘 / 电话	笔记本式计算机和手持设备无线联网	固定，最后一公里接入	PDA 设备与手持设备到互联网
小于 1 Mbit/s	2～54 Mbit/s	22 Mbit/s	10～384 kbit/s

图 6-23 无线通信种类对比

表 6-1 无线通信方式对比

名 称	速 率	距 离	频 段	应 用
GPRS/GSM	几十至一百 kbit/s	全球漫游	900 MHz	PDA 设备、手持设备
3G、4G	几百 kbit/s 至 100 Mbit/s	全球漫游	2 GHz/2.4 GHz	手机、无线通信
Wi-Fi	10～100 Mbit/s	50 m 以内	2.4 GHz	笔记本式计算机、手持设备无线联网
蓝牙	24 Mbit/s	10 m 以内	2.4 GHz	笔记本式计算机、打印机、键盘、电话等
ZigBee	250 kbit/s	1 000 m 以内	2.4 GHz	工业监控、家庭监控、安全等领域
UWB	100 Mbit/s～1 Gbit/s	10 m 以内	3.4～4.8 GHz	高速率数据收发机

7．IPv6 / 6Lowpan

基于 IPv6 的低速无线个域网标准，即 IPv6 over IEEE 802.15.4。IEEE 802.15.4 标准设计用于开发可以靠电池运行 1～5 年的紧凑型低功率廉价嵌入式设备（如传感器）。该标准使用工作在 2.4 GHz 频段的无线电收发器传送信息，使用的频带与 Wi-Fi 相同，但其射频发射功率大约只有 Wi-Fi 的 1%。6Lowpan 的出现使各类低功率无线设备能够加入 IP 家庭中，与 Wi-Fi、以太网以及其他类型的设备并网；IETF 6Lowpan 技术具有无线低功耗、自组织网络的特点，是物联网感知层、无线传感器网络的重要技术，ZigBee 新一代智能电网标准中 SEP 2.0 已经采用

6Lowpan 技术，随着美国智能电网的部署，6Lowpan 将成为事实标准，全面替代 ZigBee 标准。

8．LoRa

易于建设和部署的低功耗广域物联技术，使用线性调频扩频调制技术，既保持了像 FSK（频移键控）调制相同的低功耗特性，又明显地增加了通信距离，同时提高了网络效率并消除了干扰，即不同扩频序列的终端即使使用相同的频率同时发送也不会相互干扰，因此在此基础上研发的集中器/网关（Concentrator/Gateway）能够并行接收并处理多个节点的数据，大大扩展了系统容量。主要在全球免费频段运行（即非授权频段），包括 433 MHz、868 MHz、915 MHz 等。LoRa 网络主要由终端（内置 LoRa 模块）、网关（又称基站）、服务器和云四部分组成，应用数据可双向传输，传输距离可达 15～20 km。

9．RS232 串口

串行通信接口，全名是"数据终端设备（DTE）和数据通信设备（DCE）之间串行二进制数据交换接口技术标准"，是计算机与其他设备传送信息的一种标准接口；该标准规定采用一个 25 脚的 DB25 连接器，对连接器的每个引脚的信号内容加以规定，还对各种信号的电平加以规定；RS-232 属单端信号传送，存在共地噪声和不能抑制共模干扰等问题，因此一般用于 20 m 以内的通信，常用的串口线一般只有 1～2 m。

物联网的传输通信方式如图 6-24 所示。

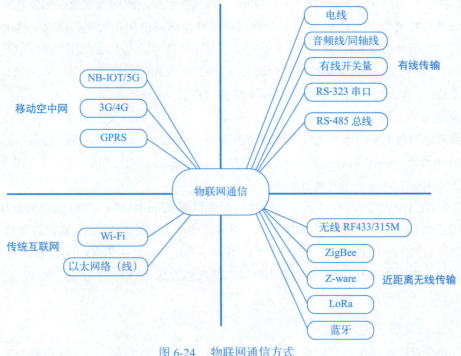

图 6-24　物联网通信方式

二、WAPI 技术标准

WAPI（Wireless LAN Authentication and Privacy Infrastructure）全称为"无线局域网鉴别和保密基础结构"，它是由我国自主研制的国际通信标准，具有比 Wi-Fi 更好的安全性。但是它的诞生过程充满了国外技术压迫和政治封锁的层层围困，但最终取得成功。

Wi-Fi 和 WAPI 都是 WLAN 的传输协议，各具特点，两者根本的区别主要在两方面：

1．提出的国家不同，Wi-Fi 标准由美国提出，而 WAPI 是由中国研制并提出的；

2．安全等级不同，Wi-Fi 标准实行"单向加密"，WAPI 标准采用了"双向加密认证"，保密性高，即联网时不仅仅需要手机、电脑之类的终端安装安全证书，还需要网络接入端的比如路由器、要作为热点的手机等同样安装安全证书，只有双方的安全证书都获得验证匹配，才能联网。

具体地说，WAPI 包括 WAI（WLAN Authentication Infrastructure）和 WPI（LAN Privacy Infrastructure）两部分系统构成，分别实现对用户身份的鉴别和对传输的业务数据加密。

2004 年 7 月，中国向国际标准化组织 ISO 提交了 WAPI 提案，努力推进其成为国际标准。但此项工作遭到美国方面的强烈阻挠，采用了拒签中国代表团中所有 WAPI 技术专家的赴美参会签证的方式，阻止中方 WAPI 技术专家参加 ISO 论证会议。

2006 年 1 月，国家质检总局颁布了无线局域网修改单 GB 15629.11—2003/XG1—2006 及其扩展子项国家标准 GB 15629.1101—2006《信息技术　系统间远程通信和信息交换　局域网和城域网　特定要求　第 11 部分：无线局域网媒体访问控制和物理层规范：5.8GHz 频段高速物理层扩展规范》、GB 15629.1104—2006《信息技术　系统间远程通信和信息交换　局域网和城域网　特定要求　第 11 部分：无线局域网媒体访问控制和物理层规范：2.4GHz 频段更高数据速率扩展规范》、GB/T 15629.1103—2006《信息技术　系统间远程通信和信息交换　局域网和城域网　特定要求　第 11 部分：无线局域网媒体访问控制和物理层规范：附加管理域操作规范》等三项补篇国家标准，形成了全面采用 WAPI 技术的 WLAN 国家标准体系。

2008 年 7 月，在国际 WAPI 特别会议上，IEEE 代表和美国代表改变原本坚决反对 WAPI 提案的立场，达成了 WAPI 可作为独立标准推进的共识。

2009 年 6 月，在 ISO/IEC JTC1/SC6 国际会议上，包括美、英、法等 10 余个与会国家成员体一致同意，将 WAPI 作为无线局域网络接入安全机制独立标准形式推进为国际标准。

2010 年 6 月，WAPI 基础框架方法（虎符 TePA）获国际标准化组织（ISO）正式批准发布。终于成长为国际上共同遵守的通用标准。

现在虽然 WAPI 与 Wi-Fi 不兼容，并始终受到以美国为主导的 Wi-Fi 联盟的抵制和封锁，其联盟组织内的成员企业不能兼容 WAPI。但其他大多数国家都采用了兼容的策略，即如果终端设备标注支持 WAPI，则肯定同时兼容 Wi-Fi（802.11），应用时也可以自动切换并接收 Wi-Fi 信号。实际使用时，只需要把路由器里的连接协议从 802.11 更改设置为 WAPI，手机或者电脑重启一下进行再次联网即可。

三、无线网络安全

网络安全对国家和企业非常重要，无线网络由于其无线及隐蔽，安全问题更加突出。我们要养成对网络安全的重要认识，做好安全措施、加强安全防范。

网络安全措施主要有：

1．采用强力的密码

一个足够强大的密码可以让暴力破解无法实现。相反，如果密码强度不够，几乎可以肯定会让你的系统受到损害。

2. 严禁广播服务集合标识符（SSID）

如果不能对服务集合标识符即无线网络的命名进行保护的话，会带来严重的安全隐患。

3. 采用有效的无线加密方式

动态有线等效保密（WEP）并不是效果很好的加密方式。只要使用像 aircrack 一样的免费工具，就可以在短短几分钟内找出动态有线等效保密模式加密过的无线网络中的漏洞。

4. 可能的话，采用不同类型的加密

不要仅仅依靠无线加密手段来保证无线网络的整体安全。

5. 对介质访问控制（MAC）地址进行控制

像隐藏无线网络的服务集合标识符、限制介质访问控制（MAC）地址对网络的访问，是可以确保网络不会被初级的恶意攻击者骚扰的。

6. 在不使用网络时，将其关闭

在网络关闭时，安全性是最高的，没人能够连接不存在的网络。

7. 关闭无线网络接口

如果使用笔记本式计算机之类的移动终端，默认情况下应该将无线网络接口关闭。

8. 对网络入侵者进行监控

对于网络安全的状况，必须保持全面关注。

9. 确保核心的安全

离开时，确保无线路由器或连接到无线网络上正在使用的笔记本式计算机上运行了有效的防火墙。

10. 改变无线路由口令

为无线路由的互联网访问设置一个口令至关重要，一个强口令有助于无线网络的安全，但不要使用原始无线路由器的默认口令，建议更改较为复杂的口令避免被轻易攻破。

课 后 习 题

一、选择题

1. 通常把计算机网络定义为（　　）。
   A．以共享资源为目标的计算机系统
   B．能按网络协议实现通信的计算机系统
   C．把分布在不同地点的多台计算机互连起来构成的计算机系统
   D．把分布在不同地点的多台计算机在物理上实现互连，按照网络协议实现相互间的通信，以共享硬件、软件和数据资源为目标的计算机系统

2. 计算机网络的资源共享功能包括（　　）。
   A．硬件资源和软件资源共享　　　　B．软件资源和数据资源共享
   C．设备资源和非设备资源共享　　　D．硬件资源、软件资源和数据资源共享
3. 无线局域网 WLAN 传输介质是（　　）。
   A．无线电波　　　　　　　　　　　B．红外线
   C．载波电流　　　　　　　　　　　D．卫星通信
4. IEEE 802.11b 射频调制使用（　　）调制技术，最高数据速率达 11 Mbit/s。
   A．跳频扩频　　　　　　　　　　　B．跳频扩频
   C．直接序列扩频　　　　　　　　　D．直接序列扩频
5. 无线局域网的最初协议是（　　）。
   A．IEEE 802.11　　　　　　　　　　B．IEEE 802.5
   C．IEEE 802.3　　　　　　　　　　 D．IEEE 802.1
6. 无线 AP 设备能支持（　　）管理方式。
   A．SNMP　　　　B．SSH　　　　C．Web　　　　D．Telnet
7. 802.11 协议定义了无线的（　　）。
   A．物理层和数据链路层　　　　　　B．网络层和 MAC 层
   C．物理层和介质访问控制层　　　　D．网络层和数据链路层
8. 属于频率范围 2.4 GHz 的物理层规范是（　　）。
   A．802.11g　　　B．802.11a　　　C．802.11e　　　D．802.11i
9. 802.11b 和 802.11a 的工作频段、最高传输速率分别为（　　）。
   A．2.4 GHz、11 Mbit/s；2.4 GHz、54 Mbit/s
   B．5 GHz、54 Mbit/s；5 GHz、11 Mbit/s
   C．5 GHz、54 Mbit/s；2.4 GHz、11 Mbit/s
   D．2.4 GHz、11 Mbit/s；5 GHz、54 Mbit/s
10. 由于无线通信过程中信号强度太弱、错误率较高，无线客户端切换到其他无线 AP 的信道，这个过程称为（　　）。
    A．关联　　　　B．重关联　　　　C．漫游　　　　D．负载平衡

二、填空题

1. 传感器网络的三个基本要素：_____、_____、_____。
2. 传感器网络的基本功能：_____、_____、_____、_____。
3. 无线传感器节点的基本功能：_____、_____、_____、_____。
4. 无线通信物理层的主要技术包括：_____、_____、_____、_____。
5. 无线传感器网络特点：_____、_____、_____、_____。
6. 无线传感器网络的关键技术主要包括：_____、_____、_____、_____、_____、_____、_____、_____。
7. 按 IEEE 802 标准，局域网体系结构由_____、_____和_____组成。
8. 无线传感器网络后台管理软件通常由_____、_____、_____和_____四部分组成。

9. 数据融合的内容主要包括：_____、_____、_____、_____。
10. 无线传感器网络可以选择的频段有：_____、_____、_____。
11. 传感器网络的电源节能方法：_____、_____。
12. 传感器网络的安全问题有：_____；_____；_____。
13. 802.11 网络的基本元素 SSID 标识了一个无线服务，这个服务的内容包括：_____、_____、_____、_____等。
14. 传感器是将外界信号转换为电信号的装置，传感器一般由_____、_____、_____三部分组成。
15. 传感器节点由_____、_____、_____和_____四部分组成。
16. 物联网是在计算机互联网的基础上，利用 RFID、无线数据通信等技术，构造一个覆盖万物的网络。其中_____、_____、_____和_____列为物联网关键技术。

三、简答题

1. Wi-Fi 的应用包括哪些方面？可上网搜索。

2. 物联网的无线通信方式有哪些？

四、操作题

利用本教学实验箱，连接人体红外及角速度传感器，实现这两种传感信息数据的显示。

单元七

传输层——Wi-Fi 通信技术

学习目标

(1) 认识 Wi-Fi 通信模块。
(2) 了解 Wi-Fi 通信原理。
(3) 掌握 Wi-Fi 通信实验操作。
(4) 了解 Wi-Fi 通信参数配置。
(5) 了解国家 Wi-Fi 信道的划分。

在家庭生活中,安装了宽带无线路由器后,其他智能设备(如笔记本式计算机、智能手机、IPAD 等)就可以通过 Wi-Fi 方便地接入网络中,享受无线宽带提供的上网冲浪的乐趣。在物联网中同样可以利用 Wi-Fi 的网络功能,实现信息节点的连接。

本单元继续学习物联网传输功能,通过实验理解物体(尤其是传感器)能感知到的环境状态:温度、湿度、烟气、人体等,能够把状态信息转换成电信号传送出去,并被计算机接收到的过程。

前期准备

(1) Wi-Fi 实验套件箱若干套(4 人一组)。
(2) 笔记本式计算机若干台,与实验箱配套。
(3) 实验箱配套光盘(附烧写程序软件)。

任务一 烧写主控板、节点板实验

任务描述

我们在网络基础课程中学习过网络协议,而且也知道这是实现网络通信的前提条件。

无线通信也是一样,需要统一通信标准和协议。如何让通信模块遵守统一的通信协议,一个最简单的办法就是为通信模块安装统一的程序任务,在这个程序任务中,把需要遵守的通信协议统一保存到系统中,就可以实现统一标准,遵守协议的目标。

单元七 | 传输层——Wi-Fi 通信技术

任务分析

本任务就是向主控板、节点板强制写入统一通信标准的工作程序，以便能顺利地实现通信。通过本任务，同学们要了解烧写的过程及注意事项。同时要了解实现通信的操作要求。本任务要求同学们达到以下目标：① 掌握实验箱各模块的连接；② 了解主控板、节点板驱动程序的烧写步骤；③ 掌握烧写程序的参数设置。

任务实施

烧写驱动，实现网络通信

Wi-Fi 组建网络建立在成员设备全部采用 TCP/IP 协议的基础上，所以要实现 Wi-Fi 成员间的通信，要求网络中成员的 IP 地址全部在同一网段中，这样才能实现网内信息的正确送达。下面利用 Wi-Fi 实验箱，完成本次实验任务。

从大的环节上，本实验包括四个阶段：一是正确连线，笔记本式计算机与烧写器、主控板（节点板）连接；二是启动烧写程序，选择操作 CPU 参数、程序文件，烧写主控板；三是烧写节点板程序，完成烧写；四是实现通信。

阶段一：连接各部件。

步骤一：实验材料准备。

实验箱（包括转接配带线（见图 7-1）、电源（见图 7-2））、烧写器。

图 7-1 串行线

图 7-2 供电电源

步骤二：连接好设备线路。

将配带线两头分别与烧写器与计算机 USB 端口连接，如图 7-3 所示，绿灯常亮为连接成功，如图 7-4 所示。

（注：若操作过程中将设备拔出，则可重新将设备连接至计算机 USB 端口，然后等待其自动安装驱动。）

步骤三：安装 J-link 驱动软件"JLINK V8 及 ARM OB 4 合 1 调试器驱动"。本软件在随机附带光盘中。

（1）双击打开文件夹，选择安装程序，如图 7-5 所示。

图 7-3　烧写器接口　　　　　　　　　图 7-4　烧写器状态

（2）双击安装文件安装驱动，如图 7-6 所示。

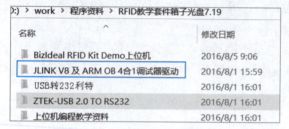
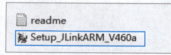

图 7-5　驱动程序文件夹　　　　　　　图 7-6　驱动程序安装文件

（3）安装完成后在开始菜单中运行程序"J-Flash ARM"，如图 7-7 所示。

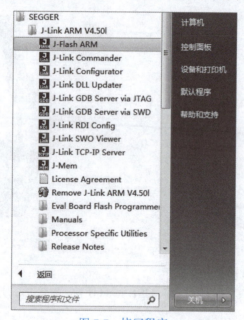

图 7-7　烧写程序

阶段二：运行烧写程序。

步骤一：双击运行程序，打开程序对话窗口。

（注：如果要到磁盘中找原文件，文件安装在 Windows 7 操作系统的位置是 C:\Program file(x86)\SEGGER\JLinkARM_V460a\，如图 7-8 所示。）

单元七 | 传输层——Wi-Fi 通信技术

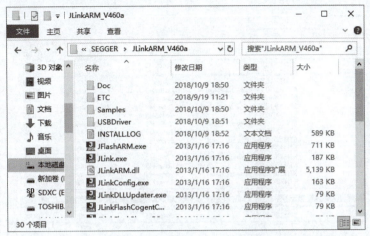

图 7-8　烧写程序所在文件夹位置

步骤二：在 JFlashARM 窗口的菜单栏中选择 Options → Project settings 命令，如图 7-9 所示。

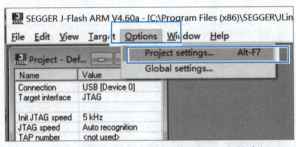

图 7-9　配置烧写程序参数（Options 文件夹）

步骤三：在弹出的配置窗口中设置 CPU 种类。选择 CPU 标签，选中 Device 单选按钮，单击右侧的"查找"按钮，如图 7-10 所示。

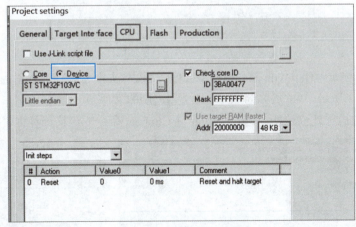

图 7-10　选择 CPU 类型

步骤四：单击"查找"按钮，弹出 Select device 对话框，选择 STM32F103VC 芯片，单击 OK 按钮确定，如图 7-11 所示。

113

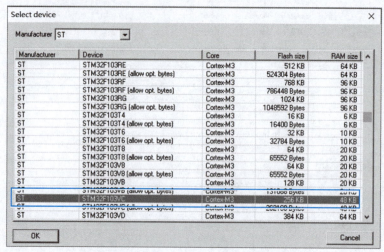

图 7-11　选择 STM32F103VC 芯片

步骤五：返回 JFlashARM 窗口，选择 File → Open data file 命令。目的是选择烧写的内容文件，如图 7-12 所示。

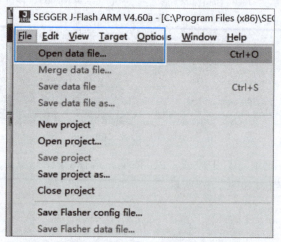

图 7-12　选择烧写的目标程序

步骤六：选择光盘附件"WiFi 教学套件主板程序"文件夹中名称为"WiFi_main_20150713.hex"的文件，如图 7-13 所示。（扩展名为 hex，是十六进制的文件。）

步骤七：与主控板建立连接。选择 Target → Connect 命令，连接计算机，如图 7-14 所示。

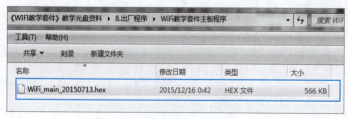

图 7-13　目标程序

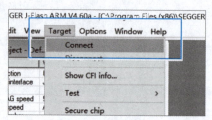

图 7-14　连接通道

成功连接后会在窗口下部提示区显示：Connected Successful，如图 7-15 所示。

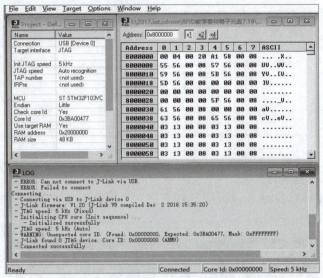

图 7-15 连接成功

步骤八:运行烧写程序,向主控板写入程序内容。选择 Target → Program 命令,执行程序,如图 7-16 所示。程序检查主控板存储区内容,如果不为空,提示是否同意擦除,如图 7-17 所示。单击"是"按钮,完成烧写,如图 7-18 所示。

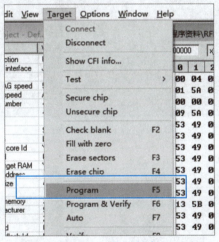

图 7-16 执行程序

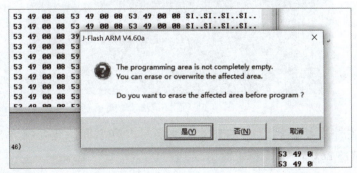

图 7-17 提示确认

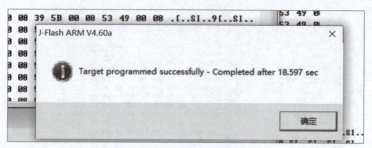

图 7-18　确认对话框

步骤九：主板复位，重新启动。

主控板操作界面如图 7-19 所示。烧写程序后，主板需要复位一次，按复位键。再次打开主板开关，正常运作灯亮起。

图 7-19　主控板操作界面

阶段三：烧写节点板程序。

步骤一：连接好设备，如图 7-20 所示。

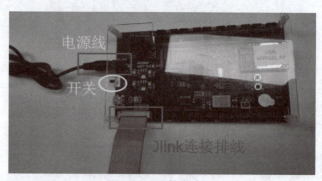

图 7-20　连接节点板

步骤二：同主控板步骤类似，关键区别是烧写内容不同，此处找到节点板驱动程序"WiFi_jdb_20150713.hex"，如图 7-21 所示。

单元七 | 传输层——Wi-Fi 通信技术

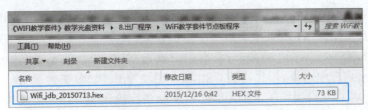

图 7-21 选择节点板驱动程序

步骤三：程序烧写完成按复位按钮，将开关关闭并重新开启，如图 7-22 所示。

图 7-22 烧写完成后复位重启

两个模块板程序完成后，两块板建立了统一的通信标准和协议，就为下面的实验提供了前提和保障。

任务二 配置主控板、节点板网络参数

任务描述

Wi-Fi 工作在 TCP/IP 协议下，网络的参数配置对成功组网非常重要。

因为在 Wi-Fi 网络下，这些网络参数包括 IP 地址、子网掩码、默认网关，这些都是直接影响和决定接入网络的设备的身份及地址特征的。所以正确设置这些网络参数，是确保连网成功的关键。

任务分析

本任务学习 Wi-Fi 网络的参数配置，了解 Wi-Fi 网络的工作过程，熟练掌握本实验箱中模块的参数设置及过程。

由家庭 Wi-Fi 的配置经验可知，配置路由器的参数需要以管理员身份登录，然后进行具体参数配置。所以本任务需要先连接到各板上的 Wi-Fi 热点模块产品的网络，再进行 Web 界面下的参数设置。

任务实施

Wi-Fi 信息传送实验

本任务操作主要有五大环节：①建立网络连接（内部局域网）；②进入管理员界面，设置

主板参数；③连接节点板网络；④进入管理员界面，设置节点板参数；⑤实现连接，信息传送。

阶段一：设置主控板 Wi-Fi 环境参数——路由设置。

步骤一：查询主控板 Wi-Fi 参数。（根据主控板上 Wi-Fi 模块的贴条名称，或从笔记本式计算机的无线连接列表中选择。）此处是 USR-WIFItj22_AP，如图 7-23 所示。

连接到主板 Wi-Fi（根据板子上的 Wi-Fi 模块贴条，确认 Wi-Fi 名，或从笔记本式计算机无线连接列表中选择确认）。

步骤二：查看自动获取的主控板网络的 IP 地址。

（1）按【Windows + R】组合键打开控制台，输入 "cmd"，单击 "确定" 按钮（见图 7-24），进入命令行控制。

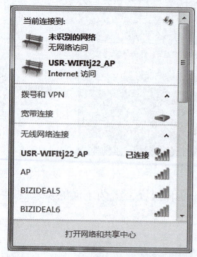

图 7-23　找到指定的网络名称连接

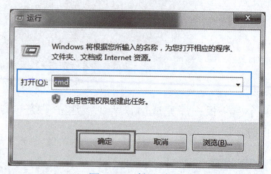

图 7-24　输入命令

（2）输入 "ipconfig" 后按【Enter】键，查看记录默认网关的地址，此处为 10.10.122.254，如图 7-25 所示。

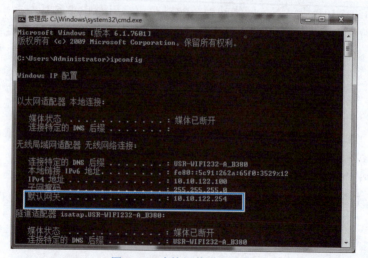

图 7-25　查询网络地址参数

（3）保持 Wi-Fi 网络连接，打开浏览器，在地址栏中输入网址 10.10.122.254，即可进入设置网页，默认用户名和密码均为 admin，如图 7-26 所示。

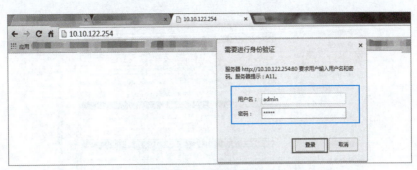

图 7-26 登录管理员界面

步骤三：设置主控板参数。

（1）进入主板路由设置界面，选择"模式选择"→"AP 模式"→"确定"（即访问点模式，也可看作路由器模式）。

主要操作包括：工作模式选择、无线接入点设置、无线终端设置、模块管理等方面。

首先设置模式选择，此处设置成 AP 模式，如图 7-27 所示。

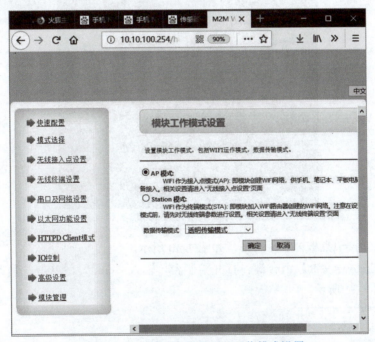

图 7-27 后台管理配置界面及工作模式设置

（2）单击"无线接入点设置"，将 DHCP 网关设置为之前查看的默认网关地址，此处为 10.10.122.254，设置子网掩码为 255.255.255.0，设置 DHCP 类型为"服务器"，单击"确定"按钮，然后配置无线接入点设置，配置相关参数，如图 7-28 所示。

（3）单击"模块管理"→"重启"。主板将按新设定参数启动工作。

阶段二：设置节点板 Wi-Fi 环境参数——路由设置。

节点板出厂设置是已经配置接入方式为站点（station 模式）的网络，此时无法搜到其 Wi-Fi 网络。若是自己配置节点板参数，则需要复位其 Wi-Fi 模块，方法是按住节点板"复位"键 10 s 左右，然后重启。

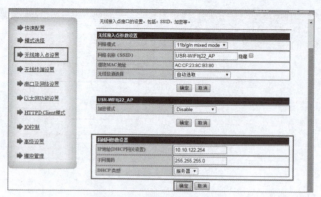

图 7-28 无线接入点设置

步骤一：连接节点板网络。

（1）长按"复位"键，复位节点板系统参数。复位成功则可以查找其 Wi-Fi 网络名称，连接到 Wi-Fi 网络，如图 7-29 所示。

图 7-29 主控板工作界面

（2）查找并连接节点板 Wi-Fi 网络，如图 7-30 所示。

（3）按【Windows + R】组合键，打开控制台，输入"cmd"后单击"确定"按钮进入命令行控制，如图 7-31 所示。

图 7-30 节点板的 Wi-Fi 热点名称

图 7-31 输入 cmd 命令

（4）输入"ipconfig"命令后按【Enter】键，查看记录默认网关的地址，此处为 10.10.100.254，如图 7-32 所示。

图 7-32　查询网络参数

步骤二：启动管理员界面。

（1）保持 Wi-Fi 网络连接，打开计算机浏览器，输入网址 10.10.100.254，即可进入设置管理员网页，默认用户名和密码均为 admin，如图 7-33 所示。

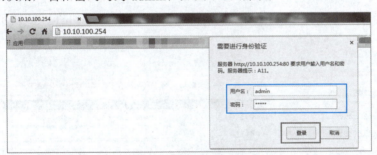

图 7-33　管理员登录

（2）进入主板路由设置界面，单击"模式选择"→"Station 模式"→"确定"，如图 7-34 所示。

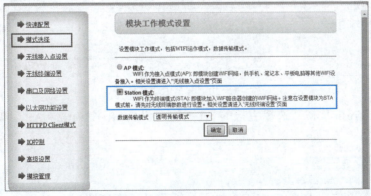

图 7-34　设置 Station 模式

(3)单击"无线接入点设置",网络名称改为节点板上标签贴条名称,此处为USR-WIFItj22_AP,子网掩码为255.255.255.0,IP地址设置为10.10.122.254,DHCP类型设置为"停用",单击"确定"按钮,如图7-35所示。

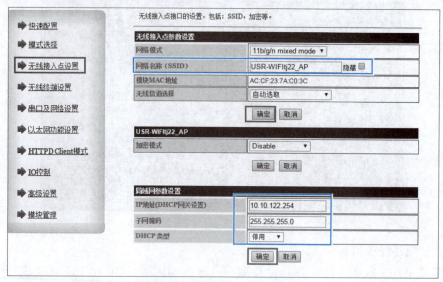

图 7-35　配置接入点参数

(4)单击"无线终端设置",单击"搜索"按钮,设置SSID如图7-36所示。

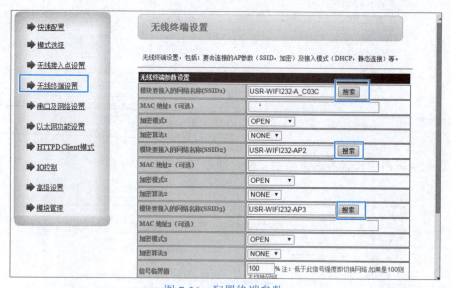

图 7-36　配置终端参数

(5)单击Refresh按钮,选择主板的Wi-Fi信号为USR-WIFItj22_AP,单击Apply按钮,如图7-37所示。

> **注意**
>
> 　　一定要添加通过Refresh按钮搜索出来的信号。

	SSID	BSSID	RSSI	Channel	Encryption	Authentication	Network Type
○	Jerry36	b0:d5:9d:6c:7d:08	81%	1	AES	WPA2PSK	Infrastructure
○	USR-WIFItj22_AP	ac:cf:23:8c:b3:80	76%	1	NONE	OPEN	Infrastructure
○	BIZIDEAL3	b8:38:61:ab:82:e8	34%	11	AES	WPA2PSK	Infrastructure
○	ChinaNet-F5Cd	00:d0:d0:5f:5f:0e	20%	1	TKIP	WPA2PSK	Infrastructure
○	SHZN	bc:46:99:bc:a1:16	20%	5	AES	WPA2PSK	Infrastructure
○	AP	1c:60:de:43:ff:d0	15%	6	AES	WPA2PSK	Infrastructure
○	BIZIDEAL5	b8:38:61:ab:80:dc	5%	1	AES	WPA2PSK	Infrastructure
○	davinci	20:59:a0:bb:52:7b	5%	1	TKIP	WPA2PSK	Infrastructure
○	ChinaNet-06B8	00:d0:d0:62:50:43	0%	6	TKIP	WPAPSK	Infrastructure
○	Tanovo-Guest	8a:25:93:85:3e:86	0%	8	TKIP	WPA2PSK	Infrastructure
○	ljq	52:53:49:fb:8d:8a	0%	11	AES	WPA2PSK	Infrastructure

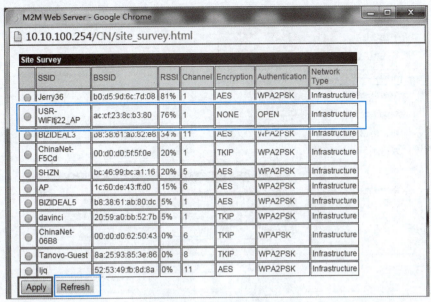

图 7-37 应用网络参数

（6）将 3 个网络接入名称都搜索设置为主板 Wi-Fi 名称，如图 7-38 所示。

无线终端参数设置	
模块要接入的网络名称(SSID1)	USR-WIFItj22_AP
MAC 地址1（可选）	
加密模式1	OPEN
加密算法1	NONE
模块要接入的网络名称(SSID2)	USR-WIFItj22_AP
MAC 地址2（可选）	
加密模式2	OPEN
加密算法2	NONE
模块要接入的网络名称(SSID3)	USR-WIFItj22_AP
MAC 地址3（可选）	
加密模式3	OPEN
加密算法3	NONE
信号临界值	100

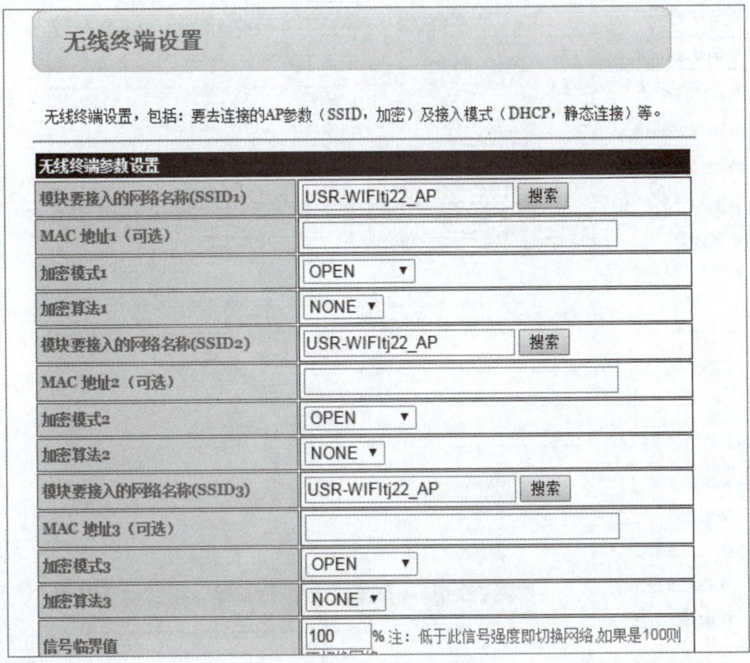

图 7-38 设置终端

（7）在“模块 IP 地址设置”下拉列表框中选择“静态（固定 IP）”,“IP 地址”与“子网掩码”与之前填写一致，网关设置为主板网关，此处为 10.10.122.254，如图 7-39 所示。

（8）单击“串口及网络设置”,“网络模式”选择 Client，“服务器地址”为主板默认网关地址，此处为 10.10.122.254，单击“确定”按钮，如图 7-40 所示。

（9）单击“模块管理”，在“重启模块”中单击“重启”按钮，如图 7-41 所示。

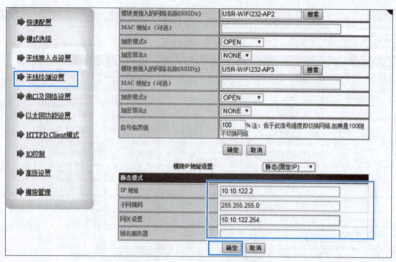

图 7-39　配置静态地址

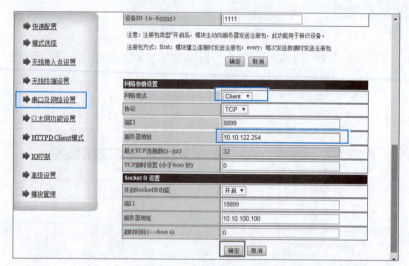

图 7-40　配置串口参数

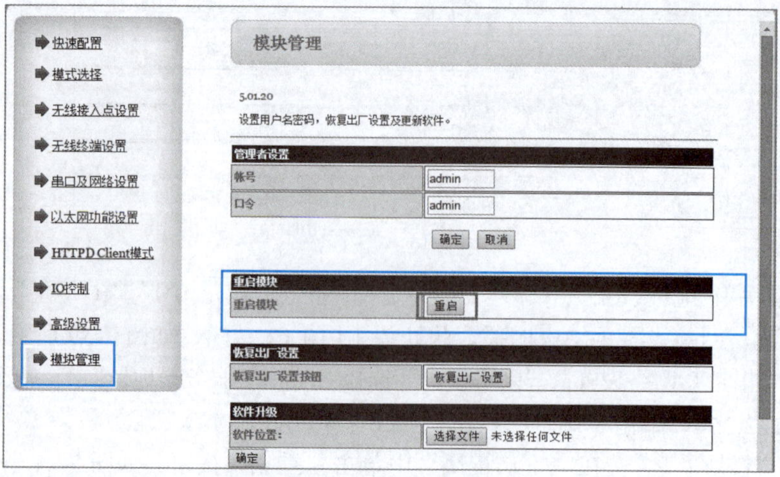

图 7-41　重启模块

（10）关闭节点板电源，重新打开电源。节点板按新的参数设置启动，并开始工作。

阶段三：节点板板号设置。

步骤一：连接设备。

（1）节点板通过 USB 线连接笔记本式计算机，如图 7-42 所示。

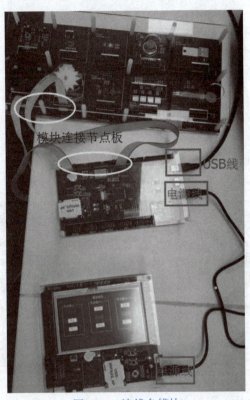

图 7-42　连线各模块

（2）设置节点板模块参数的初值。找到并打开调试程序 DemoTest.exe，运行程序，如图 7-43 所示。

图 7-43　读写程序

（3）配置 1 号节点板初值。在界面左上角，选择串口号，单击"打开"按钮，输入节点板号码，此处设置为 2，单击"设置"按钮确认成功，如图 7-44 所示。

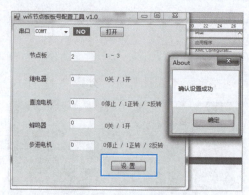

图 7-44　板号配置工具

阶段四：数据通信。

步骤一：通过主板应用直接控制模块。

（1）设备连接（此处只连接直流串机和步进电机传感器模块），如图 7-45 所示。

图 7-45　连接步进电机模块

（2）选择相应板号，实现模块选择板号（此处为 2 号板），如图 7-46 所示。

（读取：读取 2 号板当前连接的模块运作状态；写入：修改模块参数，单击写入，可以控制模块运作。）

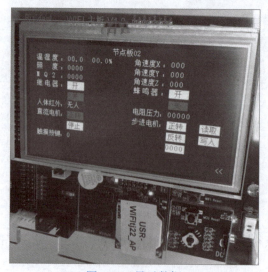

图 7-46　显示数据

（3）选择 2 号板中的正转，单击"写入"，可使直流电机转动。主控板工作界面如图 7-47 所示。

图 7-47　主控板工作界面

（4）Wi-Fi 主控板到节点板通信。此处只连接直流电机和步进电机模块，框注处为 USB 线，另一头连接计算机，如图 7-48 所示。

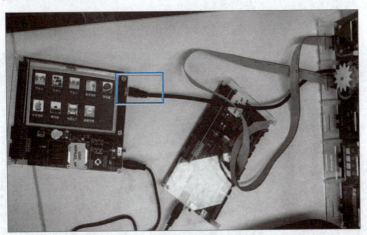

图 7-48　两板间通信连接

（5）打开设置软件 ComDemo.exe，如图 7-49 所示。

图 7-49　读写程序

(6) 自动获取串口，单击"打开"按钮，设置"节点板"为"2"，修改参数，单击"写入"按钮，如图 7-50 所示。

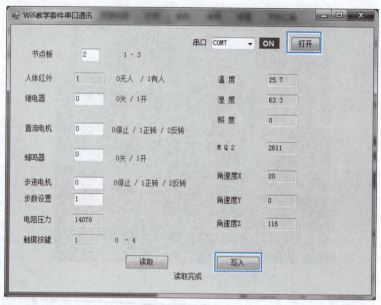

图 7-50　连接设置

步骤二：Wi-Fi 教学套件 TCP 方式通信。

(1) 设备连接（此处只连接直流电机和步进电机模块），如图 7-51 所示。

图 7-51　模块连接图

(2) 连接主板 Wi-Fi，单击"打开网络和共享中心"按钮，如图 7-52 所示。

(3) 打开"更改适配器设置"窗口，修改连接属性。

(4) 修改 IP 地址，默认网关为主板网关地址，IP 地址最后一位为主机地址，设置为 1～253 中不与节点板 IP 冲突的地址，单击"确定"按钮，如图 7-53 所示。

图 7-52 查询网络名称

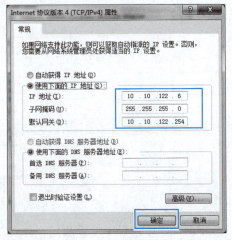
图 7-53 配置参数

(5) 用 VS 打开调试程序项目,程序位置及名称如图 7-54 所示。

图 7-54 调试程序名称

(6) 查看程序代码(右侧边栏),如图 7-55 所示。

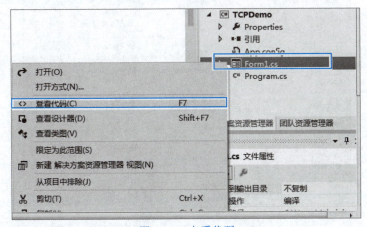

图 7-55 查看代码

（7）将程序中 3 个 IP 地址改为计算机的 IP 地址，如图 7-56 所示，完成后单击"保存"按钮。

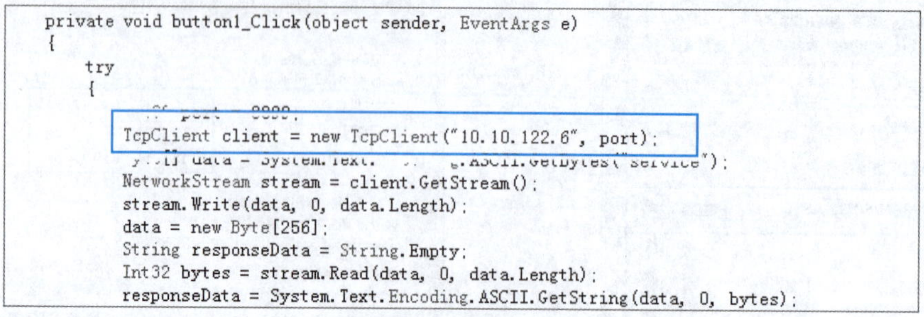

图 7-56　修改代码

（8）打开调试程序。程序位置及名称如图 7-57 所示。

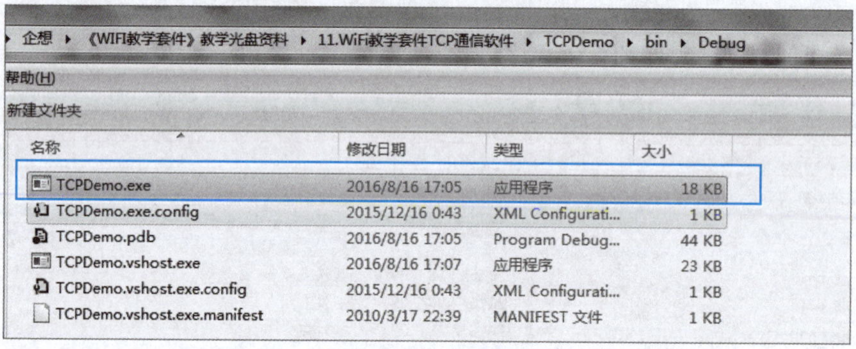

图 7-57　打开程序

（9）选择"节点板"为"1"，单击"连接"按钮（成功时右侧会显示"ok"），已与节点板连接的模块可修改数据，输入框为可写入状态，设置参数后单击"写入"按钮，如图 7-58 所示，可见下方显示"写入完成"。

· 视　频
Wi-Fi 节点板参数设置

· 视　频
Wi-Fi 主板参数设置

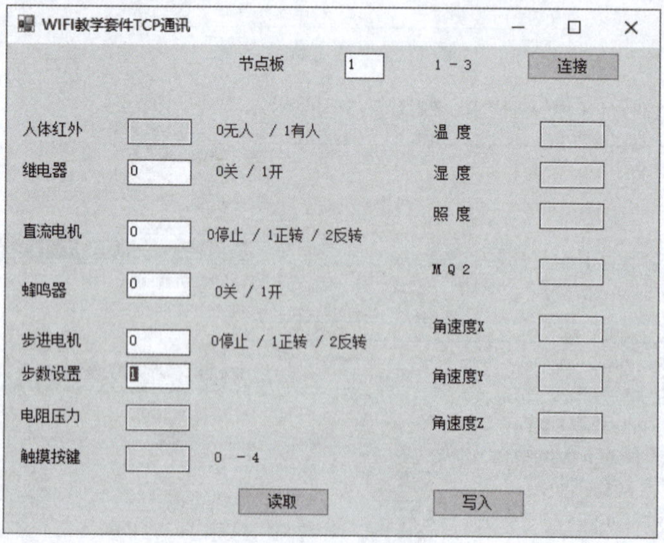

图 7-58　调试设备

知识拓展

Wi-Fi 基础知识

1. IEEE 802.11 简介

IEEE 802.11 是无线局域网通用的标准，它是由 IEEE 所定义的无线网络通信标准。它是 IEEE（美国电气和电子工程师协会，The Institute of Electrical and Electronics Engineers）于 1997 年公告的无线区域网络标准，适用于有线站台与无线用户或无线用户之间的沟通连接。IEEE 各标准的相关内容见表 7-1。

表 7-1 IEEE 各标准的相关内容

标准号	IEEE 802.11b	IEEE 802.11a	IEEE 802.11g	IEEE 802.11n
标准发布时间	1999年9月	1999年9月	2003年6月	2009年9月
工作频率范围/GHz	2.4～2.4835	5.150～5.350 5.475～5.725 5.725～5.850	2.4～2.4835	2.4～2.4835 5.150～5.850
非重叠信道数	3	24	3	15
物理速率/（Mbit/s）	11	54	54	600
实际吞吐量/（Mbit/s）	6	24	24	100 以上
频宽/MHz	20	20	20	20/40
调制方式	CCK、DSSS	OFDM	CCK、DSSS、OFDM	MIMO-OFDM、DSSS、CCK
兼容性	802.11b	802.11a	802.11b/g	802.11a/b/g/n

2. 频谱划分

Wi-Fi 总共有 14 个信道，如图 7-59 所示。

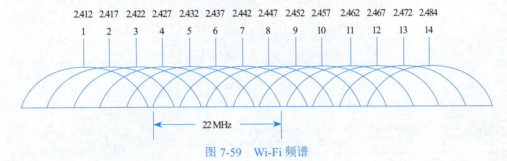

图 7-59 Wi-Fi 频谱

（1）IEEE 802.11b/g 标准工作在 2.4 GHz 频段，频率范围为 2.400～2.4835 GHz。
（2）划分为 14 个子信道。
（3）每个子信道宽度为 22 MHz。
（4）相邻信道的中心频点间隔 5 MHz。
（5）相邻的多个信道存在频率重叠（如 1 信道与 2、3、4、5 信道有频率重叠）。
（6）整个频段内只有 3 个（1、6、11）互不干扰信道。

3．接收灵敏度（见表 7-2）

表 7-2　接收灵敏度

误码率要求	速率 /（Mbit/s）	最小信号强度 /dBm
PER（误码率）不超过 8%	6	−82
	9	−81
	12	−79
	18	−77
	24	−74
	36	−70
	48	−66
	54	−65

4．2.4 GHz 中国信道划分

802.11b 和 802.11g 的工作频段在 2.4 GHz（2.4 GHz～2.4835 GHz），其可用带宽为 83.5 MHz，中国划分为 13 个信道，每个信道带宽为 22 MHz。2.4 GHz 频段 WLAN 信道配置表见表 7-3。

　　北美 /FCC　　2.412～2.461 GHz（11 信道）
　　欧洲 /ETSI　　2.412～2.472 GHz（13 信道）
　　日本 /ARIB　　2.412～2.484 GHz（14 信道）

表 7-3　2.4 GHz 频段 WLAN 信道配置表

信　道	中心频率 /MHz	信道低端 / 高端频率
1	2 412	2 401/2 423
2	2 417	2 406/2 428
3	2 422	2 411/2 433
4	2 427	2 416/2 438
5	2 432	2 421/2 443
6	2 437	2 426/2 448
7	2 442	2 431/2 453
8	2 447	2 426/2 448
9	2 452	2 441/2 463
10	2 457	2 446/2 468
11	2 462	2 451/2 473
12	2 467	2 456/2 478
13	2 472	2 461/2 483

5．SSID 和 BSSID

1）基本服务集（BSS）

基本服务集是 802.11 LAN 的基本组成模块。能互相进行无线通信的 STA 可以组成一个

BSS（Basic Service Set）。如果一个站移出 BSS 的覆盖范围，它将不能再与 BSS 的其他成员通信。

2）扩展服务集（ESS）

多个 BSS 可以构成一个扩展网络，称为扩展服务集（ESS）网络，一个 ESS 网络内部的 STA 可以互相通信，是采用相同的 SSID 的多个 BSS 形成的更大规模的虚拟 BSS。连接 BSS 的组件称为分布式系统（Distribution System，DS）。

3）SSID

这是网络服务集的标识，在同一 SS 内的所有 STA 和 AP 必须具有相同的 SSID，否则无法进行通信。

SSID 是一个 ESS 的网络标识（如 TP_Link_1201），BSSID 是一个 BSS 的标识，BSSID 实际上就是 AP 的 MAC 地址，用来标识 AP 管理的 BSS，在同一个 AP 内 BSSID 和 SSID 一一映射。在一个 ESS 内 SSID 是相同的，但对于 ESS 内的每个 AP 与之对应的 BSSID 是不相同的。如果一个 AP 可以同时支持多个 SSID，则 AP 会分配不同的 BSSID 来对应这些 SSID。

6．无线接入过程三个阶段

STA（工作站）启动初始化、开始正式使用 AP 传送数据帧前，要经过三个阶段才能够接入（802.11MAC 层负责客户端与 AP 之间的通信，功能包括扫描、接入、认证、加密、漫游和同步等功能）：①扫描阶段（Scanning）；②认证阶段（Authentication）；③关联（Association）。

1）Scanning

802.11 MAC 使用 Scanning 搜索 AP，STA 搜索并连接一个 AP，当 STA 漫游时寻找连接一个新的 AP，STA 会在每个可用的信道上进行搜索。

（1）Passive Scanning（特点：找到时间较长，但 STA 节电）。通过侦听 AP 定期发送的 Beacon 帧来发现网络，该帧提供了 AP 及所在 BSS 相关信息："我在这里。"

（2）Active Scanning（特点：能迅速找到）。STA 依次在 13 个信道发出 Probe Request 帧，寻找与 STA 所属有相同 SSID 的 AP，若找不到相同 SSID 的 AP，则一直扫描下去，如图 7-60 所示。

图 7-60　接入过程

2）Authentication

当 STA 找到与其有相同 SSID 的 AP，在 SSID 匹配的 AP 中，根据收到的 AP 信号强度，选择一个信号最强的 AP，然后进入认证阶段。只有身份认证通过的站点才能进行无线接入访问。AP 提供如下认证方法：

（1）开放系统身份认证（open-system authentication）。

（2）共享密钥认证（shared-key authentication）。

（3）WPA PSK 认证（Pre-shared key）。

（4）802.1X EAP 认证。

3）Association

当 AP 向 STA 返回认证响应信息，身份认证获得通过后，进入关联阶段。

（1）STA 向 AP 发送关联请求。
（2）AP 向 STA 返回关联响应。
至此，接入过程才完成，STA 初始化完毕，可以开始向 AP 传送数据帧。

7．无线漫游

无线漫游是指无线终端用户在相同的 SSID 之间可以自由移动，并且保持原有 IP 地址及相应权限不变。无线漫游可以分为：

二层漫游：在同一个子网内的 AP 间漫游。
三层漫游：在不同子网内的 AP 间漫游。
漫游域：在不同 AC 管理的 AP 间漫游。

课 后 习 题

一、选择题

1．IPv4 地址格式采用（　　）位二进制表示。
　　A．8　　　　　　　B．48　　　　　　　C．16　　　　　　　D．32
2．为主机动态分配 IP 地址的协议是（　　）。
　　A．DHCP　　　　B．ISMP　　　　　C．HDLC　　　　　D．SNMP
3．802.11b/g 协议的非重叠信道有（　　）个。
　　A．2　　　　　　　B．3　　　　　　　C．5　　　　　　　D．8
4．以下关于 802.11g 2.4 GHz 的信道属于非重叠信道的是（　　）。
　　A．信道 2、4、8　　B．信道 3、5、9　　C．信道 1、6、11　　D．信道 2、6、10
5．在不同子网内的 AP 间漫游属于（　　）。
　　A．二层漫游　　　B．三层漫游　　　C．网间漫游　　　D．异地漫游
6．802.11g 支持的最大协商连接速率为（　　）Mbit/s。
　　A．11　　　　　　B．36　　　　　　　C．48　　　　　　　D．54
7．802.11b 使用的调制技术是（　　）。
　　A．FHSS（Frequency Hopping Spread Spectrum）
　　B．DSSS（Direct Hopping Spread Spectrum）
　　C．CDMA（Code Division Multiple Access）
　　D．OFDM（Orthogonal Frequency Division Multiplexing）
8．在一个 BSS（Basic Service Set）中有（　　）个无线 AP。
　　A．1　　　　　　　B．2　　　　　　　C．3　　　　　　　D．4
9．802.11 定义的 WEP 加密基于（　　）对称流加密算法。
　　A．MD5　　　　　B．RC4　　　　　　C．DES　　　　　　D．AES
10．802.11a 工作在（　　）频段。
　　A．900 MHz　　　B．1 800 MHz　　　C．2.4 GHz　　　　D．5 GHz
11．ISM 中 802.11g 频段 2.4 GHz 中每个信道所占用的频宽为（　　）。
　　A．5.22 MHz　　　B．16.6 MHz　　　C．22 MHz　　　　D．44 MHz

12. 2.4G 频段的信道划分，我国是参照（　　）。
    A．欧标：CH1～CH14　　　　　　B．美标：CH1～CH11
    C．日标：CH1～CH13　　　　　　D．美标：CH1～CH14

13. Wi-Fi 协议 802.11g 的物理层传输带宽为 54 Mbit/s，实际传输层以上的可用带宽约为（　　）Mbit/s。
    A．16　　　　　B．24　　　　　C．48　　　　　D．54

二、判断题

1．使用 2.4GHz 频段的 WLAN 无法保证设备在将来的使用过程中干扰不会成为问题。（　　）
2．ISM（Industrial Scientific Medical）频段是根据 FCC 所定义出来的，属于 Free License，并没有所谓使用授权的限制。（　　）
3．在 TCP/IP 协议簇中，层次越高的报文越小。（　　）
4．WAPI 是我国无线网络产品国标中安全机制的标准。（　　）
5．MAC 地址是 AP 设备的唯一标识。（　　）
6．国内 802.11b/g 经常用三个信道，它们是 1，6，12。（　　）
7．WLAN 设备发射功率越大，覆盖范围越大；所以在规划的时候，我们尽可能将设备的发射功率设置成最大值。（　　）
8．IPCONFIG 不是一种用来监测网络层连通性的路由跟踪工具。（　　）
9．无论是主控板还是节点板，在工作模式设置时都要设为 AP 模式。（　　）
10．2.4 GHz 为 ISM 频段，无须授权即可使用。因此存在较多的干扰源（如微波炉、医疗设备等）。（　　）
11．Wi-Fi 共有 14 个信道，每个信道的宽度为 22 MHz，相邻信道的间隔为 5 MHz。（　　）

三、填空题

1．802.11b/g 工作频率为_____GHz，802.11a 工作频率为_____GHz，国内 802.11b/g 包括_____个频道。
2．无线信号是能够通过空气进行传播的_____。
3．AP 是_____的简称。
4．802.11b/g 提供 3 个互不相交的通信通道，分别为_____。
5．Wi-Fi 的全称是_____，是一种无线通信技术，遵循_____无线通信协议。

四、简答题

简要说明 WLAN 网速慢故障处理思路。

五、操作题

把任务二中实验设备的主控板、节点板的无线局域网的 IP 地址改成 192.168.1.x，并重新设置调试通信，实现节点板的信息传输和显示。

单元八

传输层——ZigBee 通信技术

学习目标

(1) 认识 ZigBee 通信模块。
(2) 了解 ZigBee 通信方法。
(3) 掌握 ZigBee 通信操作。
(4) 了解 ZigBee 工作原理。
(5) 了解国内主要 ZigBee 产品。

单元七学习了 Wi-Fi 技术，知道了它的通信功率大、带宽大、距离远，但也存在着功耗过大、接入节点少的缺点。在物联网连接时，有时候需要在局部范围内布置大量的节点，而且要求工作时间长，功耗低，接入方便（自组织），ZigBee 良好解决了这些问题。

ZigBee 无线通信技术特点突出，它的功耗极低，虽通信速率低，但足以满足大部分应用场合。下面通过无线传感网教学实验箱，学习 ZigBee 工作原理及工作过程。

前期准备

(1) 无线传感网教学套件实验箱若干套（4人一组）。
(2) 配套用笔记本式计算机若干台，配备相应软件。

任务一　ZigBee 通信实验

任务描述

在物联网中，实现无线通信的技术有多种，而且各有不同的特点，其中 ZigBee 技术独特，优点突出。

ZigBee 是基于 IEEE 802.15.4 标准的低功耗局域网协议。根据国际标准规定，ZigBee 技术是一种短距离、低功耗的无线通信技术。这一名称（又称紫蜂协议）来源于蜜蜂的八字舞，由于蜜蜂（bee）是靠飞翔和"嗡嗡"（zig）地抖动翅膀的"舞蹈"来与同伴传递花粉所在方位信息，也就是说本技术是模仿蜜蜂通信的方式构成了群体中的通信网络。其特点是近距离、低复杂度、自组织、低功耗、低数据速率。主要适用于自动控制和远程控制领域,可以嵌入各种设备。

任务分析

本任务就是通过完成两个模块间的无线信息通信,实现数据的传送,让同学们接触 ZigBee 技术,了解 ZigBee 通信技术及特点。从而进一步激发深入了解 ZigBee、学习 ZigBee 的兴趣,同时,通过对 ZigBee 技术的特点、应用的了解,更好地将这种技术应用到实际中。

任务实施

数据传输实验

无线传感网教学套件箱提供了三个组件,平板 Pad（安装 Android 操作系统）、主控板（负责操控管理）、节点板（读取传感数据）,组件间分别采用两种通信方式,Pad 与主控板间采用 Wi-Fi 通信,主控板与各节点板间全部采用 ZigBee 通信。

由于各模块状态参数已经设置好,所以只需要加上电,即可实现模块间的通信功能。

操作步骤：

步骤一：打开实验箱。

取出要用到的部件：联想 Pad、主控板、部分传感器部件（如温度传感器、人体传感器、直流电机、步进电机等）,如图 8-1 所示。

步骤二：打开 Pad。

Pad 是本实验的操控中心,具体操作、显示都是在此 Pad 上实现的,如图 8-2 所示。

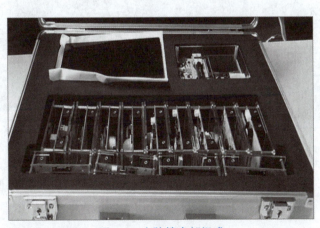

图 8-1　实验箱内部组成

图 8-2　联想 Pad

步骤三：找出主控板。

安装电池,打开电源开关,显示相应的工作界面,如图 8-3 所示。

步骤四：找出直流电机节点板、步进电机节点板。

为两个节点板安装电池,开机加电。

直流电机如图 8-4 所示。

步进电机如图 8-5 所示。

图 8-3 主控板　　　　　　　　　　图 8-4 直流电机节点板

步骤五：查看主控板状态信息。

显示屏上数第二排的矩形方框，显示的是连接节点板的状态，位置对应着编号，实心矩形代表连接成功（ZigBee 工作正常）。如图第 01 号为实心矩形，代表 01 号节点板（直流电机板已经打开），如图 8-6 所示。

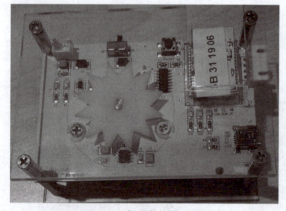 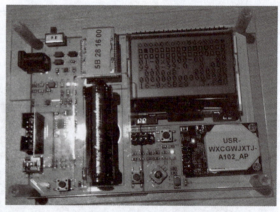

图 8-5 步进电机节点板　　　　　　图 8-6 主控板工作界面

步骤六：采取信息和控制电机。

打开 Pad，连接 Wi-Fi 网络，在平板 Pad 网络中，找到主控板 Wi-Fi 网络，此处依旧是 USR-WXCGWJXTJ_AP，连接确定，再打开桌面上的 IOTControl 应用程序，进入显示界面，如图 8-7 所示。

步骤七：显示信息。

界面上显示有温度、湿度信息，有直流电机、步进电机信息等，可以控制电机运转，如图 8-8 所示。

单元八 | 传输层——ZigBee 通信技术

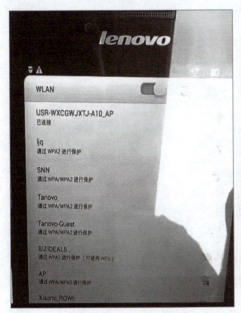

图 8-7 配置网络参数

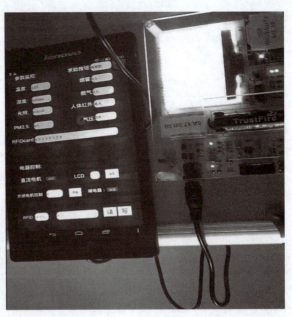

图 8-8 Pad 工作界面

任务二　了解 ZigBee 的组网原理

任务描述

ZigBee 是一种低速短距离传输的无线网络协议，也是一种便宜的、低功耗的近距离无线组网通信技术。ZigBee 协议从下到上分别为物理层（PHY）、媒体访问控制层（MAC）、传输层（TL）、网络层（NWK）、应用层（APL）等。其中物理层和媒体访问控制层遵循 IEEE 802.15.4 标准的规定。由于它是一种较新型的通信技术，所以我们需要从 ZigBee 定义、结构、通信过程等方面进行了解。

任务分析

本任务以理论知识学习为主，较系统地介绍 ZigBee 技术的定义、特点、组网的过程。通过本节内容的学习，使同学们对 ZigBee 技术有较全面的了解，尤其是掌握其具体的特点及应用，对它的应用场所和领域能做一定的分析，从而在未来的工作中，能更好地应用这种技术。

任务实施

一、ZigBee 技术的定义

ZigBee（又称紫蜂协议）是基于 IEEE 802.15.4 标准的低功耗局域网协议，是一种短距离、低功耗的无线通信技术。

ZigBee 主要适用于自动控制和远程控制领域，可以嵌入各种设备。ZigBee 的网络是由协调器、中继器、节点（终端设备）按功能的三个梯层组成，如图 8-9 所示。

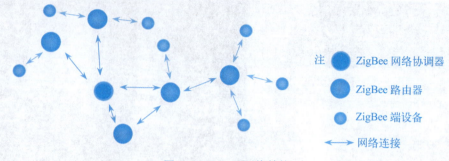

图 8-9 ZigBee 网络结构

二、了解 ZigBee 技术协议的特性

ZigBee 网络有如下几方面的特点：

（1）低功耗。在低耗电待机模式下，2 节 5 号干电池可支持 1 个节点工作 6～24 个月。

（2）低成本。简化的协议（不到蓝牙的 1/10）降低了对通信控制器的要求，而且 ZigBee 免协议专利费，所以成本非常低。

（3）低速率。ZigBee 的速率为 20～250 kbit/s，分别提供 250 kbit/s（2.4 GHz）、40 kbit/s（915 MHz）和 20 kbit/s（868 MHz）的原始数据吞吐率，满足低速率传输数据的应用需求。

（4）近距离。传输范围一般介于 10～100 m，如果通过路由和节点间通信的接力，传输距离可以更远。

（5）短时延。ZigBee 的响应速度较快，一般从睡眠转入工作状态只需 15 ms，节点连接进入网络只需 30 ms。相比较蓝牙需要 3～10 s、Wi-Fi 需要 3 s。

（6）高容量。由于采用星状、片状和网状网络结构，一个主节点管理若干子节点，最多可管理 254 个子节点，最多可组成 65 000 个节点的大网。

（7）高安全。ZigBee 提供了三级安全模式，包括使用访问控制清单（Access Control List，ACL）、防止非法获取数据以及采用高级加密标准（AES 128）的对称密码，可灵活确定其安全属性。

（8）免执照频段。使用工业科学医疗（ISM）频段，915 MHz（美国）、868 MHz（欧洲）、2.4 GHz（全球）。

三、掌握 ZigBee 组网设置

Zigbee 网络通常由三种节点构成：

（1）协调器（Coordinator）：用来创建一个 ZigBee 网络，并为最初加入网络的节点分配地址，每个 ZigBee 网络需要且只需要一个 Coordinator。

（2）路由器（Router）：又称 ZigBee 全功能节点，可以转发数据，起到路由的作用，也可以收发数据，当成一个数据节点，还能保持网络，为后加入的节点分配地址。

（3）终端节点（End Device）：通常定义为电池供电的低功耗设备，通常只周期性地发送数据。或者通过休眠按键控制节点的休眠或工作。

单元八 | 传输层——ZigBee 通信技术

> **注意**
>
> 三种 ZigBee 节点的 PANID 在相同情况下，可以组网并且互相通信（加电即组网，无须人为干预）。系统通过 PANID 区分 ZigBee 网络，在同一个区域内，可以同时并存多个 ZigBee 网络，互相不会干扰。

本实验依据嵌入式教学套件实验箱完成，请同学们领出该实验箱，按如下操作步骤完成实验。

步骤一：连线，加电启动。

设备连接图如图 8-10 所示，将"Wi-Fi 模块"拔出后，再打开"开关 2"。

图 8-10　嵌入式套件实验箱主控板

步骤二：平板网关安装完成后启动 serialport_IOT（ZigBee 模块通信实验）应用程序。

如果平板 Pad 未安装该程序，则需要单独导入"serialport_IOT"代码到 eclipse（方法参见拓展部分）。在应用程序中输入用户名和密码（初始账号和密码都是 admin），如图 8-11 所示。

步骤三：网关设置波特率和设备端口。

登录后分别设置 Device 和 Baud rate 两项内容，如图 8-12 所示。

图 8-11　Pad 主控软件启动界面

图 8-12　设置网关通信速率

（1）设备端口选择 ttySAC3（s3c2410_serial），如图 8-13 所示。

图 8-13　设置端口类型

（2）设备波特率为"38400"，如图 8-14 所示。
（3）设置成功后会自动返回，跳转到主界面，点击"小房子"，启动程序界面，如图 8-15 所示。

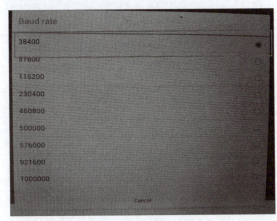

图 8-14 确定波特率

图 8-15 启动工作界面

（4）设置节点板板号如图 8-16 所示（都设置为一号板）。

（5）返回通过 ZigBee 网络收集到的温度、湿度和光照的数据，如图 8-17 所示。

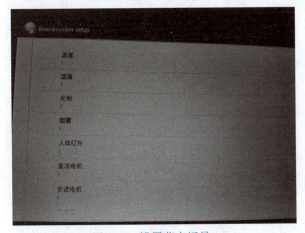

图 8-16 设置节点板号

图 8-17 采集的数据

知识拓展

一、ZigBee 补充知识

1. ZigBee 协议的起源

2001 年 8 月，ZigBee Alliance 成立。

2004 年，ZigBee V1.0 诞生。它是 ZigBee 规范的第一个版本。

2006 年，推出 ZigBee 2006，功能比较完善。

2007 年底，ZigBee Pro 推出。

2009 年 3 月，ZigBee RF4CE 推出，具备更强的灵活性和远程控制能力。

2009 年开始，ZigBee 采用了 IETF 的 IPv6/6Lowpan 标准作为新一代智能电网 Smart Energy（SEP 2.0）的标准，致力于形成全球统一的易于与互联网集成的网络，实现端到端的网络通信。随着美国及全球智能电网的建设，ZigBee 将逐渐被 IPv6/6Lowpan 标准所取代。

ZigBee 的底层技术基于 IEEE 802.15.4，即其物理层和媒体访问控制层直接使用了 IEEE

视频

ZigBee 通信技术简介

802.15.4 的定义。

IEEE 802.15.4 规范是一种经济、高效、低数据速率（<250 kbit/s）、工作在 2.4 GHz 和 868/915 MHz 的无线技术，用于个人区域网和对等网络。它是 ZigBee 协议的基础。

2．ZigBee 产品

国内主要 ZigBee 产品的工作技术参数见表 8-1。

表 8-1　国内主要产品的工作技术参数

ZigBee 厂家	顺舟科技	上海雍敏	深圳鼎泰克	北京云天创
型号	SZ05/06	UMEW20	DRF1601	ATZGB-780F1
工作频率 /GHz	2.4	2.4	2.4	0.779～0.936
可用频段数 / 个	16	16	16	4
无线速率 /（kbit/s）	250	250	250	250
发射功率 /dBm	25	37.5	4	10
接收灵敏度 /dBm	−108	−110	−96	−110
发射电流 /mA	<70	40	34	29
接收电流 /mA	<55	42	25	19
休眠电流 /μA	5	<1	不详	0.5
工作电压 /V	5	1.8～3.6	5～12	1.8～3.6
工作温度 /℃	−40～85	−20～120	−40～80	−40～80
无 PA 室内通信距离 /m	200	100	100	100
无 PA 室外通信距离 /m	2 000	2 000	350	400

3．无线组网

ZigBee 网络中的设备可分为协调器（Coordinator）、汇聚节点（Router 路由节点）、传感器节点（End Device）等三种角色。ZigBee 是一个由可多达 65 000 个无线数传模块根据不同角色组成的一个无线数传网络平台，通信距离从标准的 75 m 到几百米、几千米，并且支持无限扩展。ZigBee 无线数传模块类似于 CDMA 的移动网络基站，是一种高可靠的无线数传网络。

ZigBee 网络主要是为工业现场自动化控制数据传输而建立，因而，它必须具有简单、使用方便、工作可靠、价格低等特点。每个 ZigBee "基站"成本要低。每个 ZigBee 网络节点不仅本身可以作为监控对象，例如其所连接的传感器直接进行数据采集和监控，还可以自动中转别的网络节点传过来的数据资料。除此之外，每个 ZigBee 网络节点（FFD）还可在自己信号覆盖范围内，和多个不承担网络信息中转任务的孤立的子节点（RFD）无线连接。

4．组网通信方式

ZigBee 技术采用自组织网方式通信。举一个简单的例子，当一队伞兵空降荒岛后，每人通过持有一个 ZigBee 网络模块终端，通过彼此自动寻找，很快就可以形成一个互联互通的 ZigBee 网络。而且当人员移动、发生变化时，模块还可以通过重新寻找通信对象，确定彼此间的联络，对原有网络进行刷新。这就是自组织网。

ZigBee 使用自组织网通信，是因为在实际工业现场，由于各种原因，往往并不能保证每个无线通道都能够始终畅通，就像城市的街道会因为车祸、维修等临时问题，使某条道路的交通出现暂时中断。如果我们有多个通道，车辆（相当于 Internet 控制数据）仍然可以通过其他道路到达目的地，如图 8-18 所示。

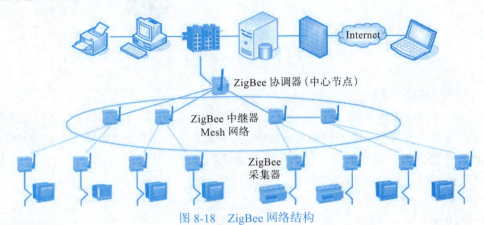

图 8-18 ZigBee 网络结构

ZigBee 采用动态路由是指网络中数据传输的路径并不是预先设定的，而是传输数据前，通过对网络当时可利用的所有路径进行搜索，分析它们的位置关系以及远近，然后选择其中的一条路径进行数据传输。在网络管理软件中，路径的选择使用"梯度法"，即先选择路径最近的一条通道进行传输，如传不通，再使用另外一条稍远一点的通路进行传输，依此类推，直到数据送达目的地为止。动态路由结合网状拓扑结构，就可以很好地解决这个问题，从而保证数据的可靠传输。

与此同时，ZigBee 作为一种短距离无线通信技术，由于其网络可以便捷地为用户提供无线数据传输功能，因此在物联网领域具有非常广泛的应用。

二、蓝牙（Bluetooth）

1．简介

蓝牙是一种无线技术标准，可实现固定设备、移动设备和楼宇个人域网之间的短距离数据交换（使用 2.4 ～ 2.485 GHz 的 ISM 波段的 UHF 无线电波）。

"蓝牙"（Bluetooth）一词的起源是十世纪的一位国王 Harald Bluetooth 的绰号，他将纷争不断的丹麦部落统一为一个王国。以此进行命名的想法最初是 Jim Kardach 于 1997 年提出的，Kardach 开发了能够允许移动电话与计算机通信的系统。他的灵感来自于当时他正在阅读的一本描写北欧海盗和 Harald Bluetooth 国王的历史小说 *The Long Ships*，意指蓝牙也将把通信协议统一为全球标准。

蓝牙技术最初由爱立信公司于 1994 年创制，1997 年爱立信与其他设备生产商联系，激发了他们对该项技术的浓厚兴趣。1998 年 2 月，5 个跨国大公司，包括爱立信、诺基亚、IBM、东芝及 Intel 组成了一个特殊兴趣小组（SIG），共同的目标是建立一个全球性的小范围无线通信技术，即现在的蓝牙。

而蓝牙这个标志的设计：它取自 Harald Bluetooth 名字的首字母 H 和 B，用古北欧字母来表示，将这两者结合起来，就成了蓝牙的 LOGO，如图 8-19 所示。

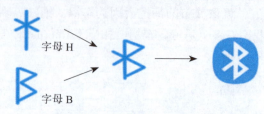

图 8-19　蓝牙的 LOGO

2．蓝牙的技术特性

蓝牙技术提供低成本、近距离无线通信，构成固定与移动设备通信环境中的个人网络，使得近距离内各种设备实现无缝资源共享。显然，这种通信技术与传统的通信模式有明显的区别，它的初衷是希望以相同成本和安全性实现一般电缆的功能，从而使得移动用户摆脱电缆的束缚。这决定蓝牙技术具备以下技术特性：

- 能传送语音和数据；
- 使用 ISM 频段、连接性、抗干扰性和稳定性强；
- 低成本、低功耗和低辐射；
- 安全性较高。

3．蓝牙的应用

蓝牙的具体实施依赖于应用软件、蓝牙存储栈、硬件及天线 4 部分，适用于包括任何数据、图像、声音等短距离通信的场合。蓝牙技术可以代替蜂窝电话和远端网络之间通信时所用的有线电缆，提供新的多功能耳机，从而在蜂窝电话、PC 甚至随身听中使用，也可用于笔记本式计算机、个人数字助理、蜂窝电话等之间的名片数据交换。协议可以固化为一个芯片，可安置在各种智能终端。图 8-20 所示为蓝牙传输信号过程。

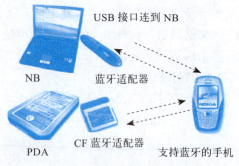

图 8-20　蓝牙传输信号过程

课 后 习 题

一、选择题

1．下列不是 ZigBee 技术特点的是（　　）。

　　A．近距离　　　　　B．高功耗　　　　　C．低复杂度　　　　D．低数据速率

2．作为 ZigBee 技术的物理层和媒体接入层的标准协议是（　　）。

　　A．IEEE 802.15.4　　　　　　　　　　B．IEEE 802.11b
　　C．IEEE 802.11a　　　　　　　　　　D．IEEE 802.12

3．ZigBee 中每个协调点最多可连接（　　）个节点，一个 ZigBee 网络最多可容纳（　　）个节点。

　　A．255　65533　　B．258　65534　　C．258　65535　　D．255　65535

4. ZigBee 网络中传输的数据可分为（　　）。
   A．周期性的、间歇性的、固定的数据
   B．周期性的、间歇性的数据
   C．周期性的、反复性的、反应时间短的数据
   D．周期性的、间歇性的、反复性的、反应时间短的数据
5. 下列不是 FFD 通常具有的工作状态的是（　　）。
   A．主协调器　　　B．协调器　　　C．终端设备　　　D．从设备
6. 下列不是 WPAN 特点的是（　　）。
   A．有限的功率和灵活的吞吐量　　　B．可靠性监测
   C．网络结构简单　　　D．成本低廉
7. ZigBee 的接收灵敏度的测量条件为在无干扰条件下，传送长度为（　　）字节的物理层数据包。
   A．10　　　B．20　　　C．30　　　D．40
8. PAN 标识符值为 0xffff，代表的是（　　）。
   A．以广播传输方式　　　B．短的广播地址
   C．长的广播地址　　　D．以上都不对
9. ZigBee 是一种新兴的短距离、低速率的无线网络技术。主要用于（　　）无线连接。
   A．近距离　　　B．远距离　　　C．大速率　　　D．高速率
10. ZigBee 使用了 3 个频段，其中 2 450 MHz 定义了（　　）个频道。
    A．1　　　B．10　　　C．16　　　D．20
11. ZigBee 物理层通过射频固件和射频硬件提供一个从（　　）到物理层的无线信道接口。
    A．网络层　　　B．数据链路层　　　C．MAC 层　　　D．传输层
12. 在 IEEE 802.15.4 标准协议中，规定了 2.4 GHz 物理层的数据传输速率为（　　）kbit/s。
    A．250　　　B．300　　　C．350　　　D．400
13. ZigBee 不支持的网络拓扑结构是（　　）。
    A．星状　　　B．树状　　　C．环状　　　D．网状
14. 组成 ZigBee 应用层的是（　　）。
    A．应用支持层
    B．应用支持层、ZigBee 设备对象
    C．应用支持层、ZigBee 设备对象和制造商所定义的应用对象
    D．ZigBee 设备对象
15. 下列 ZigBee 技术中，各英文缩写与汉语解释对应错误的是（　　）。
    A．FFD—完整功能的设备　　　B．RFD—简化功能的设备
    C．MAC—应用框架层　　　D．CAP—竞争接入时期
16. 根据 IEEE 802.15.4 标准协议，ZigBee 的工作频段分为（　　）。
    A．868 MHz、918 MHz、2.3 GHz　　　B．848 MHz、915 MHz、2.4 GHz
    C．868 MHz、915 MHz、2.4 GHz　　　D．868 MHz、960 MHz、2.4 GHz
17. ZigBee 组成的无线网络中，连接地址码的短地址和长地址分别最大可容纳（　　）个设备。
    A．2^{16}、2^{64}　　　B．2^{8}、2^{64}　　　C．2^{16}、2^{32}　　　D．2^{16}、2^{60}

18．ZigBee 适应的应用场合是（　　）。
　　A．个人健康监护　　　　　　　B．玩具和游戏
　　C．家庭自动化　　　　　　　　D．上述全部

二、填空题

1．如果在 ZigBee 网络中实现点对点的通信，需要使用_____地址模式；在 ZigBee 网络中协调器需要网络中的每个设备都收到数据，使用_____模式。

2．中国使用的 ZigBee 工作的频段是_____，定义了 16 个信道。

3．在 ZigBee 协议架构中，_____属于 IEEE 802.15.4 标准定义。

4．蓝牙通信技术的特点包括：工作在_____频段，使用了调频技术。

5．ZigBe 技术的特点是_____。

6．ZigBee 的应用层由应用支持子层_____等组成。

7．ZigBee 网络结构分为 4 层，从下至上分别为_____。

8．ZigBee 是一种_____无线通信技术。

9．ZigBee 硬件分为三部分，即_____、_____、_____。

10．在 ZigBee 网络中具有路由转发功能的节点是_____节点。

三、简答题

1．简述 ZigBee 网络层功能。

2．简述端点的作用。

3．ZigBee 技术采用了哪些方法来保障数据传输的安全性？

4．简述 ZigBee 体系结构中各协议层的作用。

四、操作题

将其他传感器模块（如人体感应、烟尘检测等）接入到网络中，在主控板屏上，显示出状态信息。

单元九

传输层——GPRS 通信技术

学习目标

(1) 认识 GPRS 通信模块。
(2) 了解 GPRS 无线通信方法。
(3) 掌握 GPRS 通信实验步骤。
(4) 了解 GPRS 技术的应用。
(5) 了解国内 GPRS 技术应用。

手机通信作为最方便、快捷的通信方式，在人们生活中得到了普遍应用，这不仅包括语音通话，更多的是数据信息的通信，包括电子支付、电子车票、电子门票、电子商务、无人机监控等，而 GPRS 就是为移动电话用户提供的一种移动数据业务。

由于智能手机普遍整合了陀螺仪、光线传感器、距离传感器、重力传感器及加速度传感器等，甚至最新的手机中加入了生物感测功能，如指纹识别、人脸、虹膜辨识等功能，且由于生物传感器能直接与生物信号进行连接，能提供个人特征的相关数据，因此可以用于更广泛的领域。

那么现有的手机通信方式是如何来实现物联网数据传送的？下面我们通过实验学习这种通信技术。

前期准备

(1) 嵌入式教学套件实验箱若干（4人一组）。
(2) 笔记本式计算机、手机、手机 SIM 卡（可用）。
(3) 实验箱工具光盘，含平板 Pad 烧写程序。

任务一 GPRS 通信实验

任务描述

GPRS（General Packet Radio Service，通用分组无线服务）是为移动电话用户提供的移动数据通信业务，属于第二代移动通信的数据传输技术。GPRS 可以实现高速的数据传输，可以实现远程的数据传输，所以被应用在很多场合。

任务分析

嵌入式教学套件实验箱是一套提供嵌入式系统与应用开发的实验套件箱,它可实现普通手机与实验箱组件的 GPRS 通信功能,同时包括常规的语音通话服务和手机短信服务。同学们通过本实验,一方面要了解 GPRS 的通信过程,另一方面要熟悉 GPRS 通信的实现过程,了解 GPRS 的应用,为以后的学习打下基础。

任务实施

实现 GPRS 通信

在嵌入式教学套件实验箱中,配有 GPRS 的连接实验,可完成实验箱模块与用户手机的通信通话功能。

本实验的内容主要是利用 SIM 卡及现有的 GPRS 网络,实验通信,所以,需要事先准备可使用的 SIM 卡,也可以先将自己手机的 SIM 卡卸下来(需要事先准备回形针等细金属,以便能打开手机的 SIM 卡开关。

具体操作需要同学们参照教材步骤,尤其是 SIM 卡的安装,由于现在的卡与实验中的插槽不配套,所以在插卡时一定要事先确定好 SIM 卡的位置,然后在插入卡时,能准确地定位在先设定的位置处,保证顺利完成实验内容。

操作步骤:

步骤一:安装配件。

打开嵌入式套件箱电源,安装上电话天线(黄色箭头 1 处),插入电话卡(黄色箭头 SIM 处)。打开电源开关,启动监控屏,如图 9-1 所示。

图 9-1 安装配件

> **注意**
>
> SIM 卡的安装方向及位置,尤其是大小不一致的小 SIM 卡,更要注意位置。如图 9-2 黄色框所示。

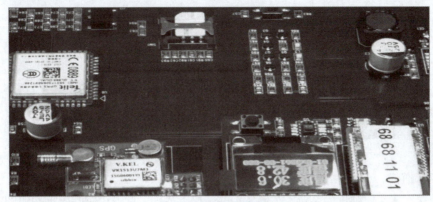

图 9-2　SIM 近景图示

步骤二：安装功能程序。

使用 USB 线连接套件箱和计算机，安装 Android 驱动程序。

解压安装并打开 Eclipse 软件，导入 GPRS 源代码，右击项目，选择运行方式为 Android Application，程序将被发送到嵌入式套件箱平板 Pad 系统中，如图 9-3 所示。

图 9-3　启动 Eclipse 软件，运行源代码程序

步骤三：启动程序。

进入系统，找到 GPRS 程序并打开，显示操作界面，在界面相应位置输入电话号码，单击"拨打电话"按钮即可通话，如图 9-4 所示。

图 9-4 打开 Pad 界面

步骤四：通话。

如果是接听来电，则进入系统，左侧显示的是接听界面，点击相应的接听按钮即完成操作，如图 9-5 所示。

> **注意**
>
> 由于没有外接喇叭，所以通话要在实验箱耳机孔中插入耳机才可接听、通话。

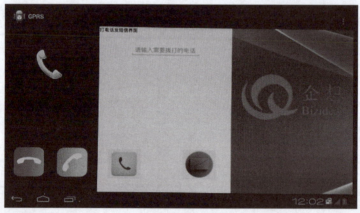

图 9-5 完成语音通信

步骤五：发送短信信息。

程序中有发送短信息功能，通过操作界面，可以实现短信发送功能，如图 9-6 所示。

图 9-6 完成短信通信

任务二　了解 GPRS 的基础知识

任务描述

对于 GPRS，我们是既熟悉，又陌生。现实中的 GPRS 为手机的普及及通信作出了巨大贡献，至今它还在很多方面有现实应用，所以了解 GPRS，了解它的工作原理和过程对掌握 GPRS 技术、充分发挥其优点、开辟新的应用领域都有非常重要的作用。

任务分析

本任务是全面介绍、学习 GPRS 的定义、组成、特点、原理等，了解 GPRS 的发展。通过本任务的学习，要掌握 GPRS 的基本特点、了解 GPRS 的技术应用，为后续内容的学习奠定基础。

任务实施

一、了解 GPRS 通信

GPRS（General Packet Radio Service，通用分组无线服务技术）是 GSM（Global System for Mobile Communication，全球移动通信系统）移动电话用户可用的一种移动数据业务，属第二代移动通信中的数据传输技术。GPRS 不同于以往连续在频道传输信息的方式，而是采用封包（Packet）方式来传输，因此传输时不用占用整个通信信道，使用者所负担的费用也以其传输资料单位计算，理论上更便宜。GPRS 的传输速率可提升至 56 ～ 114 kbit/s。

GPRS 是在 GSM 网络的基础上增加新的网络实体来实现分组数据业务，早期 GSM 的通信采用的是电路交换方式实现，电路交换是以电路连接为基础的交换方式，通信之前要在通信双方之间建立一条被双方独占的物理通道。其原理如图 9-7 所示。

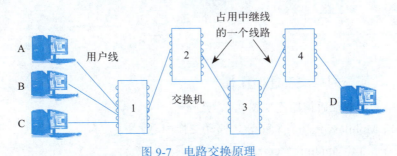

图 9-7　电路交换原理

图 9-7 中的 A 与 D 之间通信，要经过交换机 1—2—3—4，而且这条通路在双方通信期间是独占的，中间不能撤除，等通信完成后，临时通道撤除，B 与 D 或 C 与 D 间才可建立新的、临时的、同样是独占的通道通信。

而在 GPRS 中，分组交换的基本过程是把一个完整的数据文件，拆分成若干个小的数据包（组），这些数据包可通过不同的路由（径），以存储转发的接力方式传送到目的端，然后再组装回完整的原数据文件。分组交换基本上不是实时系统，延时也不固定，但可以使不同的数据传输"共用"线路，共享传输带宽，有数据时占用带宽，无数据时不占用，分享资源，提高信道传输利用率。同时分组交换可以提供灵活的差错控制和流量控制，以减少中间网络低层环节不必要的开销。另外，通过设置服务等级 QoS（Quality of Service，报务质量控制）等手段，可以有效地控制和分配延时、带宽等性能，所以分组交换非常适用于数据应用，如图 9-8 所示。

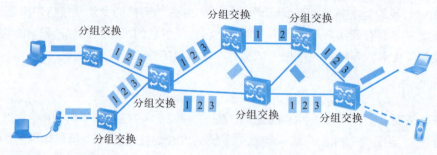

图 9-8　GPRS 通信原理

二、GPRS 的应用

GPRS 以其传输距离远、数据量大等优点，在 E-mail、网页浏览、信息业务、交通工具定位、静态图像、远程局域网接入、文件传送等方面得到了广泛应用。这些应用可以总结概括为两个方面，一是公众信息服务，二是个人信息服务，如图 9-9 和图 9-10 所示。

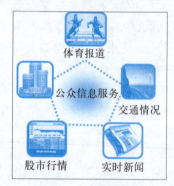

图 9-9　公众信息服务

图 9-10　个人信息服务

三、GPRS 网络的构成及通信原理

GPRS 网络的构成及通信原理如图 9-11 所示。

（1）MSC：Mobil Switching Center，移动交换中心。

（2）MFC：Multi-Function Center，多功能中心。

（3）BTS：Base Trasceiver Station，基站，负责无线信号的接收和发送。

（4）BSC：Base Station Controler，基站控制器，无线控制功能。

（5）PCU：Packet Control Unit，包控制单元，是 BSC 新增硬件，负责将 BSC 接收和发送信号打包/拆包，实现电路交换到分组交换的第一步转换。

（6）SGSN：Service Gateway Support Node，业务网关支持节点，是 GPRS 系统的核心功能模块。相当于 GSM 中的 MSC。

（7）BACKBONE：移动内部网络 IP 主干网，是 GPRS 核心网内部节点传输数据的通道。

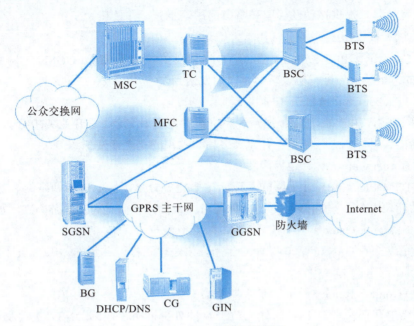

图 9-11　GPRS 通信原理图

GGSN—GPRS 支持节点网关；SGSN—GPRS 服务支持节点；BSC—基站控制器；BTS—基站收发信系统；TC—传输转换器；MSC—移动交换中心；MFC—多功能服务器；DNS—域名服务器；DHCP—动态主机配置协议；BG—边界网关；CG—收费网关

（8）GGSN：Gateway GPRS Support Node，GPRS 网关支持节点，为用户上网提供 Internet 接口。

（9）手机：支持 GPRS 的手机现在有如下三种类型。

A 类：数据通信、语音通信可同时进行。

B 类：可以进行数据通信，也可以进行语音通信，但不能同时进行。

C 类：只能进行数据通信。

目前市场上出售的大部分 GPRS 手机都是 B 类手机，并标有 3D1U 字样。

视　频

GPRS 技术及应用

知识拓展

1. GPRS 网络结构

GPRS 实质是在现有的 GSM 网络基础上叠加了一个新的网络，它充分利用了现有移动通信网的设备，在 GSM 网络上增加一些硬件设备和软件升级，形成一个新的网络逻辑实体。它以分组交换技术为基础，采用 IP 数据网络协议，使现有 GSM 网的数据业务突破了最高速率为 9.6 kbit/s 的限制，最高数据速率可达 170 kbit/s，这样高的数据速率，对于绝大多数移动用户来说，已经是绰绰有余。用户通过 GPRS 可以在移动状态下使用各种高速数据业务，包括收发电子邮件、因特网浏览等 IP 业务功能。

2. GPRS 新增的网络实体

1）GSN（GPRS Support Node，GPRS 支持节点）

GSN 是 GPRS 网络中最重要的网络部件，有 SGSN 和 GGSN 两种类型。

SGSN（Serving GPRS Support Node，服务 GPRS 支持节点）：SGSN 的主要作用是记录

MS 的当前位置信息，提供移动性管理和路由选择等服务，并且在 MS 和 GGSN 之间完成移动分组数据的发送和接收。

GGSN（Gateway GPRS Support Node，GPRS 网关支持节点）：GGSN 起网关作用，把 GSM 网络中的分组数据包进行协议转换，之后发送到 TCP/IP 或 X.25 网络中。

2）PCU（Packet Control Unit，分组控制单元）

PCU 位于 BSS，用于处理数据业务，并将数据业务从 GSM 语音业务中分离出来。PCU 增加了分组功能，可控制无线链路，并允许多用户占用同一无线资源。

3）BG（Border Gateways，边界网关）

BG 用于 PLMN 间 GPRS 骨干网的互连，主要完成分属不同 GPRS 网络的 SGSN、GGSN 之间的路由功能，以及安全性管理功能，此外还可以根据运营商之间的漫游协定增加相关功能。

4）CG（Charging Gateway，计费网关）

CG 主要完成从各 GSN 的话单收集、合并、预处理工作，并用作 GPRS 与计费中心之间的通信接口。

5）DNS（Domain Name Server，域名服务器）

GPRS 网络中存在两种 DNS。一种是 GGSN 同外部网络之间的 DNS，主要功能是对外部网络的域名进行解析，作用等同于因特网上的普通 DNS。另一种是 GPRS 主干网上的 DNS，主要功能是在 PDP 上下文激活过程中根据确定的 APN（Access Point Name，接入点名称）解析出 GGSN 的 IP 地址，并且在 SGSN 间的路由区更新过程中，根据原路由区号码，解析出原 SGSN 的 IP 地址。

3．GPRS 的常见应用

1）水表自动抄送系统

GPRS 水表抄送系统通过 GPRS 网络将抄表设备与主站设备连接在一起，数据通过 GPRS 模块处理、带协议后通过基站发送给主站，实现用户耗能数据实时监测，GPRS 应用于远程抄表系统中，通过 GPRS 将数据汇聚到服务器，能够快速生产电力统计分析，缴费单据等特点，同时还提供了设备管理功能。例如：欠费处理和充费处理，达到实时付费实时到电；开箱告警、超温告警、过压告警、过载告警等危险提示。

2）共享单车智能车锁

智能车锁是共享单车的核心部分，由主控芯片、通信模块、定位模块、电池管理模块、电控车锁驱动器等模块组成。定位信息、车速信息、用户信息等，通过单片机将数据进行处理解析后再通过 GPRS 通讯模块上传到云平台，进行收费、即时、开关电控车锁驱动器等操作命令。

3）POS 机应用

现有有线 POS 系统有诸多问题和不足，而基于 GPRS 通信网络的 POS 机是基于无线接入方式解决固定场合不好移动的问题，使得 POS 终端不再受有线通信网的限制。GPRS 无线接入模块的移动 POS 机可以应用于各类移动收费，例如：收取公共费用、交警罚款、出租车收费、快递收费、移动售货机、等等交易场合，GPRS 无线接入与其他支付设备相结合的移动支付技术是当前的发展方向。

GPRS 结合仪表、各种传感器、电机、PLC、驱动器、显示器等设计，广泛应用于门禁系统、售票机、消防监控、机房监控、火力电力、环境监测、考勤机、油田、工业应用等众多领域。

课后习题

一、选择题

1. 以下不会影响手机上网速度的是（　　）。
   A. 无线小区分布　　　　　　　　B. SGSN 处理能力
   C. 外部网络拥塞程度　　　　　　D. 手机等级
2. GPRS 的计费方式主要基于（　　）。
   A. 数据量　　　B. 连接时间　　　C. 连接时段　　　D. 连接地点
3. GPRS 数据的交换方式/传送方式为（　　）。
   A. 分组交换　　B. 电路交换　　　C. 包交换　　　　D. 帧交换
4. 在 GPRS 中，切换决定由（　　）控制。
   A. 用户　　　　B. 手机　　　　　C. 鉴权中心　　　D. MSC
5. 新业务 MMS 的承载网络是（　　）。
   A. GPRS 网络　　B. 信令网　　　　C. 话音网　　　　D. 汇接网
6. QoS 包括（　　）。
   A. 优先级别、延迟级别、可靠性级别
   B. 优先级别、延迟级别、最大与平均吞吐量级别
   C. 延迟级别、可靠性级别、最大与平均吞吐量级别
   D. 优先级别、延迟级别、可靠性级别、最大与平均吞吐量级别
7. 一般情况下，WAP 应用的数据流上下行特点是（　　）。
   A. 下行数据量大于上行　　　　　B. 下行数据量约等于上行
   C. 下行数据量小于上行　　　　　D. 不确定，无明显规律和比例
8. 目前，GPRS 业务的主要话务量来自于（　　）应用。
   A. HTTP　　　　B. WAP　　　　　C. MMS　　　　　D. FTP
9. 防火墙的作用是（　　）。
   A. 包过滤、并检查连接状态　　　B. 入侵检测
   C. 包侦听、检测异常包并告警　　D. 以上都对
10. 防火墙的位置一般为（　　）。
    A. 内外网连接的关口位置　　　　B. 内网敏感部门的出口位置
    C. 停火区（DMZ）的两侧　　　　D. 以上都对

二、简答题

1. 简述 PCU 的主要功能。

2. 什么是 GSN？

三、操作题

利用实验箱中的程序，实现与手机之间的短信功能。

单元十

应用层——温、湿度监控技术

学习目标

(1) 认识温、湿度传感器模块和直流电机模块。
(2) 掌握温、湿度传感器模块和直流电机模块通信实验操作。
(3) 观察实验现象,了解无线传感器数据传递的过程。
(4) 总结思考温、湿度传感器的应用。
(5) 了解国内温湿度控制技术应用。

温、湿度控制是农业生产中极其重要的技术。智能农业灌溉系统就是利用这一技术的典型应用。与传统灌溉系统相比,智能农业灌溉系统可以根据植物和土壤种类控制光照情况,优化用水总量,还可以在雨后监控土壤的湿度,不但水资源利用率可以提高到70%～80%,节水16%～30%,缓解水资源的紧缺状况,更能优化生长环境,促进作物生长,提高农产品品质和产量,提高劳动生产率。

智能农业灌溉系统涉及传感器技术、自动控制技术、计算机技术、无线通信技术等多种高新技术,这些新技术的应用成为我国农业由传统的经验加劳动密集型生产,向知识和技术密集型生产转变的典型代表。

下面学习有关温、湿度传感器的应用。

前期准备

(1) 无线传感网教学套件实验箱若干组(4人一组)。
(2) 笔记本式计算机若干台,与实验箱配套。
(3) 相关配套的光盘软件。

任务一 温、湿度传感器的实验

任务描述

利用温、湿度传感器感知环境温、湿度的变化,在特定条件下,发出信号,控制执行机构动作,是温、湿控制系统的基本过程。

单元十 | 应用层——温、湿度监控技术

在农业温室和大棚蔬菜的生产过程中，必然要对影响农作物生长的最关键的两个项目，即温度和湿度进行严格的控制，同时当环境超出设定的范围值时（阈值）要准确、快速地发出信号，驱动执行进行管控，实现向目标设定值的调整。

任务分析

本实验利用温、湿度模块与直流电机模块，通过 ZigBee 无线通信技术形成网络，模拟实现农业智慧灌溉系统的工作过程，实现一个最简单的物联网管控系统，达到最基本的物联网组网目标要求。通过这个实验，要掌握整个系统的基本原理，了解相关操作，领会其工作原理和过程。

任务实施

一、认识实验模块

本次实验以无线传感网教学套件实验箱为核心，进行主控板与传感模块间的连接及信息传送。模块间的通信采用了 ZigBee 无线通信技术来实现，在各个实验模块上安装有相应的功能块，而且各模块的节点功能参数已经设置完毕，加电后模块自动接通。通过动手实践从中体会无线传输的工作过程。具体模块板如图 10-1 和图 10-2 所示。注意电源开关位置及 USB 串口位置。

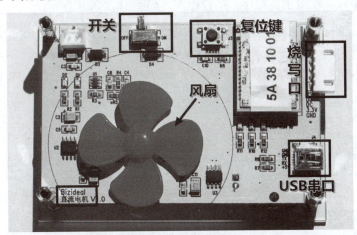

图 10-1　直流电机模块板

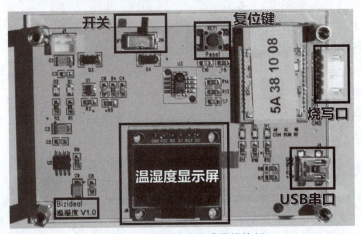

图 10-2　温、湿度传感器模块板

二、完成实验操作

整个实验从大的方面分三个环节：一是查看网络设置，配置网络参数；二是设置监测阈值参数，启动监测程序；三是实时监控环境，实现数据传送，完成监控工作。

实训步骤：

步骤一：连接模块和计算机。

用提供的 USB 连接线（见图 10-3）将直流电机模块与笔记本式计算机连接，然后打开模块电源开关，使之加电工作。

图 10-3　USB 连接线

步骤二：运行配置工具。

在程序光盘中找到配置工具程序，运行程序，如图 10-4 所示。

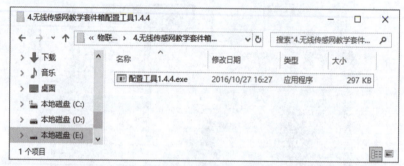

图 10-4　配置工具程序

步骤三：配置网络参数。

打开配置工具程序界面，在界面上部查找、选择并打开可用端口。注意：在下拉列表中有多个选项，要正确选择，如图 10-5 所示。

步骤四：单击"读地址"按钮，可读取直流电机的地址，记下此时的数据。

单击"关闭选中端口"按钮关闭连接，拔出 USB 连接线。

直流电机模块配置完毕。

步骤五：配置温、湿度传感器。

将 USB 连接线与温、湿度传感器连接，打开温、湿度传感器（开关置于 ON），单击"打开选中端口"按钮。

> **说明**
>
> 温、湿度传感器同时检测温度和湿度，在实验过程中，改变的实验变量到底是温度还是湿度，主要看配置工具中选择的是温度还是湿度。

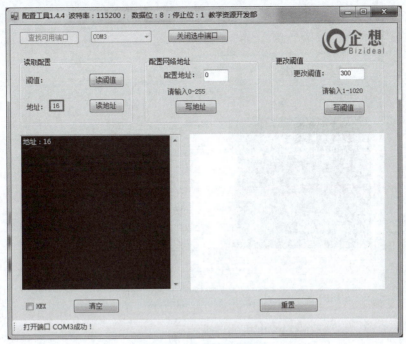

图 10-5　配置工具界面

若要观察温度变化的影响时，则选择温度；若要观察湿度变化的影响时，则选择湿度，如图 10-6 所示。

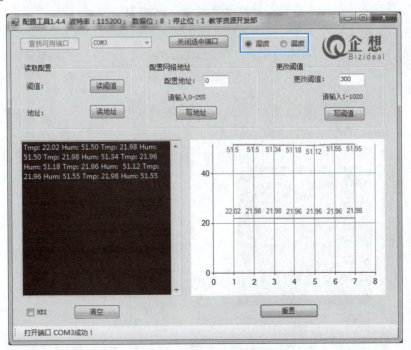

图 10-6　配置传感器参数

步骤六：单击"读地址"按钮，可读取温、湿度传感器的地址。

说明：温度和湿度在一个模块上检测，网络地址一样，如图 10-7 所示。

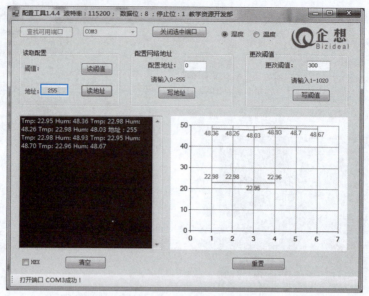

图 10-7　显示读取的数据

步骤七：读取地址与读取的直流电机的地址相同。

如果不相同，在"配置网络地址"区域，重新配置温、湿度传感器的地址，保证网络地址相同。

单击"写地址"按钮，在弹出的对话框中单击"确定"按钮，5 s 后按下温、湿度传感器上的"复位键"，此时温、湿度传感器的地址改写成功，单击"读地址"按钮检查。网络地址一致时温、湿度传感器模块和直流电机模块之间可以实现通信，如图 10-8 所示。

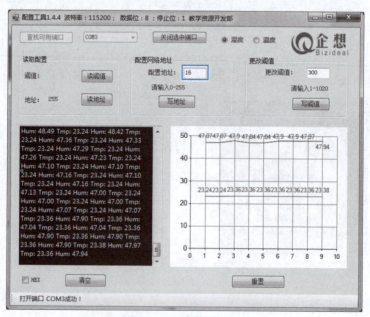

图 10-8　设置读取地址

步骤八：读"阈值"。在配置工具中选择湿度，单击"读阈值"按钮，即可读取温、湿度传感器湿度的阈值，如图 10-9 所示。

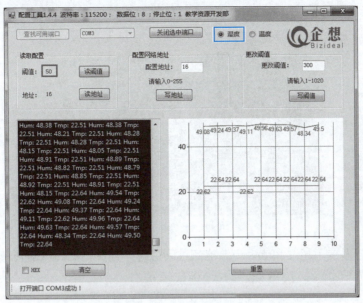

图 10-9 查看"阈值"

步骤九：修改、设置阈值。

如果阈值不符合要求，可在"更改阈值"区域重新改写合适的阈值，如图 10-10 所示。

在"更改阈值"区域输入合适的阈值后，单击"写阈值"按钮，在弹出的对话框中单击"确定"按钮，5 s 后按下温、湿度传感器上的"复位键"，此时温、湿度传感器的阈值改写成功，单击"读阈值"按钮检查。

温度的阈值读取、更改操作步骤与湿度相同。

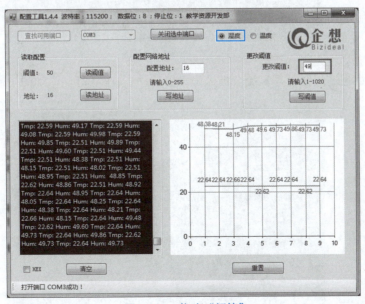

图 10-10 修改"阈值"

步骤十：温度测控

（1）改变温、湿度传感器周围的温度，观察实验现象，如图 10-11 所示。

图 10-11　温度控制启动

实验现象：若湿度不超过阈值，当温度超过阈值时，直流电机的风扇转一下停一下，转动时红灯 D5 亮，停下时，绿灯 D6 亮，如图 10-12 所示。

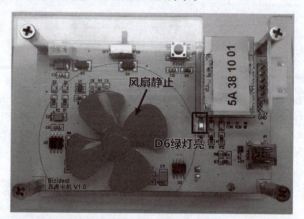

图 10-12　间歇控制状态

当温、湿度都超过阈值时，直流电机风扇不停转动，D5 红灯亮，如图 10-13 所示。

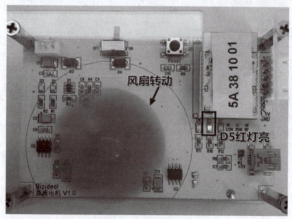

图 10-13　超"阈值"启动风扇

（2）湿度测控。改变温、湿度传感器周围的湿度，观察实验现象。

实验现象：当湿度超过阈值时，直流电机风扇不停转动，D5 灯亮，如图 10-14 所示。

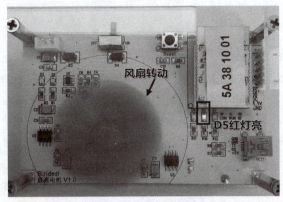

图 10-14　调整"阈值"

上位机温、湿度折线图如图 10-15 所示。

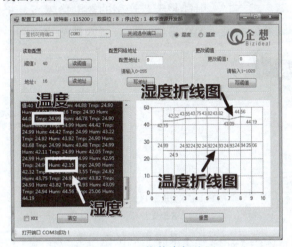

图 10-15　工作状态折线图

任务二　了解温、湿度监控技术及应用

任务描述

温、湿度控制是生产和生活中经常用到的技术，早在传感网发展初期，温、湿度控制已经普遍应用在多项工农业生产中。

熟悉温、湿度传感技术应用，掌握温、湿度传感器的内部工作原理，对于正确使用该传感器模块，正确实施系统应用都有很大的帮助。同时，对实际温、湿度传感器的基本技术参数进行了解，有助于我们在工作实践中能准确选用。

任务分析

温、湿度传感器是指能将温度量和湿度量转换成可测量处理的电信号的设备或装置。由于温度和湿度的密切相关性，所以现实应用常把两者做在一起。下面向大家介绍温、湿度传感器的基本原理及结构特点,以及应用场合。

一、了解温、湿度监控技术

温度感知是利用了某种材料对温度变化有正相关变化的特点制作的器件。温度检测有接触式和非接触式。接触式温度检测是通过接触后的热传导或对流达到热平衡,从而使温度传感装置检测出被测对象的温度。此种测量方法一般精度较高,广泛应用于工业、农业、商业等部门。

非接触式的传感元件与被测对象互不接触,而是基于黑体辐射的基本定律,即任何物体都会向外辐射能量,能量的强度与温度相关,这种方式又称辐射测温。辐射测温法包括亮度法(依据光亮度)、辐射法(依辐射强度)和比色法(依据黑体单色辐射强度的比值)。

辐射温度计是根据受热物体的辐射热能与温度之间的对应关系来测量温度的。其结构原理如图 10-16 所示。被测物体辐射的热能经感温器的物镜聚焦到热电偶的工作端上,将热能转换为热电势。被测物体的温度越高,辐射能越大,产生的热电势越高。将热电势用显示仪表(毫伏计或电子电位差计)测量,并显示出温度值,即可得知被测物体的温度。

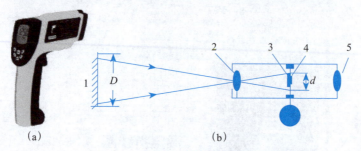

图 10-16 辐射温度计结构及测温原理图
1—物体;2—物镜;3—受热板;4—热电偶;5—目镜

湿度传感器的湿度检测是采用高分子薄膜型湿敏电容为检测元件,湿敏电容具有感湿特性的电介质,其介电常数随相对湿度的变化而变化,从而完成对湿度的测量。薄膜电容测湿原理如图 10-17 所示。

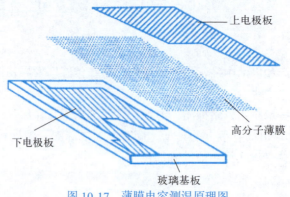

图 10-17 薄膜电容测湿原理图

二、温度采集流程

图 10-18 所示为本实验的流程图。

单元十 | 应用层——温、湿度监控技术

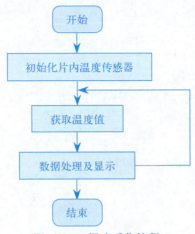

图 10-18 温度采集流程

三、温、湿度传感器产品介绍

图 10-19 所示为某企业生产的温、湿度传感器 TH-1。

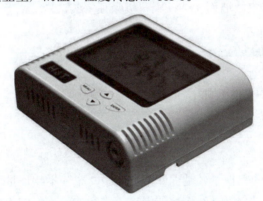

图 10-19 TH-1 型号温、湿度传感器

TH-1 型号的温、湿度传感器利用进口温、湿度传感器探头来测量空气中的温度、湿度。广泛应用于机房、厂房车间、图书档案管理、实验室以及其他需要温、湿度测量和控制的场所。

1. 产品特点

LCD 大屏显示设计，轻巧美观。
壁挂吸顶结构设计，易于安装
精度高，一致性好。
RS485 通信输出，标准的 MODBUS 协议。
采用快速端子、安全可靠。
独特风道设计，防止电路温升影响传感器真实测试。
产品防护性能好，485 总线可经受 4.3 kV 雷击不坏。

2. 主要技术参数

额定电压：DC12 V。
测量范围 温度：−20 ～ 70℃。

湿度：0%～100%RH。

测量精度：

- 温度：±0.5 ℃，在 25 ℃时。
- 湿度：±3%RH，在 25 ℃时。

连接 2 线，最大通信距离 1 200 m，端子直接连接。

地址：0～255，通过按键选择。

协议：MODBUS。

波特率：2 400 bit/s、4 800 bit/s、9 600 bit/s、19 200 bit/s、通过按键选择。

底座接线端子：

- v+(1) 系统电源＋线。
- v-(2) 系统电源－线。
- RS485+(3) 系统传输＋线。
- RS485-(4) 系统传输－线。

有效工作面积：10～20 m^2/只。

安装方式：室内墙面安装，天花板吸顶安装。

质量：

- 主体：约 200 g。
- 底座：约 50 g。

材料：防火 ABS 树脂。

视频：温湿度传感器简介

知识拓展

一、基本概念

温度：度量物体冷热的物理量，是国际单位制中 7 个基本物理量之一。在生产和科学研究中，许多物理现象和化学过程都是在一定的温度下进行的，人们的生活也和其密切相关。

湿度：湿度很久以来就与人们的生活存在着密切关系，但用数量表示较为困难。

日常生活中最常用的表示湿度的物理量是空气的相对湿度。用 %RH 表示。在物理量的导出上相对湿度与温度有着密切的关系。一定体积的密闭气体，其温度越高，相对湿度越低；温度越低，其相对湿度越高。其中涉及复杂的热力工程学知识。

有关湿度的一些定义：

相对湿度：在计量法中规定，湿度定义为"物象状态的量"。日常生活中所指的湿度为相对湿度，用 %RH 表示。总之，即气体中（通常为空气中）所含水蒸气量（水蒸气压）与其空气相同情况下饱和水蒸气量（饱和水蒸气压）的百分比。

绝对湿度：指单位容积的空气里实际所含的水汽量，一般以克为单位。温度对绝对湿度有着直接影响，一般情况下，温度越高，水蒸发得越多，绝对湿度就越大；相反，绝对湿度就小。

饱和湿度：在一定温度下，单位容积，空气中所能容纳的水汽量的最大限度。如果超过这个限度，多余的水蒸气就会凝结，变成水滴，此时的空气湿度便称为饱和湿度。空气的饱和湿度不是固定不变的，它随着温度的变化而变化。温度越高，单位容积空气中能容纳的水蒸气就越多，饱和湿度就越大。

露点：指含有一定量水蒸气（绝对湿度）的空气，当温度下降到一定程度时所含的水蒸气就会达到饱和状态（饱和湿度）并开始液化成水，这种现象称为凝露。水蒸气开始液化成水时的温度称为"露点温度"简称"露点"。如果温度继续下降到露点以下，空气中超饱和的水蒸气就会在物体表面上凝结成水滴。此外，风与空气中的温、湿度有密切关系，也是影响空气温、湿度变化的重要因素之一。

二、关于温度计

温度计是测温仪器的总称。根据所用测温物质的不同和测温范围的不同，有煤油温度计、酒精温度计、水银温度计、气体温度计、电阻温度计、温差电偶温度计、辐射温度计和光测温度计等。

最早的温度计是在1593年由意大利科学家伽利略（1564—1642）发明的。他的第一支温度计是一根一端敞口的玻璃管，另一端带有核桃大的玻璃泡。使用时先给玻璃泡加热，然后把玻璃管插入水中，随着温度的变化，玻璃管中的水面就会上下移动，根据移动的多少就可以判定温度的变化和温度的高低。这种温度计，受外界大气压强等环境因素的影响较大，所以测量误差大。

后来伽利略的学生和其他科学家，在这个基础上反复改进，如把玻璃管倒过来，把液体放在管内，把玻璃管封闭等。比较突出的是法国人布利奥在1659年制造的温度计，他把玻璃泡的体积缩小，并把测温物质改为水银，这样的温度计已具备了现在温度计的雏形。以后荷兰人华伦海特在1709年利用酒精，在1714年又利用水银作为测量物质，制造了更精确的温度计。他观察了水的沸腾温度、水和冰混合时的温度、盐水和冰混合时的温度，经过反复实验与核准，最后把一定浓度的盐水凝固时的温度定为0 ℉，把纯水凝固时的温度定为32 ℉，把标准大气压下水沸腾的温度定为212 ℉，用℉代表华氏温度，这就是华氏温度计。

在华氏温度计出现的同时，法国人列缪尔（1683—1757）也设计制造了一种温度计。他认为水银的膨胀系数太小，不宜做测温物质。他专心研究用酒精作为测温物质的优点，他反复实践发现，含有1/5水的酒精，在水的结冰温度和沸腾温度之间，其体积的膨胀是从1 000个体积单位增大到1 080个体积单位。因此他把冰点和沸点之间分成80份，定为自己温度计的温度分度，这就是列氏温度计。

华氏温度计制成后又经过30多年，瑞典人摄尔修斯于1742年改进了华伦海特温度计的刻度，他把水的沸点定为零度，把水的冰点定为100度。后来他的同事施勒默尔把两个温度点的数值又倒过来，就成了现在的百分温度，即摄氏温度，用℃表示。华氏温度与摄氏温度的关系为

$$T_{(℉)} = \frac{9}{5} T_{(℃)} + 32，或 T_{(℃)} = \frac{5}{9} T_{(℉)} - 32$$

现在英、美国家多用华氏温度，德国多用列氏温度，而世界科技界和工农业生产中，以及我国、法国等大多数国家则多用摄氏温度。

随着科学技术的发展和现代工业技术的需要，测温技术也在不断改进和提高。由于测温范围越来越广，根据不同的要求，又制造出不同需要的测温仪器。下面介绍几种。

（1）气体温度计多用氢气或氦气作测温物质。因为氢气和氦气的液化温度很低，接近绝对零度，故它的测温范围很广，这种温度计精确度很高，多用于精密测量。

（2）电阻温度计分为金属电阻温度计和半导体电阻温度计，都是根据电阻值随温度的变化这一特性制成的。金属温度计主要有用铂、金、铜、镍等纯金属的，也有用及铑铁、磷青铜合金的；半导体温度计主要用碳、锗等。电阻温度计使用方便可靠，已得到广泛应用，它的测量范围为 –260～+600 ℃。

（3）温差电偶温度计是一种工业上广泛应用的测温仪器。利用温差电现象制成。两种不同的金属丝焊接在一起形成工作端，另两端与测量仪表连接，形成电路，把工作端放在被测温度处，工作端与自由端温度不同时，就会出现电动势，因而有电流通过回路。通过电学量的测量，利用已知处的温度，就可以测定另一处的温度。这种温度计多用铜－康铜、铁－康铜、镍铬－康铜、金钴－铜、铂－铑等组成。它适用于温差较大的两种物质之间，多用于高温和低温测量。有的温差电偶能测量高达 3 000 ℃的高温，有的能测接近绝对零度的低温。

（4）高温温度计是指专门用来测量 500 ℃以上的温度的温度计，有光测温度计、比色温度计和辐射温度计。高温温度计的原理和构造都比较复杂，这里不再讨论。其测量范围为 500～3 000 ℃以上，不适用于测量低温。

三、行业需求

众多的行业有温、湿度的调控需求，它们对于生产、生活关系重大。概括起来主要包括：

食品行业：温、湿度对于食品储存来说至关重要，温、湿度的变化会引起食物变质，造成食品安全问题。温、湿度的监控有利于相关人员进行及时的控制。

档案管理：纸制品对于温、湿度极为敏感，不当的保存会严重降低档案保存年限，有了温、湿度变送器配上排风机、除湿器、加热器，即可保持稳定的温度，避免虫害、潮湿等问题。

温室大棚：植物的生长对于温、湿度要求极为严格，不当的温、湿度下，植物会停止生长甚至死亡，利用温、湿度传感器，配合气体传感器，光照传感器等可组成一个数字化大棚温、湿度监控系统，控制农业大棚内的相关参数，从而使大棚的效率达到极致。

动物养殖：各种动物在不同的温度下会表现出不同的生长状态，高质高产的目标要依靠适宜的环境来保障。

药品储存：根据国家相关要求，药品保存必须按照相应的温、湿度进行控制。根据最新的 GMP 认证，一般药品的温度存储范围为 0～30 ℃。

烟草行业：烟草原料在发酵过程中需要控制好温、湿度，在现场环境方便的情况下可利用无线温、湿度传感器监控温、湿度，在环境复杂的现场内，可利用 RS-485 等数字量传输的温、湿度传感器进行检测控制烟包的温、湿度，避免发生虫害，如果操作不当，则会造成原料的大量损失。

工控行业：主要用于暖通空调、机房监控等。楼宇中的环境控制通常是温度控制，对于用控制湿度达到最佳舒适环境的关注日益增多。

课后习题

一、填空题

1. 传感器是能感受_____并按照一定规律转换成可用输出信号的器件或装置，传感器通常由直接响应于被测量的_____和产生可用信号输出的_____以及相应的信号调节转换电路组成。

2. 热电偶温度传感器件所产生的热电动势是由两种导体的_____和单一导体的_____组成。

3. 传感器的可靠性是指传感器在_____、_____、_____的能力。

4. 可以完成温度测量的有_____、_____热释电器件。

二、简答题

1. 简述辐射型测温的工作原理。

2. 简述电容湿度传感器的工作原理。

3. 什么是光电效应？试说明光纤传感器的工作原理。

4. 光导纤维为什么能够导光？光纤式传感器中光纤的主要优点有哪些？

三、操作题

1. 改变直流电机或温、湿度传感器的地址，当网络地址不一致时，观察对实验效果的影响。

2. 改变温、湿度传感器的阈值，观察实验现象。

四、思考题

1. 查资料分析，温度与湿度之间是否有联系？

2. 在温、湿度传感器的具体应用实例中，它的阈值怎么设置比较合理，举例说明。

单元十一

应用层——光亮控制技术

学习目标

(1) 认识光照传感器模块和步进电机模块。
(2) 掌握光照传感器模块通信实验操作。
(3) 掌握步进电机模块实验操作。
(4) 观察实验现象,了解无线传感器数据传递的过程。
(5) 了解国内光照传感器方面的应用。

光亮控制技术在室内外环境监测、农业大棚、花卉培养等需要光照度监测的场合有非常广泛的应用。这种监测技术配合后端执行模块,即可实现对环境设备的控制,完成类似开关窗帘、温室遮光帘、阀门控制等应用。

本单元使用光照传感器模块、步进电机模块,模拟实际中的应用,例如:室内光照控制时使用的电动窗帘,工业、农业生产中水泵的控制等。下面通过实验,学习、理解光照传感器的应用。

前期准备

(1) 无线传感网教学套件实验箱若干组(4人一组)。
(2) 笔记本式计算机若干台与实验箱配套。
(3) 相关配套的光盘软件。

任务一 光照传感器与步进电机实验

任务描述

光照传感器能检测其自身所处环境的光照强度,可以从0到几万流明,在这个范围中,可测定一个阈值的范围来模拟现实中的情况,达到阈值发出控制信号。

步进电机属执行部件,当接收到信号时,开始动作,旋转一个小的角度,称为步距角,通过增加频数,实现大角度的旋转。本实验可以模拟物联网系统的控制、执行部分,完成此次实验对理解光照传感器的原理,理解控制系统的原理有很大帮助。

任务分析

本任务的实验目标是了解光照传感器的工作过程，理解 ZigBee 无线通信的应用，同时观察步进电机的工作过程，分析其基本原理，理解光照模块工作与电机模块工作互动的过程。

其中光照传感器是利用光敏电阻实现的。而步进电机则是将电脉冲信号转变为角位移或线位移的开环控制电机，是现代数字程序控制系统中的主要执行元件，在非超载的情况下，电机的转速、停止的位置只取决于脉冲信号的频率和脉冲数，而不受负载变化的影响，应用极为广泛。

任务实施

一、认识光照传感器模块和步进电机执行模块

本实验所用的步进电机节点板是模拟执行机构的功能，通过 ZigBee 通信与光照传感器节点板实现联动。具体实物如图 11-1 ～图 11-3 所示。

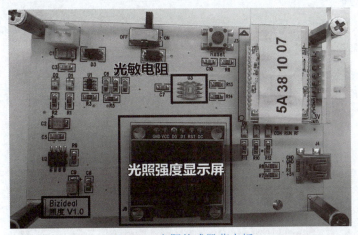

图 11-1　光照传感器节点板

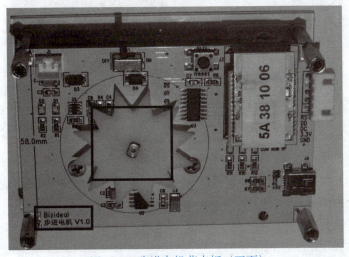

图 11-2　步进电机节点板（正面）

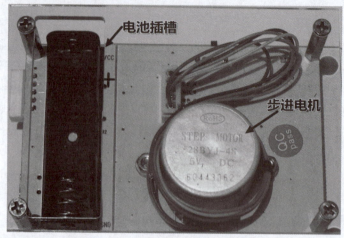

图 11-3 步进电机节点板（背面）

二、完成实验

整个实验从大的方面分三个环节：一是烧写主控板系统程序，配置主控板的网络参数；二是烧写节点板控制程序，配置参数；三是实现通信。

步骤一：烧写模块系统代码

单击"开始"按钮，启动 SmartRF Flash Programmer，烧写程序 Flash Programmer，如图 11-4 所示。

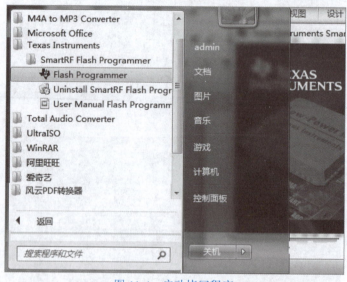

图 11-4 启动烧写程序

步骤二：打开配置工具，选择协调器驱动相应程序，执行烧写程序。

注意如下 3 个方面（见图 11-5）：

（1）框 1 中，选择 CC×××× 芯片类型。

（2）框 2 中，显示出所连接的模块芯片型号（由系统自动识别）。

（3）框 3 中，选择是协调器程序还是节点板程序，此处为协调器。

单元十一 | 应用层——光亮控制技术

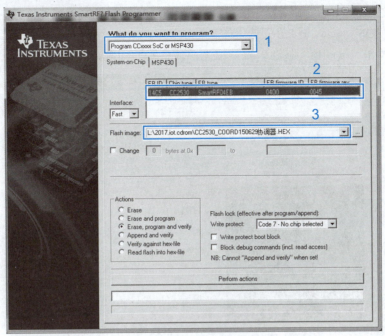

图 11-5 配置参数

步骤三：节点板烧写。

节点板程序烧写与上面协调器相似，只是在烧写目标程序选用节点板程序即可，在上步同样位置，名称为"节点板程序 .hex"，即图 11-5 中框 3 处选择"节点板程序 .hex"。

步骤四：将 USB 串口线与步进电机连接，打开步进电机，查找、选择并打开可用端口。

步骤五：单击"读地址"按钮，可读取步进电机的地址，记下此时的数据，如图 11-6 所示。

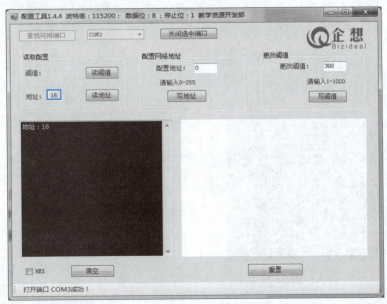

图 11-6 读取步进电机地址

步骤六：单击"关闭选中端口"按钮，将 USB 串口线与光照传感器连接，打开光照传感器（开关置于"ON"），单击"打开选中端口"按钮。

步骤七：单击"读阈值"按钮，可读取光照传感器的阈值，如图 11-7 所示。

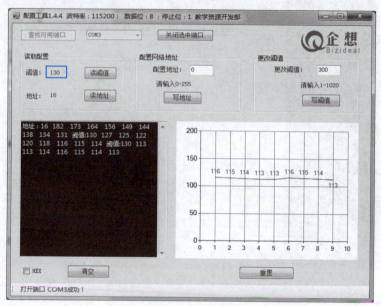

图 11-7　读取阈值

说明：如果阈值不符合要求，可在"更改阈值"区域重新改写合适的阈值，如图 11-8 所示。

在"更改阈值"区域输入合适的阈值后，单击"写阈值"按钮，在弹出的对话框中单击"确定"按钮，5 s 后按下光照传感器上的"复位键"，此时光照传感器的阈值改写成功，可单击"读阈值"按钮检查。

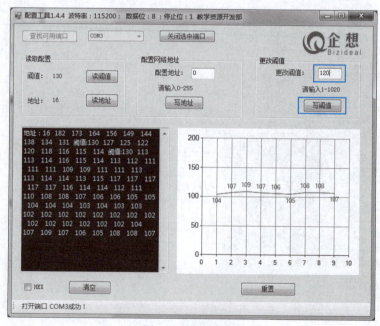

图 11-8　更改阈值

步骤八：单击"读地址"按钮，可读取光照传感器的地址，如图 11-9 所示。

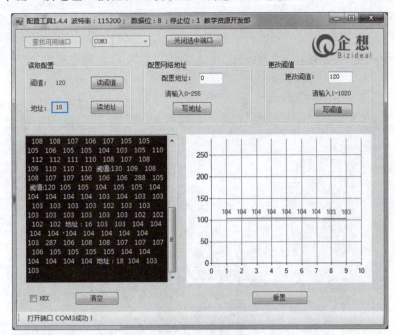

图 11-9 读取地址值

说明：与读取的步进电机的地址相比较，如果不相同，在"配置网络地址"区域重新配置光照传感器的地址，保证网络地址相同。

单击"写地址"按钮，在弹出的对话框中单击"确定"按钮，5 s 后按下光照传感器上的"复位键"，此时光照传感器的地址改写成功，单击"读地址"按钮检查。网络地址一致时光照传感器和步进电机之间可以实现无线通信，如图 11-10 所示。

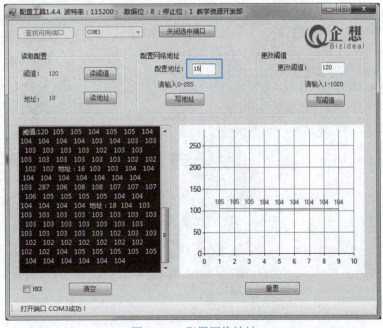

图 11-10 配置网络地址

步骤九：对光照传感器进行遮光及强光处理，观察实验现象。

实验现象：

（1）当光照强度超过设定的阈值时，证明光线强，光照传感器将检测到的信号传递给步进电机模块，步进电机模块上的白色齿轮开始旋转，意味着步进电机开始工作，如图 11-11 所示。

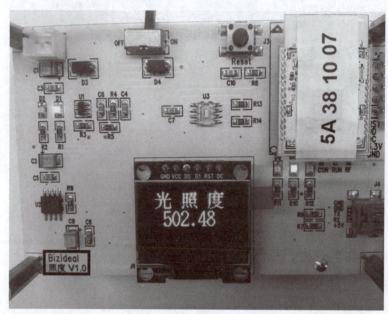

图 11-11　读取光照传感器的数据

（2）当用遮挡物把光敏电阻挡住时，光线弱，光照强度未超过设定的阈值，步进电机模块上的白色齿轮停止旋转，意味着步进电机停止工作，如图 11-12 所示。

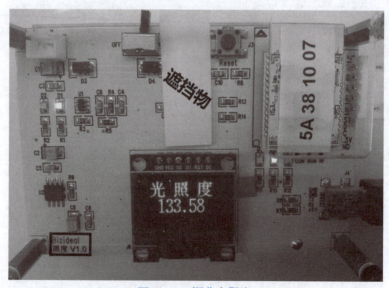

图 11-12　调节光照度

此时上位机光照强度折线显示如图 11-13 所示。

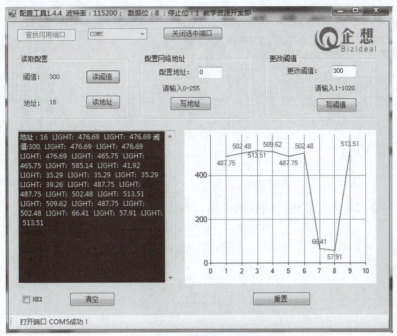

图 11-13 光照度折线图

任务二 了解光照传感器与步进电机及应用

任务描述

光照传感器及步进电机在多个领域都有广泛应用，而想要更好地掌握光照传感及步进电机的技术及其应用，就要了解这个工具的原理、性能，了解其技术特点、应用范围等。

任务分析

本任务主要是学习并掌握光照传感器的基本原理、构成，以及步进电机的实现原理及技术特点，通过了解其内部原理，并通过传感通信的实例分析，更好地理解该传感器的工作过程、工作特点，掌握其具体应用规律。

任务实施

一、了解采集光照度的工作原理

光照传感器是一种利用光敏电阻实现光亮度检测的传感器，用于检测光照强度（简称照度）。光敏电阻是利用半导体的光电效应制成的一种电阻值随入射光的强弱而改变的电阻器；入射光强，电阻减小，入射光弱，电阻增大。光敏电阻器一般用于光的测量、光的控制和光电转换（将光的变化转换为电的变化）。通常，光敏电阻器都制成薄片结构，以便吸收更多的光能。

光照传感器内部结构如图 11-14 所示，工作原理如图 11-15 所示。

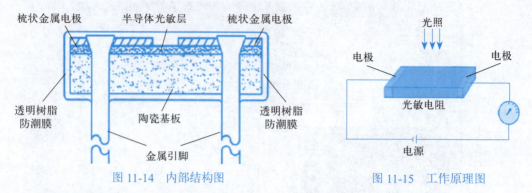

图 11-14 内部结构图　　　　　图 11-15 工作原理图

光照强度与输出电流是非线性的反向关系，如图 11-16 所示。

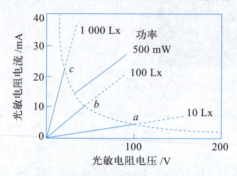

图 11-16 光敏电阻伏安特性曲线

从图 11-16 可以看出光照强度为 10 Lx（勒克斯）时，光照直线与功率曲线交点为 a 处，对应电压为 100 V，对应电流为 5 mA 左右，电阻值为 $100/5 \times 10^{-3}$，为 20 kΩ。

当光照强度为 100 Lx（勒克斯）时，光照直线与功率曲线交点为 b 处，对应电压约为 40 V，对应电流为 10 mA 左右，电阻值为 $40/10 \times 10^{-3}$，为 4 kΩ。

当光照强度为 1 000 Lx（勒克斯）时，光照直线与功率曲线交点为 c 处，对应电压约为 20 V，对应电流为 20 mA 左右，电阻值为 $20/10 \times 20^{-3}$，为 1 kΩ。

由此可见，不同的光照强度对光敏电阻的阻值影响非常大，也由此反向应用，通过实测光敏电阻的阻值，即可推算出光照强度。

二、了解光照传感器的应用

以常见的 HA2003 光照传感器为例，介绍光照传感器的技术参数。

该传感器的原理：采用先进光电转换模块，将光照强度值转换为电压值，再经调理电路将此电压值转换为 0～2 V 或 4～20 mA。

该产品特点简介：

产品采用高精度的光照强度测量，体积小巧，IP65 防护等级设计的传感器结实、耐腐蚀、响应速度快，1 s 内可选用电压或电流输出，电流输出在长缆线传输的时候没有信号衰减。

采用真实太阳光标定，使光源影响最小。技术规格如下：

量程：0～20 万 Lx。

光谱范围：400～700 nm 可见光。

误差：±5%。

工作电压:
- DC5～24 V（电压型）。
- DC12～24 V（电流型）。

输出信号：0～2 V、0～5 V、0～10 V、0～20 mA、4～20 mA。

工作温、湿度：-20～60 ℃、0%～70%RH。

储存温、湿度：-30～80 ℃、0%～80%RH。

大气压力：80～110 kPa。

长度：3 m。

最远引线长度：800 m（电流型）。

响应时间：<1 s。

稳定时间：1 s。

电路密封：防水塑料壳。

用途：广泛应用于农业、林业、温室大棚培育、养殖、建筑的光照测量及研究。

三、了解步进电机工作原理

步进电机是一种能将数字输入脉冲转换成旋转或直线增量运动的电磁执行元件。通常电机的转子为永磁体，当电流流过定子绕组时，定子绕组产生一矢量磁场。该磁场会带动转子旋转一角度，使得转子的一对磁场方向与定子的磁场方向一致。当定子的矢量磁场旋转一个角度。转子也随着该磁场转一个角度。每输入一个电脉冲，电机转动一个角度前进一步。它输出的角位移与输入的脉冲数成正比、转速与脉冲频率成正比。改变绕组通电的顺序，电机就会反转。所以可用控制脉冲数量、频率及电机各相绕组的通电顺序来控制步进电机的转动。

步进电机的结构及工作原理如图 11-17 所示。当电流流过定子绕组时，定子绕组产生一矢量磁场。该磁场会带动转子旋转一个角度，使得转子的一对磁场方向与定子的磁场方向一致。当定子的矢量磁场旋转一个角度，转子也随着该磁场转一个角度。每输入一个电脉冲，电机转动一个角度前进一步。它输出的角位移与输入的脉冲数成正比、转速与脉冲频率成正比。改变绕组通电的顺序，电机就会反转。所以可用控制脉冲数量、频率及电机各相绕组的通电顺序控制步进电机的转动。

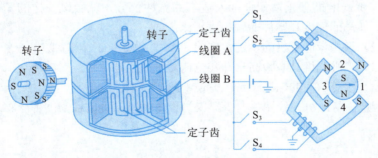

图 11-17　步进电机工作原理图

四、了解步进电机的常用术语

1. 静态指标术语

（1）相数：产生不同对极 N、S 磁场的激磁线圈对数。常用 m 表示。

（2）拍数：完成一个磁场周期性变化所需脉冲数或导电状态，用 n 表示，或指电机转过一个齿距角所需脉冲数。

（3）步距角：对应一个脉冲信号，电机转子转过的角位移用 θ 表示。

（4）定位转矩：在不通电状态下，电机转子自身的锁定力矩（由磁场齿形的谐波以及机械误差造成的）。

（5）静转矩：在额定静态电压作用下，电机不做旋转运动时，电机转轴的锁定力矩。此力矩是衡量电机体积的标准，与驱动电压及驱动电源等无关。

2．动态指标术语

（1）步距角精度：步进电机每转过一个步距角的实际值与理论值的误差。用百分比表示：误差/步距角×100%。不同运行拍数其值不同，四拍运行时应在 5% 之内。

（2）失步：电机运转时运转的步数，不等于理论上的步数。称为失步。

（3）失调角：转子齿轴线偏移定子齿轴线的角度，电机运转必存在失调角，由失调角产生的误差，采用细分驱动是不能解决的。

（4）最大空载起动频率：电机在某种驱动形式、电压及额定电流下，在不加负载的情况下，能够直接起动的最大频率。

（5）最大空载运行频率：电机在某种驱动形式、电压及额定电流下，电机不带负载的最高转速频率。

（6）运行矩频特性：电机在某种测试条件下测得运行中输出力矩与频率关系的曲线称为运行矩频特性，这是电机诸多动态曲线中最重要的，也是电机选择的根本依据。

（7）电机的共振点：步进电机均有固定的共振区域，二、四相感应子式的共振区一般在 180～250 pps（步距角为 1.8°）或在 400 pps 左右（步距角为 0.9°），电机驱动电压越高，电机电流越大，负载越轻，电机体积越小，则共振区向上偏移。

（8）电机正反转控制：当电机绕组通电时序为 AB-BC-CD-DA 时，正转，当通电时序为 DA-CD-BC-AB 时，反转。

3．工作特性

视频
光照度传感器简介

（1）步进电机必须加驱动才可以运转，驱动信号必须为脉冲信号，没有脉冲的时候，步进电机静止，如果加入适当的脉冲信号，就会以一定的角度（称为步角）转动。转动的速度和脉冲的频率成正比。

（2）三相步进电机的步进角度为 7.5°，一圈 360°，需要 48 个脉冲完成。

（3）步进电机具有瞬间启动和急速停止的优越特性。

（4）改变脉冲的顺序，可以方便地改变转动的方向。

因此，打印机、绘图仪、机器人等设备都以步进电机为动力核心。

知识拓展

一、光的照度范围

1．自然条件下光照的范围

夏季在阳光直接照射下，光照强度可达 6 万～10 万 Lx，没有太阳的室外为 0.1 万～1 万 Lx，夏天明朗的室内 100～550 Lx，夜间满月下为 0.2 Lx。

2. 人工光照的范围

白炽灯每瓦大约可发出 12.56 Lx 的光，但数值随灯泡大小而异，小灯泡能发出较多的流明，大灯泡较少，荧光灯的发光效率是白炽灯的 3～4 倍。寿命是白炽灯的 9 倍，但价格较高。一个不加灯罩的白炽灯泡所发出的光线中，约有 30% 的流明被墙壁、顶棚、设备等吸收；灯泡的质量差与阴暗又要减少许多流明，所以大约只有 50% 的流明可利用。一般在有灯罩、灯高度为 2.0～2.4 m（灯泡距离为高度的 1.5 倍）时，每 0.37 m^2 面积上需 1 W 灯泡或 1 m^2 面积上需 2.7 W 灯泡可提供 10.76 Lx。灯泡安装的高度及有无灯罩对光照强度影响很大。

二、市场应用案例

1. 汽车灯光及照明应用

汽车灯光及照明应用包括：车载娱乐/导航/DVD 系统采用背光控制，以便在所有的环境光条件下都可以显示出理想的背光亮度；后座娱乐用显示器背光控制；仪表组背光控制（速度计/转速计）；自动后视镜亮度控制（通常要求两个传感器，一个是前向的，一个是后向的）；自动前大灯和雨水感应控制（专用，根据需求进行变化）；后视相机控制（专用，根据需求进行变化）。在提供更舒适的显示质量方面已经成为最有效的解决方案之一，它具有与人眼相似的特性，这对于汽车应用而言至关重要，因为这些应用要求在所有环境光条件下都能达到完全的背光效果。例如，在白天，用户需要最大的亮度来实现最佳的可见度，但是这种亮度对于夜间条件而言则是过亮的，因此带有良好光谱响应（良好的 IR 衰减）的光传感器、适当的动态范围和整体的良好输出信号调节可以很容易地自动完成这些应用。终端用户可以设置几个阈值水平（如低、中、亮光），或能够随意地、动态地改变传感器的背光亮度。这也适用于汽车后视镜亮度控制，当镜子变暗和/或变亮时需要智能的亮度管理，可以通过环境光传感器来完成。

2. 手机背光的亮度设置

如果用户不改变系统设置（通常是亮度控制），那么一个显示器总是消耗同样多的能量。在室外等特别亮的区域，用户倾向于提高显示器的亮度，这就会增加系统的功耗。而当条件变化时，如进入建筑物，大多数用户都不会去改变设置，因此系统功耗仍然保持很高。但是，通过使用一个光传感器，系统能够自动检测条件变化并调节设置，以保证显示器处于最佳的亮度，进而降低总功耗。在一般的消费类应用中，这也能够延长电池寿命。对于移动电话、笔记本计算机、PAD 和数码照相机，通过采用环境光传感器反馈，可以自动进行亮度控制，从而延长了电池寿命。

半导体传感器和封装开发的最新进展使得终端用户在光传感器上具有了更广泛的选择。小封装、低功耗、高集成和简单易用性是设计者更多地采用光传感器的原因，其应用范围涉及消费类电子、工业应用以及汽车领域。

三、光照传感器产品

图 11-18 所示为 NH207 光照传感器，这款产品的具体技术性能如下：

图 11-18　NH207 光照传感器

1. 产品简介

NH207 照度系列传感器采用进口传感核心，ABS 塑料外壳结构；具有安装方便、使用寿命长、测量精度高、稳定性好、微功耗、传输距离长、抗外界干扰能力强等特点。传感器采用密封防水封装，特别适合农业、养殖业、地下车库、办公、商场等环境下使用。照度传感器 RS-485 接口的传感器具有量程自动转换功能，如照度在 2 000 Lx 以内时，传感器自动转到 0～2k 量程；照度在 2 000～20 000 Lx 时，传感器自动转为 0～20k 量程；照度大于 20 000 Lx 时，传感器自动转为 0～200k 量程。

2. 技术参数（见表 11-1）

表 11-1 传感器技术参数

参　　数	值
量程	0～2 kLx、0～20 kLx、0～200 kLx
精确度	±5%（0～2k、2k～20k、20k～200k）
分辨率	1

本系列传感器可选择 3 种输出接口，如表 11-2 所示。

表 11-2 传感器输出接口

接口后缀	U2	I	R
输出信号	DC 0～2 V	4～20 mA 电流环	RS-485
输出值计算（注）	输出值=（输出电压 mV/2 000 mV）×量程+量程起始值	输出值=（（输出电流 mA-4 mA）/16 mA）×量程+量程起始值	Modbus-RTU 协议
接线定义	红：电源 绿：GND 黄：信号输出	红：二线制电流环、不分极性 蓝：二线制电流环、不分极性	红：电源+ 绿：GND 黄：RS-485A 蓝：RS-485B
功耗	≤20 mW@5 V	≤240 mW@12 V	≤30 mW@5 V
工作电压	DC 4～15 V	DC 7.5～36 V	DC 4～15 V

注：量程=量程最大值-量程最小值。

四、步进电机介绍

选用步进电机时，首先要保证步进电机的输出功率大于负载所需的功率。而在选用功率步进电机时，首先要计算机械系统的负载转矩，电机的矩频特性能满足机械负载并有一定的余量保证其运行可靠。在实际工作过程中，各种频率下的负载力矩必须在矩频特性曲线的范围内。一般来说最大静力矩 M_{jmax} 越大的电机，负载力矩越大。

（一）产品分类

步进电机的分类主要有如下三种类型：

1. 反应式

定子上有绕组、转子，由软磁材料组成。结构简单、成本低、步距角小（可达 1.2°），但动态性能差、效率低、发热大，可靠性难保证。

2．永磁式
永磁式步进电机的转子用永磁材料制成，转子的极数与定子的极数相同。其特点是动态性能好、输出力矩大，但这种电机精度差，步距角大（一般为 7.5°或 15°）。

3．混合式
混合式步进电机综合了反应式和永磁式的优点，其定子上有多相绕组、转子上采用永磁材料，转子和定子上均有多个小齿以提高步距精度。其特点是输出力矩大、动态性能好，步距角小，但结构复杂、成本相对较高。

（二）主要工作参数

步进电机主要有 8 个参数。

（1）步进电机的相数：是指电机内部的线圈组数，目前常用的有两相、三相、五相步进电机。

（2）拍数：完成一个磁场周期性变化所需脉冲数或导电状态，用 m 表示，或指电机转过一个齿距角所需脉冲数。

（3）保持转矩：是指步进电机通电但没有转动时，定子锁住转子的力矩。

（4）步距角：对应一个脉冲信号，电机转子转过的角位移。

（5）定位转矩：电机在不通电状态下，电机转子自身的锁定力矩。

（6）失步：电机运转时运转的步数，不等于理论上的步数。

（7）失调角：转子齿轴线偏移定子齿轴线的角度，电机运转必存在失调角，由失调角产生的误差，采用细分驱动是不能解决的。

（8）运行矩频特性：电机在某种测试条件下测得运行中输出力矩与频率关系的曲线。

课 后 习 题

一、填空题

1．传感器能够测量的上限值与下限值的差称为 _____，如某温度计的测量范围是 $-10 \sim +100\ ℃$，则量程为 _____。

2．传感器按工作原理分为 _____、_____、_____。

3．传感器按输出量形态可分为 _____、_____、_____。

4．测量误差按出现的规律可分为：_____、_____、_____、_____。

二、判断题

1．传感器的应变效应、压阻效应、霍尔效应、压电效应、光电效应的工作原理相同。（　　）

2．传感器的转换元件是指传感器中能直接感受或响应被测量的部分。（　　）

3．传感器能检测到的最小输入增量称为分辨力。（　　）

4．传感器在使用前、使用中或修理后，必须对其主要技术指标标定或校准，以确保传感器的性能指标达到要求。（　　）

三、简答题

1. 什么是霍尔效应？

2. 什么是热电效应？

3. 什么是光电效应？

四、操作题

1. 改变步进电机模块或照度模块的地址，观察实验现象，总结网络地址不同对实验的影响。
2. 改变照度模块的阈值进行实验，总结阈值对实验效果的影响。

五、思考题

在我们的生活中，很多地方都用到光敏电阻，请你仔细观察身边的事物，有哪些设备或装置用到了光敏元件？

单元十二

应用层——烟雾控制技术

学习目标

(1) 认识上位机、继电器模块和烟雾传感器模块。
(2) 掌握继电器模块和烟雾传感器模块通信实验操作。
(3) 观察实验现象,了解无线传感器数据传递的过程。
(4) 分析、总结烟雾控制技术的应用。
(5) 了解国内常用烟雾传感器性能、特点。

烟雾(smog)是煤烟(smoke)和雾(fog)两字的合成词,原意是空气中的煤烟与自然雾相结合的混合体。目前此词的含义已超出原意范围,用来泛指由工业排放的固体粉尘为凝结核所生成的雾状物(如伦敦烟雾),或由碳氢化合物和氮氧化物经光化学反应生成的二次污染物(如洛杉矶光化学烟雾)是多种污染物的混合体形成的烟雾。由于这种烟雾对人身体有一定的伤害,所以成为监测的对象。

智能烟雾报警器能够监测各种有害烟雾、灰尘,与各种控制检测仪表配合使用,当生产过程中的参数超过极限值时,会发出声光报警信号,输出报警接点,引起操作人员注意并采取措施,对于安全生产、人员防护有重要意义。

前期准备

(1) 无线传感网教学套件实验箱若干组(4人一组)。
(2) 笔记本式计算机若干台,与实验箱配套。
(3) 相关配套的光盘软件。

任务一 烟雾测控实验

任务描述

烟雾传感器就是通过监测烟雾的浓度来发现隐患及时报警,从而防范火灾发生。现在的烟雾报警器内部原理有采用离子式烟雾传感器,也可采用光电式烟雾传感器。其中离子式烟雾传感器技术先进,工作稳定可靠,性能远优于气敏电阻类的火灾报警器,被广泛运用到各种消防报警系统中，以及应用在智能楼宇中。成为物联网应用系统中的重要方向之一。为此，学习掌握这种传感器的工作过程，了解它们的应用十分必要。

任务分析

本节的主要任务是通过实验，了解烟雾传感器的工作过程，了解并掌握计算机中配置工具的使用，了解烟雾传感器的信息传送，以及了解传感器阈值的概念及应用。

任务实施

一、认识实验模块

本次实验涉及上位机的概念。上位机是指可以直接发出操控命令的计算机，一般是PC（host computer/master computer/upper computer），屏幕上显示各种信号变化（如液压、水位、温度等）。下位机是直接控制设备获取设备状况的计算机，一般是PLC/单片机（single chip microcomputer/slave computer/lower computer）等。上位机发出的命令首先给下位机，下位机再根据此命令解释成相应时序信号，直接控制相应设备。下位机不时读取设备状态数据（一般为模拟量），转换成数字信号反馈给上位机。下面，来认识本次实验所用到的节点板和其他配件。

实验模块介绍：

1. 节点型继电器模块

注意：每个节点板在左下角都标了名称。并用黑色方框，标注了重要的部件，如烧写口、开关、继电器、USB串口等，如图12-1所示。

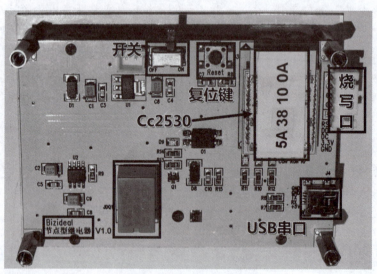

图12-1 继电器节点板

2. 烟雾传感器MQ-2模块

本节点板既有传感器，又有显示屏，可同步进行参数的显示，如图12-2所示。

单元十二 | 应用层——烟雾控制技术

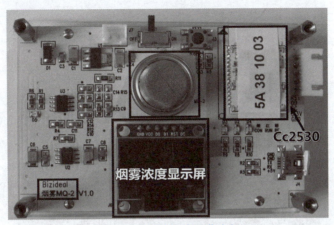

图 12-2　烟雾传感器节点板

3．节点板接线口

每个节点板都有 USB 串口、烧写口，在烧写之前要连接好通信线，如图 12-3 所示。

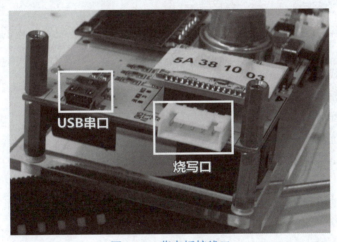

图 12-3　节点板接线口

4．节点板复位键和开关

节点板复位键和开关如图 12-4 所示。

图 12-4　复位键和开关

189

5．供电电池

供电电池如图 12-5 所示。

图 12-5　供电电池

二、完成实验操作

本单元实验操作分三大环节，一是向节点板烧写程序；二是配置相应的工作参数；三是完成调控实验。

步骤一：烧写代码。

与之前的操作相似。过程参考项目十一之任务一。

步骤二：打开配置工具（即上位机）。

配置工具（上位机）介绍：

（1）读取配置：读取继电器模块或烟雾传感器模块的阈值和网络地址，网络地址一致时才可通信。

（2）配置网络地址：重新配置继电器模块或烟雾传感器模块的网络地址（网络地址范围为 0～255），保证网络地址一致，如图 12-6 所示。

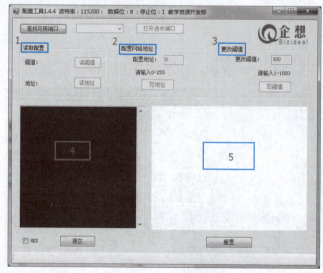

图 12-6　配置工具设置

(3)更改阈值：改写烟雾传感器模块的阈值（阈值范围为 1～1020），当烟雾浓度大于烟雾传感器模块设置的阈值时，继电器模块接收信号，完成通信。

(4)数据显示区：烟雾传感器模块检测到的烟雾浓度；读阈值；读地址。

(5)烟雾浓度值折线图：烟雾传感器模块检测到的烟雾浓度折线图，如图 12-7 所示。

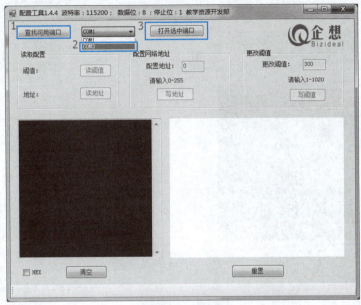

图 12-7　更改阈值

步骤三：将 USB 串口线与继电器模块连接，打开继电器模块（开关置于"ON"），单击"查找可用端口"→选择"COM3"→单击"打开选中端口"；此时"打开选中端口"变为"关闭选中端口"，如果端口选择错误可单击"关闭选中端口"按钮重新选择。

查看使用计算机的可用端口的方法如下：右击"计算机"图标，选择"管理"命令，打开"计算机管理"窗口，单击"设备管理器"→"端口（COM 和 LPT）"前的小三角形，查看下拉菜单中的"USB Serial Port"括号内的端口即为可用端口，如图 12-8 所示。

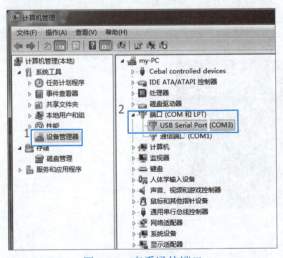

图 12-8　查看通信端口

步骤四：单击"读地址"按钮，可读取继电器模块的地址，记下此时的数据，如图 12-9 所示。

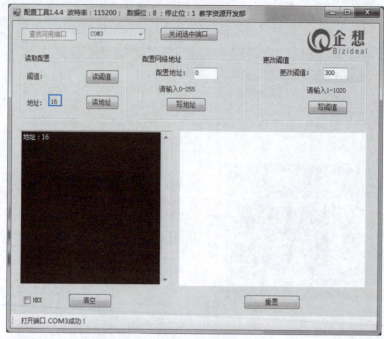

图 12-9　查询地址

步骤五：单击"关闭选中端口"按钮，将 USB 串口线与烟雾传感器模块连接，打开烟雾传感器模块（开关置于"ON"），单击"打开选中端口"按钮。

步骤六：单击"读阈值"按钮，可读取烟雾传感器模块的阈值，如图 12-10 所示。

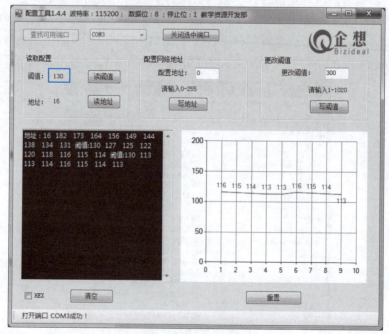

图 12-10　读取阈值

步骤七：如果阈值不符合要求，可在"更改阈值"区域重新改写合适的阈值，如图 12-11 所示。

在"更改阈值"区域输入合适的阈值后，单击"写阈值"按钮，在弹出的对话框中单击"确定"按钮，5 s 后按下烟雾传感器上的"复位键"，此时烟雾传感器模块的阈值改写成功，可单击"读阈值"按钮检查。

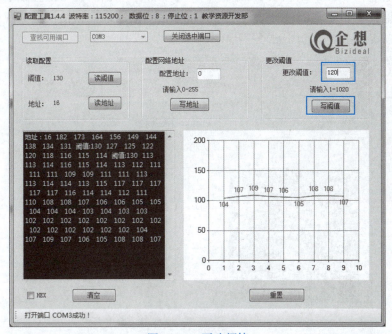

图 12-11 更改阈值

步骤八：单击"读地址"按钮，可读取烟雾传感器模块的地址，如图 12-12 所示。

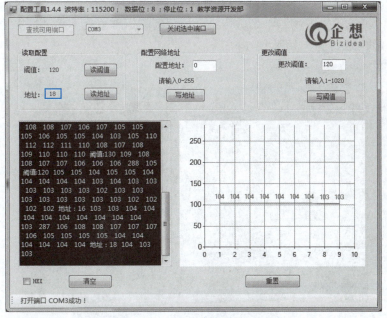

图 12-12 读取地址

> **说明**
>
> 与读取的继电器模块的地址相比较，如果不相同，在"配置网络地址"区域重新配置烟雾传感器模块的地址，保证网络地址相同。

单击"写地址"按钮，在弹出的对话框中单击"确定"按钮，5 s 后按下烟雾传感器上的"复位键"，此时烟雾传感器的地址改写成功，可单击"读地址"按钮检查。两模块网络通信地址一致时可以实现通信，如图 12-13 所示。

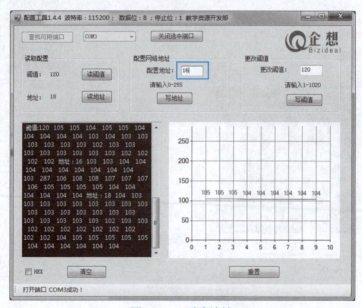

图 12-13　更改地址

步骤九：改变烟雾传感器模块周围烟雾浓度，观察实验现象。

实验现象：① 正常情况下，当烟雾传感器检测到的烟雾浓度不超过烟雾传感器设置的阈值时，继电器模块 D9 灯亮，如图 12-14 所示。

图 12-14　改变传感器的环境状态查看系统应用

② 当烟雾传感器检测到的烟雾浓度超过烟雾传感器设置的阈值时，继电器模块 D9、D5 灯交替闪烁，并伴有"嘀嗒"声响，如图 12-15 所示。

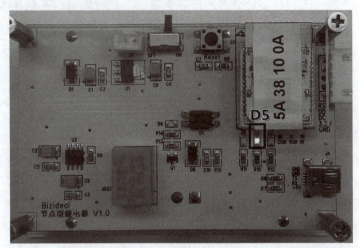

图 12-15　节点板红灯闪烁

此时上位机烟雾浓度折线显示如图 12-16 所示。

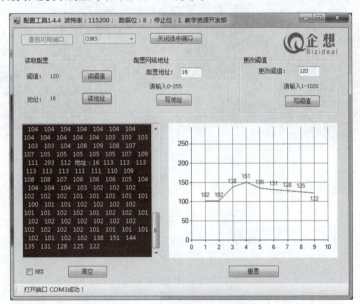

图 12-16　节点板工作折线图

任务二　了解烟雾传感控制应用

任务描述

烟雾传感器如何利用元器件实现对烟雾的感知？不同的感知方式有各自的特点，也有各自的适应范围。这些是学习烟雾传感器所必须要掌握的。不但要了解烟雾传感器的基本原理，不同传感器的分类及不同分类各自的特点，更要了解它们的优缺点及适用场合。

📋 任务分析

烟雾传感器的作用很大,在多种公共场所、重要地点都有应用。而在具体应用方案中,往往是多种传感器的联合应用,这是在充分了解各种不同传感器特点的基础上实现的。所以本任务了解烟雾传感器的基本工作原理,掌握常见的烟雾传感器的工作特性、技术参数,分析探讨烟雾传感器的应用。

📋 任务实施

一、了解烟雾 MQ-2 传感器原理

烟雾传感器的基本原理是利用烟雾对光传播的影响,再通过敏感装置把这种变化检测出来。

MQ-2 烟雾传感器属于二氧化锡半导体气敏材料,属于表面离子式 N 型半导体,是一种灵敏度高、反应速度快、应用领域广泛的传感器,可用于家庭和工厂的气体泄漏监测装置,适宜于液化气、苯、烷、酒精、氢气、烟雾等的探测。因此,MQ-2 也可以说是一个多谱、高效的气体探测器。它也是实验箱采用的烟雾传感器,如图 12-17 所示。

图 12-17 MQ-2 烟雾传感器

MQ-2 内部结构及工作原理如图 12-18 所示。

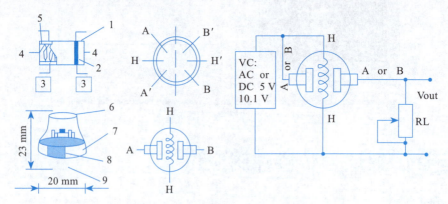

图 12-18 MQ-2 内部结构及工作原理

当传感器中检测部分处于 200～300 ℃环境时,检测腔中二氧化锡吸附空气中的氧,形成氧的负离子吸附,使半导体中的电子密度减少,从而使其电阻值增加。当与烟雾接触时,如果晶粒间界处的势垒受到烟雾的浓度影响而变化,就会引起表面导电率的变化。利用这一点

就可以获得这种烟雾存在的信息，烟雾的浓度越大，导电率越大，输出电阻越低，则输出的模拟信号就越大。

MQ-2 的两种款式都是 6 个引脚，其中中间对称的两个引脚 H 与 H'（2&5）为加热引脚，选取两脚中的其中的一脚接正电源都可以。1 脚与 3 脚是 A 与 A'。4 脚与 6 脚是 B 与 B'，是信号引脚，这两对引脚其中一对作为接正电源，另一对作为信号输出，A 与 A'（或 B 与 B'）在内部是相通的，可以用数字万用表测量二极管挡测其引脚，这是判断传感器好坏的方法之一。

MQ-2 的特性：

（1）MQ-2 型传感器对天然气、液化石油气等烟雾有很高的灵敏度，尤其对烷类烟雾更为敏感，具有良好的抗干扰性，可准确排除有刺激性非可燃性烟雾的干扰信息。（经过测试：对烷类的感应度比纸张木材燃烧产生的烟雾要好得多，输出的电压升高得比较快。）

（2）MQ-2 型传感器具有良好的重复性和长期的稳定性。初始稳定，响应时间短，长时间工作性能好。需要注意的是：在使用之前必须加热一段时间，否则其输出的电阻和电压不准确。

（3）其检测可燃气体与烟雾的范围是 100～10 000 ppm（ppm 为体积浓度。1 ppm=1 cm^3/m^3）

（4）电路设计电压范围宽，24 V 以下均可，加热电压（5±0.2）V，需要注意的是，如果加热电压过高，会导致内部的信号线熔断，从而器件报废。

二、了解烟雾传感器的种类

1. 离子式烟雾传感器

该烟雾报警器内部采用离子式烟雾传感器，离子式烟雾传感器是一种技术先进、工作稳定可靠的传感器，被广泛运用到各消防报警系统中，性能远优于气敏电阻类的火灾报警器。

它在内外电离室里面有放射源镅 241，电离产生的正、负离子，在电场的作用下各自向正负电极移动。在正常情况下，内外电离室的电流、电压都是稳定的。一旦有烟雾窜逃到外电离室，干扰了带电粒子的正常运动，电流、电压就会有所改变，破坏了内外电离室之间的平衡，于是无线发射器发出无线报警信号，通知远方的接收主机，将报警信息传递出去。

2. 光电式烟雾传感器

光电烟雾报警器内有一个光学迷宫，安装有红外对管，无烟时红外接收管收不到红外发射管发出的红外光，当烟尘进入光学迷宫时，通过折射、反射，接收管接收到红外光，智能报警电路判断是否超过阈值，如果超过则发出警报。光电感烟探测器可分为减光式和散射光式，分述如下：

1）减光式光电烟雾探测器

减光式光电烟雾探测器的检测室内装有发光器件及受光器件。在正常情况下，受光器件接收到发光器件发出的一定光量；而在有烟雾时，发光器件的发射光受到烟雾的遮挡，使受光器件接收的光量减少，光电流降低，探测器发出报警信号。

2）散射光式光电烟雾探测器

该探测器的检测室内也装有发光器件和受光器件。在正常情况下，受光器件接收不到发光器件发出的光，因而不产生光电流。在发生火灾时，当烟雾进入检测室时，由于烟粒子的作用，使发光器件发射的光产生漫射，这种漫射光被受光器件接收，使受光器件的阻抗发生变化，产生光电流，从而实现了烟雾信号转变为电信号的功能，探测器收到信号然后判断是否需要发出报警信号。

3．气敏式烟雾传感器

气敏传感器是一种检测特定气体的传感器。它主要包括半导体气敏传感器、接触燃烧式气敏传感器和电化学气敏传感器等，其中用得最多的是半导体气敏传感器。它的应用主要有：一氧化碳气体的检测、瓦斯气体的检测、煤气的检测、氟利昂（R11、R12）的检测、呼气中乙醇的检测、人体口腔口臭的检测等。

它将气体种类及其与浓度有关的信息转换成电信号，根据这些电信号的强弱就可以获得与待测气体在环境中的存在情况有关的信息，从而可以进行检测、监控、报警；还可以通过接口电路与计算机组成自动检测、控制和报警系统。其中气敏传感器有以下几种类型：

（1）可燃性气体气敏元件传感器，包含各种烷类和有机蒸气类（VOC）气体，目前大量应用于抽油烟机、泄漏报警器和空气清新机。

（2）一氧化碳气敏元件传感器，一氧化碳气敏元件可用于工业生产、环保、汽车、家庭等一氧化碳泄漏和不完全燃烧检测报警。

（3）氧传感器，氧传感器应用很广泛，在环保、医疗、冶金、交通等领域需求量很大。

（4）毒性气体传感器，主要用于检测烟气、尾气、废气等环境污染气体。

气敏式烟雾传感器的典型型号有 MQ-2 气体传感器。该传感器常用于家庭和工厂的气体泄漏装置，适宜于液化气、丁烷、丙烷、甲烷、酒精、氢气、烟雾等的探测。

三、了解烟雾传感器的应用

1．烟雾传感器在宾馆火灾自动报警系统中的应用

对于宾馆类建筑，为了精确预报失火位置，最大限度减小探测器的误报率，选用感烟探测器、感温探测器来组成区域火灾探测器网络。客房内卧室、书房、餐厅、会客室使用带蜂鸣器底座的探测器，客房内任意区域探测器向控制室发出火灾报警信号同时触发蜂鸣器发出蜂鸣声，提醒处于熟睡或工作状态的客人快速撤离。

感烟式火灾探测器是利用一个小型烟雾传感器响应悬浮在其周围附近大气中的燃烧和（或）热解产生的烟雾气溶胶（固态或液态微粒）的一种火灾探测器。

2．车载烟雾传感器在汽车火灾预防中起关键应用

近年来，汽车火灾事故时有发生，给国家和人民的生命财产造成了巨大的损失，教训是深刻的，目前汽车火灾事故已经成为媒体舆论的焦点，社会各界对此广泛关注。

特别是城市公交车和长途大巴车由于采用空调系统使得人们处于一个相对封闭的环境，给火灾处理和人员逃离都带来了很多的不便，控制火灾的发生和先期的预警就显得尤为重要。因此，抓好火灾预防必须借助于高科技防火灾产品在其汽车领域上的运用，将其灾情早期发现并控制消灭在隐患萌芽中。

3．烟雾传感器在火灾预防联网系统中的应用

联网烟雾报警器可用于对各类早期火灾发出的烟雾及时做出报警，产品体积小巧，并且可把无线发射和火灾烟雾传感器有机结合。联网烟雾报警器主要适用于酒店、库房、宾馆、餐厅、旅社、工厂、油田井队、活动板房等公共场所。当探测到空气中的烟雾达到一定的浓度时，

立即发出报警信号,有效预防火灾,避免生命的损失、财产损耗。

联网烟雾报警器可单独使用,在使用时先在欲监控厅室的天花板上固定其安装底座,本报警器内接上电池,再将它旋入安装底座。工作状态下,一旦探测到防范空间的烟雾浓度和持续时间达到报警值时,蜂鸣器立即鸣响报警。联网烟雾报警器与无线防盗报警系统配套时,安装和使用与单独使用一样。

联网烟雾报警器报警时,还会同时发射无线信号给无线防盗报警主机,报警主机无论是处于布防还是撤防状态都会做出报警反应。这种使用方式,报警范围更广,家中无人时发生火警也能及时掌握,以便第一时间做出反应。

知识拓展

一、GQQ0.1 烟雾传感器

GQQ0.1 烟雾传感器为矿用本质安全型,用于监测煤矿井下因机械故障摩擦、电缆发热、煤层自燃等原因引起的大火事故,可安装在煤矿井下的带式输送机易发热处,作为矿用带式输送机保护装置的烟雾保护信号检测之用,如图 12-19 所示。

视频

烟雾传感器简介

图 12-19 传感器实物

具体性能为:

(1) 种类:防爆式矿用本质安全型,防爆标志为:Exib I;外壳防护等级:IP54。

(2) 型号:GQQ0.1 烟雾传感器。

G——传感器、Q——烟气、Q——气敏、0.1——主参数,动作值,0.1 mg/m^3。

(3) GQQ0.1 烟雾传感器使用条件:

- 温度:0 ~ +40 ℃。
- 湿度:≤95%。
- 大气压力:86 ~ 106 kPa。
- 海拔高度不超过 2 000 m。
- 振动:加速度 50 m/s^2。
- 冲击:峰值加速度 500 m/s^2。
- 煤矿井下无破坏绝缘的腐蚀性气体的场合。
- 用于具有甲烷、煤尘等爆炸性混合物的危险场所。
- 风速:(0 ~ 8) m/s。

（4）GQQ0.1 烟雾传感器结构特征。

GQQ0.1 烟雾传感器体积小、质量轻、密封性能好、设有便于悬挂安装的吊环，传感器的安装、调试和维护方便可靠。该传感器采用气敏型探头元件，具有灵敏、可靠、无误动作等优点，当所测烟雾浓度 $\geqslant 0.1 \text{ mg/m}^3$ 时，输出低电平信号实现带式输送机烟雾保护。

（5）GQQ0.1 烟雾传感器相关参数。

- 电网电压允许波动范围：$-25\% \sim +10\%$。
- 工作电压：DC12 V、工作电流 150 mA。
- 恢复时间：大于 5 s。
- 传感器到主机的传输距离不得小于 1 000 m（单芯截面积 1.5 mm^2）。
- 传感器的输出信号值应符合 MT 209—1990 第 5.3 条的规定并应在无烟检测为（5～10）V，有烟报警 $\leqslant 0.5$ V。
- GQQ0.1 烟雾传感器的灵敏度和响应时间：当烟雾浓度为 0.1 mg/m^3 时，传感器的响应时间 $\leqslant 30$ s，传感器灵敏度为 II 级。

二、JTY-GD-HA801 联网型火灾探测器

JTY-GD-HA801 联网型火灾探测器采用特殊结构设计的光电传感器，SMD 贴片加工工艺生产，具有灵敏度高、稳定可靠、低功耗、美观耐用、使用方便等特点。电路和电源可自检，可进行模拟报警测试。

该产品适用于家居、商店、歌舞厅、机房、变电站、仓库等场所的火灾报警，如图 12-20 所示。

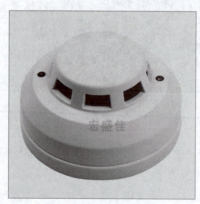

图 12-20　传感器实物

1．性能特点

（1）采用微处理控制、自动复位/断电复位可选、红外光电传感器。

（2）联网报警器采用智能微处理器，多种火灾模型算法杜绝误报警，继电器无源触点输出（常开常闭）可设置能与防盗报警等控制系统/消防火灾自动报警系统/楼宇对讲系统配套使用。

（3）能检测室内各种烟雾，当室内烟雾量达到报警浓度时探测器报警，红色指示灯亮，蜂鸣器鸣叫，并输出报警信号到控制中心，促使用户及时检查泄漏事故原因，排除安全隐患。

（4）LED 指示报警；金属屏蔽罩，防电磁干扰；环境适应性强；SMT 工艺制造，稳定性强；防尘、防虫、防白光干扰设计。

执行标准：GB4715/EN54-7/UL268。

2．性能参数
- 供电电源：DC9 V ～ DC28 V。
- 静态电流≤2 mA。
- 报警电流≤10 mA。
- 工作温度：-10 ～ +50 ℃。
- 相对湿度：≤95%RH（40±2）℃。
- 继电器无源触点输出（NO,NC）。
- 产品尺寸：104 mm×51 mm。

烟感广泛应用在城市安防、小区、工厂、公司、学校、家庭、别墅、仓库、机房、资源、变电站、超市、石油、化工、燃气输配等众多领域。对烟雾敏感，阻止了许多火灾的发生。

课后习题

一、简答题

1．烟雾传感器分类有哪些？

2．烟雾传感器工作原理是什么？

二、思考题

1．烟雾传感器就是通过监测烟雾的浓度来实现火灾防范的，如何让烟雾传感器接收到阈值而不报警呢？

2．设计一个设备，可以根据烟雾值大小，设置继电器的快慢，烟雾越大，继电器运行速度越快，烟雾越小，继电器运行速度越慢。

三、操作题

1．改变继电器模块或烟雾传感器模块的地址，观察实验现象，总结网络地址不同对实验的影响。

2．改变烟雾传感器的阈值进行实验，总结阈值对实验效果的影响。

单元十三

应用层——人体红外与蜂鸣器技术

📖 学习目标

(1) 认识人体红外传感器模块和直流电机模块。
(2) 掌握人体红外传感器模块和直流电机模块通信实验操作。
(3) 观察实验现象,了解无线传感器数据传递的过程。
(4) 分析、总结人体红外与直流电机模块的应用。
(5) 了解国内红外传感技术其他应用。

在工作、生活中,许多的重要场所要有安全防范措施。其中防止非法分子入侵的监控系统的需求也越来越多。而红外监测报警系统为人们解决了大部分问题。

由于红外线是不可见光,隐蔽性能良好,因此在防盗、警戒等安保装置中被广泛应用。

本单元通过利用人体红外传感器实现直流电机的控制,来理解红外人体监测的原理。

☕ 前期准备

(1) 无线传感网教学套件实验箱若干组(4人一组)。
(2) 笔记本式计算机若干台,与实验箱配套。
(3) 相关配套的光盘软件。

任务一　人体红外与蜂鸣器实验

✋ 任务描述

红外线探测及红外传感是一个重要的传感应用。下面从实验箱中的具体实例出发,了解人体红外传感、了解蜂鸣器的原理、了解它们的应用。

🔧 任务分析

本任务从无线传感实验箱中的红外传感及蜂鸣器的应用出发,了解并熟悉人体红外传感器和蜂鸣器的基本应用,再进一步了解其工作原理、工作过程,从而掌握这种传感器的原理及应用。

任务实施

认识实验模块

本次实验以无线传感网教学套件实验箱中的两个模块:人体红外传感器模块和直流电机模块为核心,组成控制系统,由于各模块中的节点功能参数已经在出厂时设置完毕,加电后模块自动完成接通,所以整个实验过程相对比较容易完成。

首先认识实验所用的模块,一个是直流电机模块,一个是红外传感器模块。直流电机模块工作时能带动风扇转动;人体红外传感模块能感应附近的红外强度,发出报警信号。

通过将两者组合,模拟人体红外探测系统发现猎物,然后将信息传送给后台进行处理,后台立即调用执行机构进行操作,此处是激活节点板开关打开风扇使之运转。

图 13-1 所示为直流电机节点板。

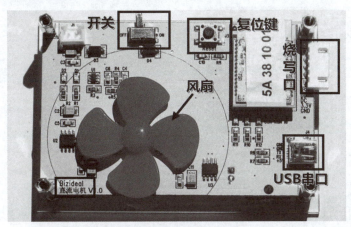

图 13-1　直流电机节点板

图 13-2 所示为人体红外传感器节点板。

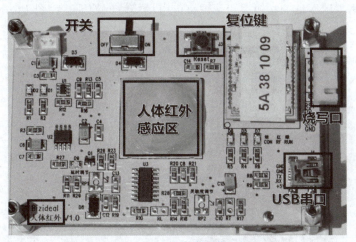

图 13-2　红外传感器节点板

本实验操作过程如下:
步骤一:烧写代码(具体操作见单元十一)。

步骤二：打开配置工具（即上位机）。

配置工具（上位机）介绍见实验二。

步骤三：将 USB 串口线与求助按钮模块连接，打开求助按钮模块，查找、选择可用端口并打开。

注意：查看计算机可用端口的方法见单元十一。

配置参数如图 13-3 所示。

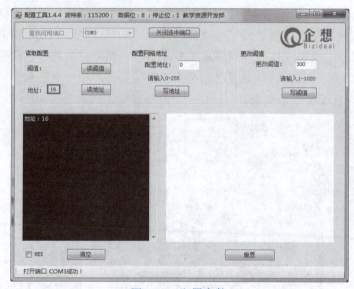

图 13-3　配置参数

步骤四：单击"读地址"按钮，可读取求助按钮的地址，记下此时的数据。

步骤五：单击"关闭选中端口"按钮，将 USB 串口线与直流电机连接，打开直流电机，单击"打开选中端口"按钮。

步骤六：单击"读地址"按钮，可读取直流电机模块的地址，如图 13-4 所示。

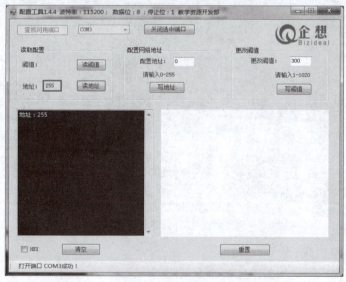

图 13-4　读取地址

说明：与读取的人体红外传感器的地址相比较，如果不相同，在"配置网络地址"区域重新配置直流电机的地址，保证网络地址相同。

单击"写地址"按钮，在弹出的对话框中单击"确定"按钮，5 s 后按下直流电机上的"复位键"，此时直流电机的地址改写成功，可单击"读地址"按钮检查。网络地址一致时人体红外传感器和直流电机之间可以通信，如图 13-5 所示。

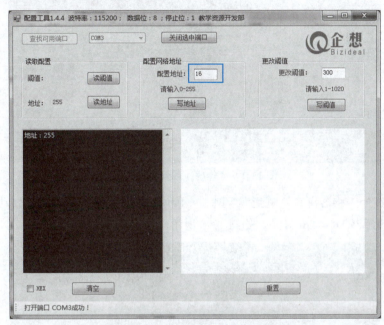

图 13-5　配置地址

步骤七：把手靠近人体红外传感器，观察实验现象，如图 13-6 所示。

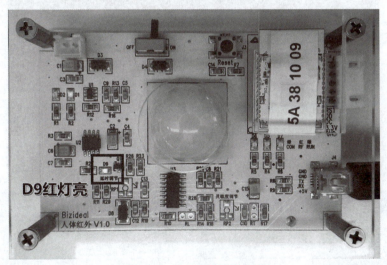

图 13-6　改变红外感应状态

实验现象：① 当人体红外传感器检测到人手时，人体红外传感器将信号传递到直流电机模块，直流电机模块中的风扇逆时针转动，D1、D5 灯亮；人体红外传感器 D9 灯亮，如图 13-7 所示。

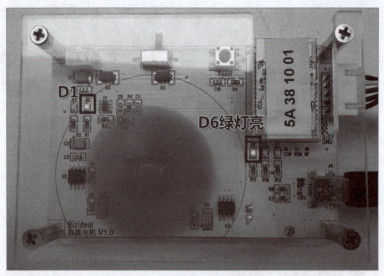

图 13-7 红外感应触发直流电机

② 当人体红外传感器没有检测到人手时,直流电机模块中的风扇顺时针转动,D1、D6 灯亮;人体红外传感器 D5、D6 灯亮,如图 13-8 所示。

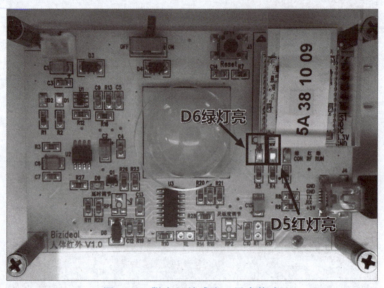

图 13-8 脱离红外感应,风扇停止

任务二 了解人体红外与蜂鸣器工作原理

任务描述

红外线传感器包括光学系统、检测元件和转换电路。光学系统按结构不同可分为透射式和反射式两类。检测元件按工作原理可分为热敏检测元件和光电检测元件。光电检测元件常用的是光敏元件,通常由硫化铅、硒化铅、砷化铟、砷化锑、碲镉汞三元合金、锗及硅掺杂等材料制成。学习红外传感技术要从材料、原理、特点、应用等多个方面进行。

任务分析

本任务是学习红外传感器的工作原理，了解红外传感器产品的结构及其技术参数，了解不同类型传感器的特点；了解蜂鸣器的工作原理，了解常用蜂鸣器的应用。

任务实施

一、了解人体红外传感器

自然界中任何有温度的物体都会辐射红外线，物体不同，辐射的红外线波长不同。根据实验，人体辐射的红外线（能量）波长主要集中在 10 000 nm 左右。根据这个特性做成的探测装置，能够探测到人体辐射的红外线而去除不需要的其他光波，这就是人体红外传感器。当该传感器工作时，一旦有人进入感应范围，通过菲涅透镜窗口，立即会探测到人体红外光谱引起的辐射的变化，触发设定的阈值，自动接通负载，或控制灯光、铃声、电机转动等。如图 13-9 ～图 13-11 所示。

图 13-9 人体红外传感器内部结构

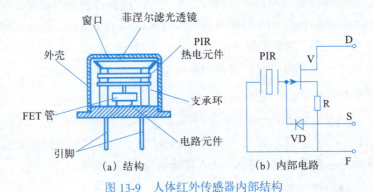

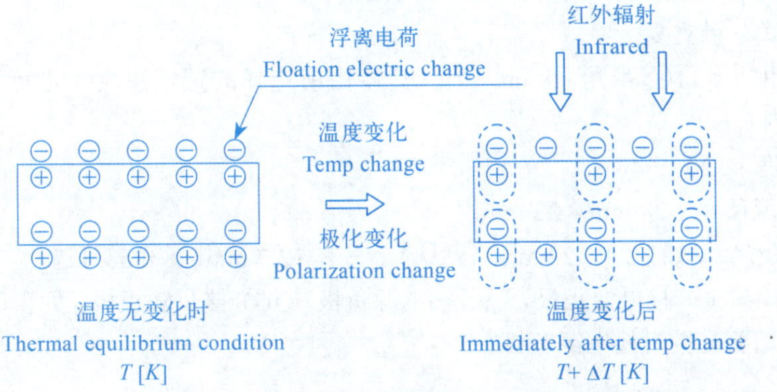

图 13-10 人体红外传感器热释电原理图

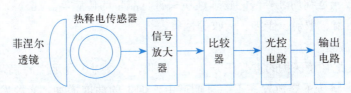

图 13-11 人体红外传感器工作过程

下面结合具体产品，介绍红外传感器的技术参数。

LZ00281A 是一款基于红外线技术的自动控制产品，它感应灵敏度高，可靠性强，低电压工作模式，适合干电池供电场所，广泛应用于各类自动感应电器设备，如图 13-12 所示。

1．具体产品特性

（1）全自动感应：人进入其感应范围则立即集电极开路输出，人离开感应范围后则自动延时关闭输出。

（2）光敏控制（可选择，出厂时未安装）：可设置光敏控制，白天或光线强时不感应。

图 13-12　红外传感器产品

（3）可重复触发方式：即感应输出后，在延时时间段内，如果有人体在其感应范围活动，其输出将一直保持，直到人离开后才延时关闭。

（4）具有感应封锁时间（默认设置时无封锁时间）：感应模块在每次感应输出后，待延时时间一结束，可以紧跟着设置一个封锁时间段，在此时间段内传感器不接收任何感应信号。此功能可以实现"感应输出时间"和"封锁时间"两者的间隔工作，可应用于间隔探测产品。

（5）输出方式：高电平 / 或集电极开路输出。

（6）尺寸小，便于安装在各类电器设备内部使用。

2．具体技术参数

- 工作电压：DC 3.3 V～20 V。
- 静态功耗：40～50 μA（不同的工作电压功耗不同，电压越低功耗越大）。
- 集电极开路输出：负载电流＜500 mA（其他电流值需订做）。
- 延时时间：零点几秒～十几分钟。
- 封锁时间：零点几秒～几十秒（默认为无）。
- 触发方式：可重复。
- 感应范围：≤110°锥角，8 m 以内（具体由所选择的透镜决定，也可订做几十厘米至 8 m 以内）。
- 工作温度：-20～40 ℃。
- PCB 外形尺寸：28 mm×32 mm。
- 感应透镜尺寸（直径）：23 mm（默认）；另有 12.7 mm、8 mm 可选。
- 接线方式："＋"接电源正极，"-"接电源负极，OUT 接负载正极，负载负极接电源负极，CDS 为需要光控时接电源负极。

3．红外传感技术应用

红外线传感器就是利用红外线的物理性质来进行测量的传感器。红外线又被叫做红外光，它包含有反射、折射、散射、干涉、吸收等性质。

1）烟尘浓度监测

工业烟尘污染是环境保护的重要任务之一。因此，必须对工业烟尘的来源进行监测，自动显示，超标报警。将传感器放置在工厂排烟道中，烟尘的浊度增加，光源发出的光被烟尘颗粒吸收和折射，到达光电探测器的光减少。因此，光电探测器输出信号的强弱可以反映烟道浊度的变化。

2）条码扫描识别

结算中的条码扫描器在条码上移动时，会出现光线被反射和被吸收的情况，当扫描完整个条码后，光电晶体管将条码变形为电脉冲信号，经过放大再整形形成脉冲串，最后由计算机进行处理，完成对条码信息的识别。

3）产品计数

工业生产线上，当产品在传送带上运行时，会不断屏蔽从光源到光电传感器的光路，使光电脉冲电路产生电脉冲信号。每次被产品遮光时，光电传感器电路产生一个脉冲信号。因此，输出脉冲数代表产品数。脉冲由计数电路计数并由显示电路显示。

4）烟雾探测

利用红外传感器，实现烟雾检测，当没有烟雾时，LED 发出的光是直线传播的，光电三极管不接收信号。当无输出但有烟雾时，发光二极管发出的光被烟雾颗粒折射，使三极管接收到光，有信号输出发出报警。

5）电机测速

在电机的转轴上涂有黑色和白色。旋转时，反射光和非反射光交替出现。光电传感器相应地间歇性地接收反射光信号，输出间歇性电信号，经放大器和整形电路放大。方波信号整形输出，最后由电子数显输出电机转速。

红外传感还可应用到更多的方面，感兴趣的同学可以自行上网查找更多的学习资料。

二、认识蜂鸣器

蜂鸣器是一种一体化结构的电子讯响器，一般采用直流电压供电，广泛应用于计算机、打印机、复印机、报警器、电子玩具、汽车电子设备、电话机、定时器等电子产品中作发声器件。蜂鸣器主要分为压电式蜂鸣器和电磁式蜂鸣器两种类型。蜂鸣器在电路中用字母 H 或 HA（旧标准用 FM、ZZG、LB、JD 等）表示。实物图如图 13-13 所示。

图 13-13　蜂鸣器

1. 蜂鸣器的结构原理

1）压电式蜂鸣器

压电式蜂鸣器主要由多谐振荡器、压电蜂鸣片、阻抗匹配器及共鸣箱、外壳等组成。有的压电式蜂鸣器外壳上还装有发光二极管。

多谐振荡器由晶体管或集成电路构成。当接通电源后（1.5～15 V 直流工作电压），多谐振荡器起振，输出 1.5～2.5 kHz 的音频信号，阻抗匹配器推动压电蜂鸣片发声。

由锆钛酸铅或铌镁酸铅压电陶瓷材料制成。在陶瓷片的两面镀上银电极，经极化和老化处理后，再与黄铜片或不锈钢片粘在一起。

2）电磁式蜂鸣器

电磁式蜂鸣器由振荡器、电磁线圈、磁铁、振动膜片及外壳等组成。

接通电源后，振荡器产生的音频信号电流通过电磁线圈，使电磁线圈产生磁场。振动膜片在电磁线圈和磁铁的相互作用下，周期性地振动发声，一般电磁式蜂鸣器的频率在 2～4 kHz。内部结构如图 13-14 所示。

视频

人体红外传感器简介

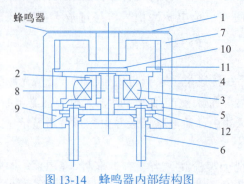

图 13-14　蜂鸣器内部结构图

1—电路板；2—线轴；3—线圈；4—磁铁；5—底座；6—引脚（或者引线）；
7—外壳；8—铁芯；9—封胶；10—小铁膜片；11—振动膜；12—贴纸

2. 蜂鸣器的常用型号

蜂鸣器型号主要根据蜂鸣器电压、蜂鸣器尺寸（直径和高度）两大因素区别；常用的蜂鸣器工作电压有 1.5 V 蜂鸣器、3 V 蜂鸣器、5 V 蜂鸣器、24 V 蜂鸣器、220 V 蜂鸣器。根据直径高度有 12085 蜂鸣器、12095 蜂鸣器等（注：12 表示直径，用单位 mm 表示；85 表示高度）。例如某公司常用生产的蜂鸣器有 0904 蜂鸣器、0955 蜂鸣器、9505 蜂鸣器、12055 蜂鸣器、1206 蜂鸣器、12065 蜂鸣器、12075 蜂鸣器、12085 蜂鸣器、12095 蜂鸣器、1210 蜂鸣器等常用尺寸。

知识拓展

一、红外光谱

人们肉眼看得见的光线叫可见光，可见光的波长为 380～750 nm。可见光的波长从短到长依次排序是紫光→蓝光→青光→绿光→黄光→橙光→红光。波长比红光更长的光，称为红外光，又称红外线（红外）。红外光是人们无法用肉眼看见的光线。部分光线的波长分布如下：

紫光（0.40～0.43 μm）、蓝光（0.43～0.47 μm）、青光（0.47～0.50 μm）、绿光（0.50～0.56 μm）、黄光（0.56～0.59 μm）、橙光（0.59～0.62 μm）、红光（0.62～0.76 μm）、红外（0.76～1000 μm）。红外光又可以分为：近红外(760～3 000 nm)、中红外(3 000～6 000 nm)、远红外（6 000～150 000 nm）。

自然界中任何有温度的物体都会辐射红外线，只不过辐射的红外线波长不同而已。根据实验表明，人体辐射的红外线（能量）波长主要集中在 10 000 nm 左右。根据人体红外线波长的这个特性，如果用一种探测装置，能够探测到人体辐射的红外线而去除不需要的其他光波。

二、蜂鸣器选购

蜂鸣器的种类规格繁多，选购时需先知道几个参数（电压、电流、驱动方式、尺寸、连接/固定方式），当然更重要的是蜂鸣器的声音（音压大小、频率高低）。

工作电压：电磁式蜂鸣器，从 1.5～24 V，压电式蜂鸣器，从 3～220 V，但一般压电式的还是建议 9 V 以上的电压，以获得较大的声音。

消耗电流：电磁式的依电压大小不同，从几十到上百毫安都有，压电式的就省电得多，几毫安就可以正常动作,且在蜂鸣器启动时,瞬间需消耗约三倍的电流。

驱动方式:两种蜂鸣器都是自激式的,只要接上直流电(DC)即可发声,因为已内建了驱动线路在蜂鸣器中,因为动作原理的不同,电磁式蜂鸣器要用1/2方波来驱动,压电式蜂鸣器用方波,才能有较好的声音输出。

尺寸:蜂鸣器的尺寸会影响到音量的大小、频率的高低,电磁式的从7~25 mm,压电式的从12~50 mm或更大。

连接方式:一般常见的有插针(DIP)、焊线(Wire)、贴片(SMD),压电式大尺寸的还有螺丝连接方式。

音压:蜂鸣器常以10 cm的距离作为测试标准,距离增加一倍,大概会衰减6 dB,反之距离缩短一倍则会增加6 dB,电磁式蜂鸣器大约能达到85 dB/10 cm的水准,压电式蜂鸣器可以做得很大声,常见的警报器,都是以压电式蜂鸣器制成。

课 后 习 题

一、选择题

1. 对于可见光区、紫外光区、红外光区,其波长范围的大小顺序为(　　)。
   A. 可见光区>紫外光区>红外光区　　B. 可见光区>红外光区>紫外光区
   C. 红外光区>可见光区>紫外光区　　D. 紫外光区>可见光区>红外光区
2. 人体辐射红外线波长在(　　)范围,人活动频率范围一般在(　　)之间,热释电传感器可以监控人的活动情况。
   A. 8~12 μm　　B. 0.1~10 Hz　　C. 30~40 μm　　D. 100~1 000 Hz
3. 蜂鸣器选购时不需要考虑(　　)?
   A. 工作电压　　B. 消耗电流　　C. 驱动方式
   D. 连接方式　　E. 工作原理

二、填空题

1. 光照度的国际单位是_____,1 Lx相当于1流明_____。
2. 发光二极管的英文简称为_____。
3. 蜂鸣器连接方式:_____、_____、_____压电式大尺寸的还有螺丝连接方式。
4. 常见蜂鸣器的工作电压_____,输出_____的音频信号。
5. 用遥控器调换电视机频道的过程,实际上就是传感器把_____转化为_____的过程。

三、思考题

1. 红外循迹小车是如何走规定线路的,其原理是否跟人体红外相同?
2. 人体红外传感器是否可以捕捉到人与传感器的距离?可以的话请设计出一个设备,当人距离近时,蜂鸣器发出声音越响;当人距离远时,蜂鸣器发出声音越弱。

四、操作题

1. 改变蜂鸣器输出,是否可以发出莫斯密码的声音。
2. 改变人体红外传感器模块的阈值进行实验,总结阈值对实验效果的影响。

单元十四

应用层——PM2.5 环境监测技术

学习目标

(1) 认识 PM2.5 传感器模块、气压传感器模块和 LCD 显示模块。
(2) 掌握 PM2.5 传感器模块、气压传感器模块实验操作。
(3) 观察实验现象，了解无线传感器数据传递的过程。
(4) 分析总结 PM2.5 传感器、气压传感器模块的应用。
(5) 了解 PM2.5 的最新标准。

近几年，空气污染越来越引起高度重视，衡量空气质量的依据是由空气中污染物浓度的高低来判断的，空气污染的污染物包括烟尘、总悬浮颗粒物、可吸入颗粒物（PM10）、细颗粒物（PM2.5）、二氧化硫、一氧化碳、臭氧、挥发性有机化合物等，这其中颗粒属 PM2.5 的污染物危害最大。空气污染是一个复杂的现象，在特定时间和地点空气污染物浓度受到诸多因素影响，而来自固定或流动污染源的人为污染物排放，是影响空气质量的最主要因素之一，这其中包括车辆、船舶、飞机的尾气、工业污染、居民生活和取暖、垃圾焚烧等。

本实验通过对 PM2.5 传感器的使用，来了解此类传感器的原理，工作过程，以及使用方法，学习理解 PM2.5 的应用，寻找解决 PM2.5 污染的方法。

前期准备

(1) 无线传感网教学套件实验箱若干组（4 人一组）。
(2) 笔记本式计算机若干台，与实验箱配套。
(3) 相关配套的光盘软件。

任务一 PM2.5 环境监测实验

任务描述

生活中空气净化器已经逐渐推广开来，这种机器的原理是什么，如何衡量它们的效果？这是本任务要回答的问题。

任务分析

本任务的目的是了解PM2.5环境监测的过程，了解其基本原理，为未来进行相应的监测操作打下基础。

任务实施

认识实验节点板模块

实验所用的模块包括PM2.5传感器模块、气压传感器模块、LED显示器模块。

图14-1所示为PM2.5传感器模块。

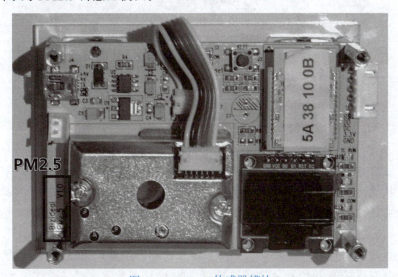

图14-1　PM2.5传感器模块

图14-2所示为气压传感器。

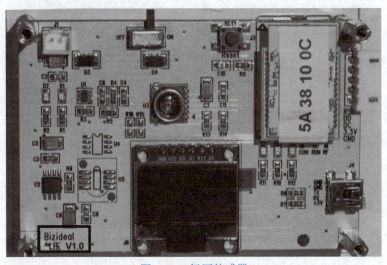

图14-2　气压传感器

图14-3所示为LCD显示器模块。

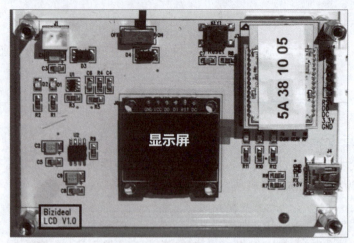

图 14-3　LCD 显示器模块

操作步骤：

步骤一：烧写代码（具体操作见实验十一）。

步骤二：打开配置工具（即上位机）。

配置工具（上位机）介绍见实验十一。

步骤三：将 USB 串口线与 PM2.5 传感器连接，打开 PM2.5 传感器的电源开关，单击"查找可用端口"按钮，在右侧下拉列表框中可自动读取到系统现在可以使用的端口，选择 USB 串口线对应的端口（可在 Windows 系统的设备管理器中，通过插拔 USB 串口线的方法，识别该线对应的是哪个端口），单击"打开选中端口"按钮，打开选中的端口。

步骤四：单击"读地址"按钮，可读取 PM2.5 传感器的地址，显示在按钮左侧的"地址"文本框中；同时会自动读出 PM2.5 传感器采集到的 PM2.5 数值，显示在下方的文本框内，并在屏幕右侧自动绘制 PM2.5 数值折线图，直观地反映 PM2.5 的变化情况，如图 14-4 所示。

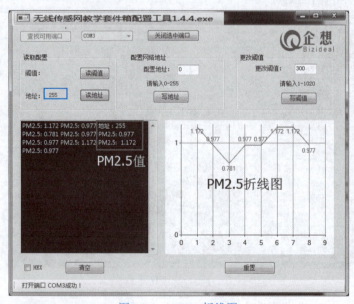

图 14-4　PM2.5 折线图

步骤五:单击"关闭选中端口"按钮,将 USB 串口线与气压传感器连接,打开气压传感器(开关置于"ON"),单击"打开选中端口"按钮打开选中的端口。然后单击"读地址"按钮,可读取气压传感器的地址,显示在按钮左侧的"地址"文本框中;同时会自动读出气压传感器采集到的气压数值,显示在下方的文本框内,并在屏幕右侧自动绘制气压数值折线图,直观地反映气压的变化情况,如图 14-5 所示。

与 PM2.5 传感器的地址相比较,如果地址不一致,可在"配置网络地址"区域重新配置气压传感器的地址,保持网络地址一致。具体方法是,将需要配置的地址输入到"配置地址"文本框中,然后单击"写地址"按钮,即可完成网络地址的配置。

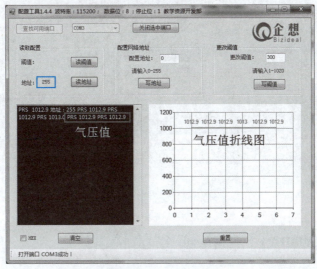

图 14-5　气压值折线图

步骤六:单击"关闭选中端口"按钮,将 USB 串口线与 LCD 显示器连接,打开 LCD 显示器(开关置于"ON"),单击"打开选中端口"按钮打开选中的端口。单击"读地址"按钮,可读取 LCD 显示器的地址,如图 14-6 所示。

图 14-6　读取地址

与 PM2.5 传感器的地址相比较，如果地址不一致，可在"配置网络地址"区域重新配置 LCD 显示器的地址，保证网络地址一致。具体方法是，将需要配置的地址输入到"配置地址"文本框中，然后单击"写地址"按钮，即可完成网络地址的配置。

步骤七：观察实验现象（LCD 显示器显示屏上的数据）。

说明：网络地址一致时 PM2.5 传感器、气压传感器和 LCD 显示器之间可以实现无线通信。此时，PM2.5 浓度值、气压值，都会在 LCD 显示屏上显示，如图 14-7 所示。

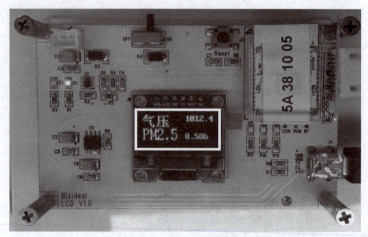

图 14-7 观察数据显示

任务二 了解 PM2.5 传感器的应用

任务描述

PM2.5 是指在环境空气中空气动力学当量直径小于或等于 2.5 μm 的颗粒物。它能较长时间悬浮于空气中，其在空气中含量浓度越高，就代表空气污染越严重。虽然 PM2.5 只是地球大气成分中含量很少的组分，但它对空气质量和能见度等有重要的影响。与较粗的大气颗粒物相比，PM2.5 粒径小、面积大、活性强，易附带有毒、有害物质（如重金属、微生物等），且在大气中的停留时间长、输送距离远，因而对人体健康和大气环境质量的影响更大。所以我们要重视它们，对它们进行监测。

任务分析

本任务学习 PM2.5 传感器的原理，了解气压传感器的工作过程，了解它们的类型及产品，理解常用产品的主要技术参数，分析不同的类型产品在不同场所的应用

任务实施

一、了解 PM2.5 传感器

PM2.5 传感器又称粉尘传感器、灰尘传感器，可以用来检测周围空气中的粉尘浓度，即 PM2.5 值大小。空气动力学把直径小于 10 μm 能进入肺泡区的粉尘通常称为呼吸性粉尘。直径在 10 μm 以上的尘粒大部分通过撞击沉积，在人体吸入时大部分沉积在鼻咽部，而 10 μm

以下的粉尘可进入呼吸道的深部。而在肺泡内沉积的粉尘大部分是 5 μm 以下的粉尘。

PM10 则是指环境空气中空气动力学当量直径小于或等于 10 μm 的颗粒物。PM2.5 细颗粒物直径小，在大气中悬浮的时间长、传播扩散的距离远，且通常含有大量有毒有害的物质，因而对人体健康影响更大，PM2.5 可进入肺部、血液，如果带有病菌会对人体有很大的危害，包括对人们的呼吸道系统、心血管系统，甚至生殖系统。

PM2.5 粉尘传感器的工作原理是根据光的散射原理来开发的，微粒和分子在光的照射下会产生光的散射现象，与此同时，还吸收部分照射光的能量。当一束平行单色光入射到被测颗粒场时，会受到颗粒周围散射和吸收的影响，光强将被衰减。如此一来便可求得入射光通过待测浓度场的相对衰减率。而相对衰减率的大小基本上能线性反应待测场灰尘的相对浓度。光强的大小和经光电转换的电信号强弱成正比，通过测得电信号就可以求得相对衰减率，进而就可以测定待测场里灰尘的浓度。

PM2.5 传感器被设计用来感应空气中的尘埃粒子，其内部对角安放着红外线发光二极管和光电晶体管，它们的光轴相交，当带灰尘的气流通过光轴相交的交叉区域，粉尘对红外光反射，反射的光强与灰尘浓度成正比。光电晶体管使得其能够探测到空气中尘埃反射光，即使非常细小的（如烟草烟雾颗粒）也能够被检测到，红外发光二极管发射出光线遇到粉尘产生反射光，接收传感器检测到反射光的光强，输出信号，根据输出信号光强的大小判断粉尘的浓度，通过输出两个不同的脉宽调制信号（PWM）区分不同灰尘颗粒物的浓度。

二、了解工作原理

PM2.5 传感器按工作原理可分为如下四类：

1．光散射法

光散射原理有 LED 光（普通光学）、激光等原理，传感器可以有效地探测出粒径约 0.5 μm 以上颗粒。由于光散射原理探头相对便宜、探头易安装、质量相对稳定，探头灵敏度高、数据可靠性大。目前市面上光散射法应用较普遍，是 PM2.5 监测的较好选择。

光散射法探测的基本原理如图 14-8 所示。

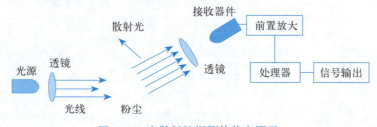

图 14-8　光散射法探测的基本原理

2．重量法

重量法探测的原理是分别通过一定切割特征的采样器，以恒速抽取定量体积空气，使环境空气中的 PM2.5 和 PM10 被截留在已知质量的滤膜上，根据采样前后滤膜的质量差和采样体积，计算出 PM2.5 和 PM10 的浓度。

3．微量振荡天平法

TEOM 微量振荡天平法是在质量传感器内使用一个振荡空心锥形管，在其振荡端安装可更换的滤膜，振荡频率取决于锥形管的特征和其质量。当采样气流通过滤膜，其中的颗粒物沉积在滤膜上，滤膜的质量变化导致振荡频率的变化，通过振荡频率变化计算出沉积在滤膜上颗粒物的质量，再根据流量、现场环境温度和气压计算出该时段颗粒物标志的质量浓度。

4．Beta 射线法 / β 射线法

Beta 射线仪是利用 Beta 射线衰减的原理，将环境空气由采样泵吸入采样管，经过滤膜后排出，颗粒物沉淀在滤膜上，当 β 射线通过沉积着颗粒物的滤膜时，Beta 射线的能量衰减，通过对衰减量的测定便可计算出颗粒物的浓度。

三、常用产品介绍

（1）产品名称：某公司产 PM2.5 环境检测仪。

（2）产品型号：XX-PD400。

（3）主要应用场所：

- 宾馆、展览馆、医院、商场、饭店、机场、火车站、娱乐厅、影剧院等公共场所；
- 家庭、别墅、办公楼、会议室、教室等场所；
- 厂房、车间、温室、洁净室等工业应用场合。

（4）产品主要特点：

- 可作为测试环境 PM2.5 的参考，适用范围 $0 \sim 500$ μg/m³。
- 稳定时间短：大约 1 min。
- 采用光学检测原理，反应时间更快。
- 实现自动实时采样，可以长期使用。
- 友好型设计使维护更简单。
- 满足国家《环境空气质量标准》和 WHO（世卫组织）对于颗粒物的空气质量准则值所规定的数值范围测试要求。

（5）主要技术参数（见表 14-1）。

表 14-1　XX-PD400 PM2.5 环境检测仪主要技术参数

序　号	项　　目	参　　数
1	测量输出	PM2.5
2	量程（可吸入颗粒物测量范围）	$0 \sim 1000$ μg/m³
3	直径分辨率	0.3 μm
4	相对误差	10%
5	数据输出频率	1 s
6	响应时间	1 s
7	工作温度范围	$-20 \sim +50$ ℃
8	湿度	0% ～ 95%RH 非凝露
9	供电电压	+5 V、+12 V 可选
10	最大工作电流	100 mA
11	输出方式	RS-485、RS-232
12	大气压力	$86 \sim 110$ kPa
13	通信协议	标准 Modbus RTU
14	通信波特率	9600；1 位起始位，8 位数据位，1 位停止位，无奇偶校验

四、气压传感器

气压传感器是用于测量气体绝对压强的仪器，适用于与气体压强相关的物理实验，如气体定律等，也可以在生物和化学实验中测量干燥、无腐蚀性的气体压强。

一般气压传感器主要的传感元件是一个对气压的强弱敏感的薄膜和一个顶针接触控制，电路方面它连接了一个柔性电阻器。当被测气体的压力降低或升高时，这个薄膜变形带动顶针，同时该电阻器的阻值将会改变。电阻器的阻值发生变化。从传感元件取得 0～5 V 的信号电压，经过 A/D 转换由数据采集器接收，然后数据采集器以适当的形式把结果传送给计算机，如图 14-9 所示。

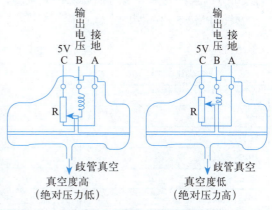

图 14-9　压力传感器原理

电容式进气压力传感器实现原理是氧化铝膜片和背板彼此靠近排列形成电容，利用电容随膜片上下的压力差而改变的性质获得与压力成正比例的电容值信号，如图 14-10 所示。在它受外力作用时，极板之间的间距发生变化，其电容随之变化，把电容传感器作为振荡器谐振回路的一部分，当进气压使电容发生变化时，振荡器回路的谐振频率发生相应变化，其输出信号的频率与进气歧管绝对压力成正比。其频率在 80～120 Hz 内变化，微型计算机控制装置根据信号的频率便可计算出进气歧管的绝对压力。

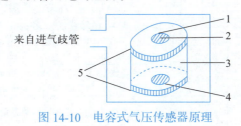

图 14-10　电容式气压传感器原理

1—极引线；2—厚膜电极；3—绝缘质；4—极引线；5—氧化铝膜片

知识拓展

1. 细颗粒物

细颗粒物又称细粒、细颗粒、PM2.5。细颗粒物指环境空气中空气动力学当量直径小于或等于 2.5 μm 的颗粒物。它能较长时间悬浮于空气中，其在空气中含量浓度越高，就代表空气污染越严重。虽然 PM2.5 只是地球大气成分中含量很少的组分，但它对空气质量和能见度等有重要的影响。与较粗的大气颗粒物相比，PM2.5 粒径小，面积大，活性强，易附带有毒、有害物质（如重金属、微生物等），且在大气中的停留时间长、输送距离远，因而对人体健康和大气环境质量的影响更大。

2013 年 2 月，全国科学技术名词审定委员会将 PM2.5 的中文名称命名为细颗粒物。细颗粒物的化学成分主要包括有机碳（OC）、元素碳（EC）、硝酸盐、硫酸盐、铵盐、钠盐（Na^+）等。

细颗粒物的标准是由美国在 1997 年提出的，主要是为了更有效地监测随着工业化日益发达而出现的、在旧标准中被忽略的对人体有害的细小颗粒物。细颗粒物指数已经成为一个重要的测控空气污染程度的指数。

截至 2010 年底，除美国和欧盟一些国家将细颗粒物纳入国标并进行强制性限制外，世界上大部分国家都还未开展对细颗粒物的监测，大多通行对 PM10 进行监测。

根据 PM2.5 检测网的空气质量新标准，24 小时 PM2.5 平均值标准值分布见表 14-2。

表 14-2 24 小时 PM2.5 平均值标准值

空气质量等级	24 小时 PM2.5 平均值标准值
优	0～35 $\mu g/m^3$
良	35～75 $\mu g/m^3$
轻度污染	75～115 $\mu g/m^3$
中度污染	115～150 $\mu g/m^3$
重度污染	150～250 $\mu g/m^3$
严重污染	大于 250 $\mu g/m^3$ 及以上

2021 年 9 月 22 日，世界卫生组织（WHO）发布全球空气质量准则（AQG 2021），见表 14-3。

表 14-3 2005 年《空气质量准则》

污染物	指标	AQG 2005 版	AQG 2021 版	准则值变化原因
PM2.5 ($\mu g/m^3$)	年平均	10	5 ↓	基于大气 PM2.5 浓度低于 100 $\mu g/m^3$ 时对死亡率产生影响的新证据
	24 小时平均	25	15 ↓	根据经验数据研究，将 2005 年假设大气 PM2.5 24 小时平均浓度的第 99 百分位与年均值之间的比率从 2.5 改为 3
PM10 ($\mu g/m^3$)	年平均	20	15 ↓	基于大气 PM10 浓度低于 20 $\mu g/m^3$ 时对死亡率产生影响的新证据；取消 2005 年 PM10 和 PM2.5 质量浓度为 2:1 的经验假设，改用大气 PM10 实测值
	24 小时平均	50	45 ↓	根据经验数据研究，将 2005 年假设大气 PM10 24 小时平均浓度的第 99 百分位与年均值之间的比率从 2.5 改为 3
O_3 ($\mu g/m^3$)	暖季峰值（6 个月）	—	60（新增）	基于大气 O_3 对总死亡率和呼吸系统死亡率长期影响的新证据
	日最大 8 小时平均	100	100	评估结果与 AQG 2005 版一致
NO_2 ($\mu g/m^3$)	年平均	40	10 ↓	基于大气 NO_2 对全因和呼吸系统死亡率长期影响的新证据（AQG 2005 版是基于室内烹饪、燃气产生的 NO_2 在儿童中观察到的发病率影响）
	24 小时平均	—	25（新增）	基于大气长期 NO_2 对全因和呼吸道死亡率的影响
	1 小时平均	200	200	沿用了 WHO 于 2000 年发布的欧洲 AQG 第二版限值，未重新评估
SO_2 ($\mu g/m^3$)	24 小时平均	20	40 ↑	基于短期 SO_2 浓度对全因死亡率和呼吸系统死亡率影响的证据放宽指标（WHO 认为 AQG 2005 版在 SO_2 指导值确定方面，所采用的研究证据和方法存在较大不确定性）
	10 分钟平均	500	500	沿用 WHO AQG 2005 版，未重新评估
CO (mg/m^3)	24 小时平均	—	4	基于短期大气 CO 浓度对心肌梗死住院患者影响的评估，采用新的评估程序

2. 主要危害

虽然细颗粒物只是地球大气成分中含量很少的组分，但它对空气质量和能见度等有重要影响。与较粗的大气颗粒物相比，细颗粒物粒径小，富含大量的有毒、有害物质且在大气中的停留时间长、输送距离远，因而对人体健康和大气环境质量的影响更大。研究表明，颗粒越小对人体健康的危害越大。细颗粒物能飘到较远的地方，因此影响范围较大。

细颗粒物对人体健康的危害要更大，因为直径越小，进入呼吸道的部位越深。10 μm 直径的颗粒物通常沉积在上呼吸道，2 μm 以下的可深入到细支气管和肺泡。细颗粒物进入人体到肺泡后，直接影响肺的通气功能，使机体容易处在缺氧状态。

1）全球每年约 210 万人死于 PM2.5 等颗粒物浓度上升

据悉，2012 年联合国环境规划署公布的《全球环境展望 5》指出，每年有 70 万人死于因臭氧导致的呼吸系统疾病，有近 200 万的过早死亡病例与颗粒物污染有关。《美国国家科学院院刊》（PNAS）也发表了研究报告，报告中称，人类的平均寿命因为空气污染可能已经缩短了 5 年半。

2）伦敦毒雾事件

1952 年 12 月 5 日的毒雾事件是伦敦历史上最惨痛的时刻之一，那场毒雾造成至少 4000 人死亡，无数伦敦市民呼吸困难，交通瘫痪多日，数百万人受影响。

3）世界卫生组织首次认定 PM2.5 致癌

2013 年 10 月 17 日，世界卫生组织下属国际癌症研究机构发布报告，首次指认大气污染对人类致癌，并视其为普遍和主要的环境致癌物。然而，虽然空气污染作为一个整体致癌因素被提出，它对人体的伤害可能是由其所含的几大污染物同时作用的结果。

4）伤害器官

对颗粒的长期暴露可引发心血管病和呼吸道疾病以及肺癌。当空气中 PM2.5 的浓度长期高于 10 μg/m^3，就会带来死亡风险的上升。浓度每增加 10 μg/m^3，总死亡风险上升 4%，心肺疾病带来的死亡风险上升 6%，肺癌带来的死亡风险上升 8%。此外，PM2.5 极易吸附多环芳烃等有机污染物和重金属，使致癌、致畸、致突变的概率明显升高。

5）影响气候

人们一般认为，PM2.5 只是空气污染。其实，PM2.5 对整体气候的影响可能更糟糕。PM2.5 能影响成云和降雨过程，间接影响着气候变化。大气中雨水的凝结核，除了海水中的盐分，细颗粒物 PM2.5 也是重要的源。有些条件下，PM2.5 太多了，可能"分食"水分，使天空中的云滴都长不大，蓝天白云就变得比以前更少；有些条件下，PM2.5 会增加凝结核的数量，使天空中的雨滴增多，极端时可能发生暴雨。

课 后 习 题

一、思考题

1. 如何提高 PM2.5 传感器的检测精度？
2. 通过 PM2.5 传感器如何有效控制家中 PM2.5？（提示当 PM2.5 传感器达到阈值时触发空气净化器、空调、关闭门窗等）

二、操作题

1. 请在学校最低处测量气压和最高处测量气压，请记录数据，查看细微变化。
2. 改变 PM2.5 传感器的阈值进行实验，总结阈值对实验效果的影响。

单元十五 应用层——网络监测技术

学习目标

(1) 无线传感网综合实验工具 1.0 版本的使用方法。
(2) 掌握智能家居各节点与控制端的无线通信原理。
(3) 了解无线通信技术的特点及区别。
(4) 了解网络监测技术应用。
(5) 了解无线网络的安全要求。

智能家居上位机检测系统由两大部分组成：以 PC 为核心的家庭主监控中心及分散于各监控点的，以单片机为从控制中心的智能家电和监控设备前端系统；以智能手机为远程控制器，利用互联网作为桥梁实现远程异地控制。

系统功能实现是监控中心 PC 通过单片机监控软件实时循环采集各项数据，当发现异常情况时，系统通过短信或图像等报警方式给用户发送短信，并根据预先设置的应急程序进行处理，如烟雾、燃气检测异常等。用户也可通过手机或计算机利用互联网访问控制器站点对智能家电进行远程设置，如空调/电热水器的开启/关闭及其温度设置等。

前期准备

(1) 无线传感网教学套件实验箱若干组（4 人一组）。
(2) 笔记本式计算机若干台，与实验箱配套。
(3) 相关配套的光盘软件。

任务一 网络监测技术实验

任务描述

监测、监控是现今小区管控非常重要的技术应用。而监测技术可以推广到更广泛的环境监测、监控中。环境监测是包括对环境质量状况进行监视和测定的活动。监测的主要内容包括物理指标的监测、化学指标的监测和生态系统的监测等。对环境的保护非常重要。其基本原理与今天学习的监测技术非常类似。

单元十五 | 应用层——网络监测技术

任务分析

本任务介绍无线传感网中传感模块与平板电脑和笔记本式计算机的连接,在平板电脑设备上需要安装 App 软件,在笔记本式计算机上需要安装应用程序,通过 App 软件或程序实现信息的传送、显示。

任务实施

实验步骤

本任务操作分两大环节,一是配置平板电脑 App 软件;二是通过笔记本式计算机与协调器连接,通过应用程序操控设备。

本实验主要有两大操作环节:

环节一:配置网络,实现各模块间连网。

步骤一:将协调器通电。电源适配器插入协调器电源插孔供电,如图 15-1 所示。

电源适配器亮绿灯,正常通电;协调器上 D2、D4、D12 灯亮,D2、D12 亮红灯,D4 亮绿灯,Wi-Fi 模块上亮绿灯,此时,协调器可正常工作。

步骤二:打开套件箱内的平板电脑,搜索 WLAN 网络,找到协调器 Wi-Fi 模块发射出来的信号,点击连接,如图 15-2 所示。

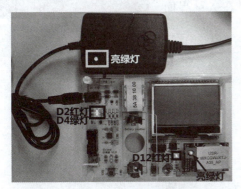

图 15-1 启动协调器

图 15-2 连接 Wi-Fi

注意:WLAN 域名与协调器 Wi-Fi 模块标签名称是一致的,如图 15-3 所示。

图 15-3 协调器 Wi-Fi 模块标签

连接后,协调器的 D13 亮红灯,表示组网成功,如图 15-4 所示。

步骤三:打开平板电脑上的 App 程序"企想无线传感网",如图 15-5 所示。

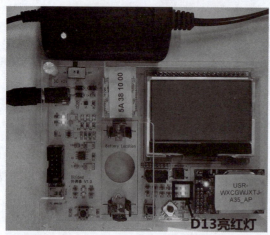

图 15-4　组网成功

图 15-5　打开平板电脑上 App 程序

步骤四：进入 App 界面后，输入 IP 地址。IP 地址贴在平板电脑的背面，如图 15-6 所示。

设置相应的 IP 地址，如图 15-7 所示。

步骤五：给各个感应模块通电，并打开各个感应模块的开关，就可以采集到不同的环境数据，并且在 App 界面中显示，如图 15-8 所示。

图 15-6　配置网络地址

其中温度环境数据和湿度环境数据是通过一个温、湿度感应模块感应得到的。

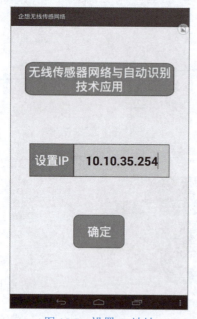

图 15-7　设置 IP 地址

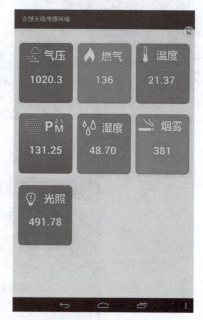

图 15-8　显示查询数据

环节二：将平板电脑或计算机接入网络、显示并监测。

步骤一：用串口线将协调器与计算机连接。与 Wi-Fi 通信不同的是，协调器与计算机连接之后协调器上的 D13 不亮灯，如图 15-9 所示。

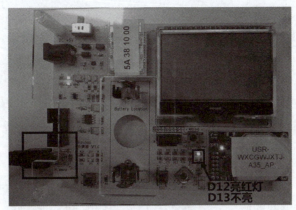

图 15-9　连接计算机与协调器

步骤二：打开无线传感网配置工具，单击"查找端口"按钮，找到并选择 COM3 端口，单击"打开"按钮，如图 15-10 所示。

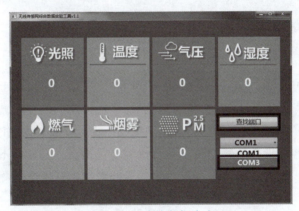

图 15-10　查询数据内容

步骤三：将各个传感器模块接入电源通电，并打开开关，等待几秒之后，周围环境的相应数据就会被上传到配置工具中，如图 15-11 所示。

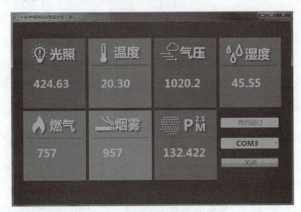

图 15-11　查询数据结果

有了手机端与 PC 端的软件，就可以通过这些数据比较直观地了解周围环境的变化，使用方法也很简单、方便。

任务二　了解网络监测应用

任务描述

物联网中的网络监测不同于互联网中的监测，它主要用于对信息节点不间断地信息采集、分析，当数据出现异常时，能及时发出提示信息或报警信息，以提醒操作人员进行及时处理。网络监测也是物联网系统应用的重要内容之一。

任务分析

本任务介绍无线传感网的概念，了解无线传感网的特征，通过ZigBee、Wi-Fi建立平板电脑、计算机、协调器、节点板间的网络连接，实现信息传送及网络监控

任务实施

一、了解无线传感器网

1. 无线传感器定义

无线传感网络（Wireless Sensor Networks，WSN）是当前在国际上备受关注的、涉及多学科高度交叉、知识高度集成的前沿热点研究领域。传感器技术、微机电系统、现代网络和无线通信等技术的进步，推动了现代无线传感器网络的产生和发展。无线传感器网络扩展了人们的信息获取能力，将客观世界的物理信息同传输网络连接在一起，在下一代网络中将为人们提供最直接、最有效、最真实的信息。无线传感器网络能够获取客观物理信息，具有十分广阔的应用前景，能应用于军事国防、工农业控制、城市管理、生物医疗、环境检测、抢险救灾、危险区域远程控制等领域。已经引起了许多国家学术界和工业界的高度重视，被认为是对21世纪产生巨大影响力的技术之一。

无线传感器网络由部署在监测区域内大量的微型传感器节点组成，通过无线通信方式形成的一个多跳的自组织的网络系统，其目的是协作地感知、采集和处理网络覆盖区域中被感知对象的信息，并发送给观察者。传感器、感知对象和观察者构成无线传感器网络的三个要素。

无线传感器网络是一种由大量小型传感器所组成的网络。这些小型传感器一般称作传感器节点（sensor node）。此种网络中一般也有一个或几个基站（sink）用来集中从小型传感器收集数据，如图15-12所示。

2. 无线传感器网络的体系结构

传感器网络系统通常包括传感器节点（sensor node）、汇聚节点（sink node）和管理节点。大量传感器节点随机部署在监测区域内部或附近，能够通过自组织方式构成网络。传感器节点监测的数据沿着其他传感器节点逐跳地进行传输，在传输过程中监测数据可能被多个节点处理，经过多跳后路由到汇聚节点，最后通过互联网或卫星到达管理节点。用户通过管理节点对传感器网络进行配置和管理，发布监测任务以及收集监测数据，如图15-13所示。

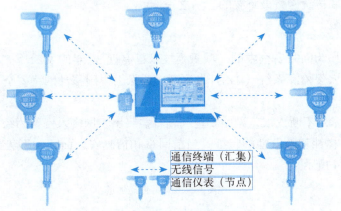

图 15-12　无线传感器网络

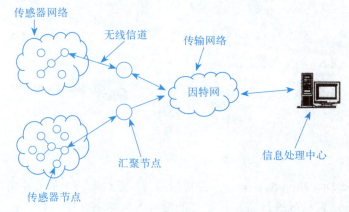

图 15-13　无线传感器网体系结构

传感器节点由传感器模块、处理器模块、无线通信模块和能量供应模块四部分组成。传感器模块负责监测区域内信息的采集和数据转换；处理器模块负责控制整个传感器节点的操作，存储和处理本身采集的数据以及其他节点发来的数据；无线通信模块负责与其他传感器节点进行无线通信，交换控制信息和收发采集数据；能量供应模块为传感器节点提供运行所需的能量，通常采用微型电池。

3．无线传感器网络的特征

无线自组网（mobile ad-hoc network）是一个由几十到上百个节点组成的、采用无线通信方式、动态组网的多跳的移动性对等网络。其目的是通过动态路由和移动管理技术传输具有服务质量要求的多媒体信息流。通常节点具有持续的能量供给。

传感器网络虽然与无线自组网有相似之处，但同时也存在很大差别。传感器网络是集成了监测、控制以及无线通信的网络系统，节点数目更为庞大（上千甚至上万），节点分布更为密集；由于环境影响和能量耗尽，节点更容易出现故障；环境干扰和节点故障易造成网络拓扑结构的变化；通常情况下，大多数传感器节点是固定不动的。另外，传感器节点具有的能量、处理能力、存储能力和通信能力等都十分有限。传统无线网络的首要设计目标是提供高服务质量和高效带宽利用，其次才考虑节约能源；而传感器网络的首要设计目标是能源的高效利用，这也是传感器网络和传统网络最重要的区别之一。

二、了解网络安全技术

入侵检测技术作为网络安全中的一项重要技术已有近 30 年的发展历史，随着中国移动网络的开放与发展，入侵检测系统（IDS）也逐渐成为保卫中国移动网络安全不可或缺的安全设备之一。

随着互联网技术的不断发展，网络安全问题日益突出。网络入侵行为经常发生，网络攻击的方式也呈现出多样性和隐蔽性的特征。当前网络和信息安全面临的形势严峻，网络安全的主要威胁如图 15-14 所示。

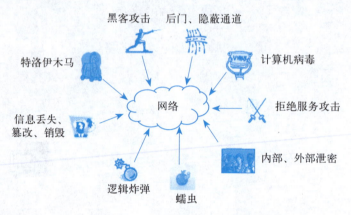

图 15-14　网络入侵安全威胁

IDS（Intrusion Detection System，入侵检测系统）是依照一定的安全策略，通过软件和硬件对网络、系统的运行状况进行监视，尽可能发现各种攻击企图、攻击行为或攻击结果，以保证网络系统资源的机密性、完整性和可用性。IDS 通用模型如图 15-15 所示。

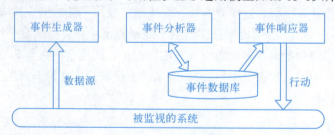

图 15-15　IDS 通用模型

与防火墙不同，IDS 是一个监听设备，无须网络流量流经它，便可正常工作，即 IDS 采用旁路部署方式接入网络。与防火墙相比 IDS 有如下优势：

（1）IDS 是旁路设备，不影响原有链路的速度。

（2）由于具有庞大和详尽的入侵知识库，可以提供非常准确的判断识别，漏报和误报率远远低于防火墙。

（3）日志记录非常详细，包括访问的资源、报文内容等。

（4）无论 IDS 工作与否，都不会影响网络的连通性和稳定性。

（5）能够检测未成功的攻击行为。

（6）可对内网进行入侵检测等。

同时，与防火墙相比，IDS 具有如下劣势：

（1）检测效率低，不能适应高速网络检测。

（2）针对 IDS 自身的攻击无法防护。

（3）不能实现加密、杀毒功能。

（4）检测到入侵，只进行告警，而无阻断等。

IDS 和防火墙均具备对方不可代替的功能，因此在很多应用场景中，IDS 与防火墙共存，形成互补。

视频

网络监测及网络安全

知识拓展

一、无线传感器网络的关键技术

无线传感网目前研究的难点涉及通信、组网、管理、分布式信息处理等方面。无线传感网有相当广泛的应用前景，但是也面临很多的关键技术需要解决。下面列出部分关键技术：

1. 网络拓扑管理

无线传感网是自组织的，如果有一个很好的网络拓扑控制管理机制，对于提高路由协议和 MAC 协议效率是很有帮助的，而且有利于延长网络寿命。目前这个方面主要的研究方向是在满足网络覆盖度和连通度的情况下，通过选择路由路径，生成一个能高效地转发数据的网络拓扑结构。拓扑控制分为节点功率控制和层次型拓扑控制。节点功率控制是控制每个节点的发射功率，均衡节点单跳可达的邻居数目。而层次型拓扑控制采用分簇机制，有一些节点作为簇头，它将作为一个簇的中心，簇内每个节点的数据都要通过它来转发。

2. 网络协议

因为传感器节点的计算能力、存储能力、通信能力、携带的能量有限，每个节点都只能获得局部网络拓扑信息，在节点上运行的网络协议也要尽可能简单。目前研究的重点主要集中在网络层和 MAC 层上。网络层的路由协议主要控制信息的传输路径，好的路由协议不但能考虑到每个节点的能耗，还要能够关心整个网络的能耗均衡，使得网络的寿命尽可能保持得长一些。目前，已经提出了一些比较好的路由机制。设计无线传感网的 MAC 协议首先要考虑的是节省能量和可扩展性，其次考虑公平性和带宽利用率。由于能量消耗主要发生在空闲监听、碰撞重传和接收到不需要的数据等方面，MAC 层协议的研究也主要体现在如何减少上述三种情况，从而降低能量消耗，以延长网络和节点寿命。

3. 网络安全

无线传感网除了考虑上面提出的两方面问题外，还要考虑数据的安全性，这主要从两方面考虑。一方面是从维护路由安全的角度出发，寻找尽可能安全的路由，以保证网络的安全。有人提出了一种叫"有安全意识的路由"的方法，其思想是找出真实值和节点之间的关系，然后利用这些真实值生成安全的路由。另一方面是把重点放在安全协议方面，在此领域也出现了大量研究成果。在具体的技术实现上，先假定基站总是正常工作的，并且总是安全的，满足必要的计算速度、存储器容量，基站功率满足加密和路由的要求；通信模式是点到点，通过端到端的加密保证了数据传输的安全性；射频层的正常工作。基于以上前提，典型的安全问题可以总结为：信息被非法用户截获；一个节点遭破坏；识别伪节点；如何向已有传感器网络添加合法的节点等四方面。

4．定位技术

节点定位是确定传感器的每个节点的相对位置或绝对位置。节点定位在军事侦察、环境检测、紧急救援等应用中尤其重要。节点定位分为集中定位方式和分布定位方式。定位机制要满足自组织性、健壮性、能量高效和分布式计算等要求。定位技术也主要有基于距离的定位和距离无关的定位两种方式。其中基于距离的定位对硬件要求比较高，通常精度也比较高。与距离无关的定位对硬件要求较小，受环境因素的影响也较小，虽然误差较大，但是其精度已经足够满足大多数传感器网络应用的要求，所以这种定位技术是研究的重点。

5．时间同步技术

传感器网络中的通信协议和应用（如基于 TDMA 的 MAC 协议和敏感时间的监测任务等）要求节点间的时钟必须保持同步。J. Elson 和 D. Estrin 曾提出了一种简单实用的同步策略。其基本思想是，节点以自己的时钟记录事件，随后用第三方广播的基准时间加以校正，精度依赖于对这段间隔时间的测量。这种同步机制应用在确定来自不同节点的监测事件的先后关系时有足够的精度，设计高精度的时钟同步机制是传感器网络设计和应用中的一个技术难点。普遍认为，考虑精简 NTP（network time protocol）协议的实现复杂度，将其移植到传感器网络中来应该是一个有价值的研究课题。

6．数据融合

传感器网络为了有效地节省能量，可以在传感器节点收集数据的过程中，利用本地计算和存储能力将数据进行融合，取出冗余信息，从而达到节省能量的目的。数据融合可以在多个层次中进行。在应用层中，可以应用分布式数据库技术，对数据进行筛选，达到融合效果。在网络层中，很多路由协议结合了数据融合技术，以减少数据传输量。MAC 层也能减少发送冲突和头部开销来达到节省能量的目的。当然，数据融合是以牺牲延时等代价来换取能量的节约。

7．嵌入式操作系统

传感器节点是一个微型的嵌入式系统，携带非常有限的硬件资源，需要操作系统能够节能高效地使用其有限的内存、处理器和通信模块，且能够对各种特定应用提供最大的支持。在面向无线传感器网络的操作系统的支持下，多个应用可以并发地使用系统的有限资源。美国加州大学伯克利分校研发了 tinyos 操作系统，在科研机构的研究中得到了比较广泛的使用，但目前仍然存在不足之处。

二、无线传感器网络的构成

传感器节点是一种非常小型的计算机，一般由以下几部分组成：

（1）处理器和内存（一般能力都比较有限）。

（2）各类传感器（温度、湿度、声音、加速度、全球定位等）。
（3）通信设备（一般是无线电收发器或光学通信设备）。
（4）电池（一般是干电池，也有使用太阳能电池的）。
（5）其他设备，包括各种特定用途的芯片、串行并行接口（如 USB、RS-232 等）。

三、无线传感器网络的安全需求

在设计传感器网络时，要充分考虑通信和信息安全，结合传感器网络的特点，满足其独特的安全需求。

1．数据机密性

数据机密性是重要的网络安全需求，要求所有敏感信息在存储和传输过程中都要保证其机密性，不得向任何非授权用户泄露信息的内容。

2．数据完整性

有了机密性保证，攻击者可能无法获取信息的真实内容，但接收者并不能保证其收到的数据是正确的，因为恶意的中间节点可以截获、篡改和干扰信息的传输过程。通过数据完整性鉴别，可以确保数据传输过程中没有任何改变。

3．数据新鲜性

数据新鲜性问题是强调每次接收的数据都是发送方最新发送的数据，以此杜绝接收重复的信息。保证数据新鲜性的主要目的是防止重放（Replay）攻击。

4．可用性

可用性要求传感器网络能够随时按预先设定的工作方式向系统的合法用户提供信息访问服务，但攻击者可以通过伪造和信号干扰等方式使传感器网络处于部分或全部瘫痪状态，破坏系统的可用性，如拒绝服务（Denial of Service）攻击。

5．异变性

无线传感器网络具有很强的动态性和不确定性，包括网络拓扑的变化、节点的消失或加入、面临各种威胁等，因此，无线传感器网络对各种安全攻击应具有较强的适应性，即使某次攻击行为得逞，该性能也能保障其影响最小化。

6．访问控制

访问控制要求能够对访问无线传感器网络的用户身份进行确认，确保其合法性。

四、无线传感器网络的主要用途

由于技术等方面的制约，无线传感器网络的大规模商业应用还有待时日，但是最近几年，随着计算成本的下降以及微处理器体积越来越小，已有为数不少的无线传感器网络开始投入使用。目前无线传感器网络的应用主要集中在以下领域：

1．环境的监测和保护

随着人们对环境问题的关注程度越来越高，需要采集的环境数据也越来越多，无线传感器网络的出现为随机性的研究数据获取提供了便利，并且还可以避免传统数据收集方式给环境带来的侵入式破坏。比如，英特尔实验室研究人员曾经将 32 个小型传感器接入互联网，以读出缅因州"大鸭岛"上的气候，用来评价一种海燕巢的条件。无线传感器网络还可以跟踪候鸟和昆虫的迁移，研究环境变化对农作物的影响，监测海洋、大气和土壤的成分等。此外，它也可以应用在精细农业中，来监测农作物中的害虫、土壤的酸碱度和施肥状况等。

2．医疗护理

无线传感器网络在医疗研究、护理领域也可以大展身手。罗彻斯特大学的科学家使用无线传感器创建了一个智能医疗房间，使用微尘来测量居住者的重要征兆（血压、脉搏和呼吸）、睡觉姿势以及每天 24 小时的活动状况。英特尔公司也推出了无线传感器网络的家庭护理技术。该技术是作为探讨应对老龄化社会的技术项目 Center for Aging Services Technologies（CAST）的一个环节开发的。该系统通过在鞋、家具以及家用电器等家中道具和设备中嵌入半导体传感器，帮助老龄人士、阿尔茨海默氏病患者以及残障人士的家庭生活。利用无线通信将各传感器联网可高效传递必要的信息从而方便接受护理。而且还可以减轻护理人员的负担。英特尔主管预防性健康保险研究的董事 Eric Dishman 称："在开发家庭用护理技术方面，无线传感器网络是非常有前途的领域。"

3．军事领域

由于无线传感器网络具有密集型、随机分布的特点，使其非常适合应用于恶劣的战场环境中，包括侦察敌情、监控兵力、装备和物资，判断生物化学攻击等多方面。美国国防部远景计划研究局已投资几千万美元，帮助大学进行"智能尘埃"传感器技术的研发。

4．目标跟踪

DARPA 支持的 Sensor IT 项目探索如何将 WSN 技术应用于军事领域，实现所谓"超视距"战场监测。UCB 的教授主持的 Sensor Web 是 Sensor IT 的一个子项目，原理性地验证了应用 WSN 进行战场目标跟踪的技术可行性，翼下携带 WSN 节点的无人机（UAV）飞到目标区域后抛下节点，随机地散落在被监测区域，利用安装在节点上的地震波传感器可以探测到外部目标，如坦克、装甲车等，并根据信号的强弱估算距离，综合多个节点的观测数据，最终定位目标，并绘制出其移动的轨迹。虽然该演示系统在精度等方面还远达不到装备部队用于实战的要求，这种战场侦察模式目前还没有真正应用于实战，但随着美国国防部将其武器系统研制的主要技术目标从精确制导转向目标感知与定位，相信 WSN 提供的这种新颖的战场侦察模式会受到军方的关注。

5．其他用途

无线传感器网络还被应用于一些危险的工业环境（如矿井、核电厂等），工作人员可以通过它来实施安全监测。也可以用在交通领域作为车辆监控的有力工具。尽管无线传感器技术目前仍处于初步应用阶段，但已经展示出了非凡的应用价值，相信随着相关技术的发展和推进，一定会得到更大的应用。

课 后 习 题

一、选择题

1. 下列不属于RFID系统安全问题的是（ ）。
   A．RFID标识访问安全 B．信息传输信道安全
   C．RFID信息获取安全 D．RFID读写器安全
2. 下列攻击类型不是对物联网信息感知层攻击的是（ ）。
   A．拒绝服务攻击 B．选择性转发攻击
   C．Sinkhole和hello攻击 D．Sybil攻击和Wormhole攻击
3. 物联网的容灾评价指标不包括（ ）。
   A．系统恢复所需的空间 B．系统恢复时间
   C．灾难发生方案所需的费用 D．建立及维护一套容灾方案所需的费用
4. 物联网应用层信息安全的访问控制不包括（ ）。
   A．身份认证 B．授权 C．文件保护 D．访问策略
5. 物联网黑客攻击的步骤不包括（ ）。
   A．端口扫描 B．搜集信息
   C．实施攻击 D．探测分析系统的安全弱点
6. 物联网入侵检测的步骤不包括（ ）。
   A．信息收集 B．信息保护 C．数据分析 D．响应
7. 物联网的（ ）贯穿物联网数据流的全过程。
   A．完整性和保密性 B．连通性和可用性
   C．有效性和传输性 D．完整性和可用性
8. 感知层可能遇到的安全挑战不包括（ ）。
   A．感知层的节点无法捕获信息
   B．感知层的网关节点被恶意控制
   C．感知层的普通节点被恶意控制
   D．感知层的节点受来自于网络的DoS攻击
9. 下列秘钥不包括在物联网感知信息传输过程中的是（ ）。
   A．节点与基站间通信的密钥 B．节点与节点之间通信的密钥
   C．节点与路由之间通信的密钥 D．基站与所有节点通信的组密钥
10. 根据安全漏洞检测的方法，漏洞扫描技术的类型不包括（ ）。
    A．基于主机的检测技术 B．基于路由的检测技术
    C．基于网络的检测技术 D．基于审计的检测技术

二、填空题

1. 物联网面临的信息安全主要包括：_____、_____、_____三方面。
2. 物联网感知层信息安全问题的解决思路和方法主要由_____所决定。

3．通信加密技术中最关键的问题是_____。

4．物联网数据备份的类型主要包括：_____、_____、_____、_____、按需备份和排除几大类。

5．物联网应用层信息安全访问控制的三要素分别为：_____、_____和_____。

6．防火墙使用的基本技术包括：_____、_____和_____。

7．RFID 系统的主要安全隐患包括：_____的攻击和_____的攻击。

8．漏洞扫描检测主机是否存在漏洞的方法有：_____和_____两种方法。

三、简答题

物联网传感层信息安全的管理对策有哪些？

四、操作题

1．改变无线传感网 PanID 和通道号地址，再一次连接设备，查看网络情况。

2．改变各模块之间的连接距离进行实验，总结无线传感网实际使用距离。

单元十六

应用层——GPS定位技术

学习目标

(1) 认识GPS通信模块。
(2) 了解GPS基本原理。
(3) 掌握GPS通信实验步骤。
(4) 总结GPS在物联网中的应用。
(5) 了解国家北斗GPS技术发展。

GPS（Global Positioning System，全球定位系统）是通过天上卫星及地面站的数据通信及运算，实现用户准确定位。该系统不但可以在全球范围内实现全天候的连续、实时的定位、导航和测速，还可以实现短信通信及准确的授时等。

中国的"北斗"导航系统，截至2022年1月，已经发送了55颗在轨卫星，实现了区域范围的导航服务，包括"一带一路"合作伙伴的定位服务。到2035年，中国将建设完善更加泛在、更加融合、更加智能的综合时空体系，为全球用户提供定位、导航等服务，将成为授时精度最准、定位精度最高的全球定位系统。

GPS应用中最普及的便是导航服务，它不但是汽车、船舶、飞机的必备，更是在智能手机中大量安装应用，为人们的交通、生活、定位以及导航提供了极大的便利。

那么，导航仪的原理是什么？在物联网环境下有哪些方面的应用案例？下面学习导航服务在物联网中的应用。

前期准备

(1) 嵌入式教学套件实验箱若干（4人一组）。
(2) 笔记本式计算机、手机、有通信功能的手机SIM卡。

任务一　GPS通信基本操作

任务描述

GPS定位与通信在物联网中应用广泛。尤其是我国在北斗导航系统应用方面提高了速度，加快了全球化应用的布局,通过进一步与俄罗斯的格洛纳斯的并网,北斗导航系统的定位精度将进一步提高,北斗导航全球化应用的这一天必将很快到来。所以,了解 GPS 技术原理,尤其是学习北斗导航的原理及应用,对于未来物联网的应用十分重要。

任务分析

本任务学习嵌入式教学套件实验箱中 GPS 模块的基本操作,了解 GPS 的基本原理及应用。

任务实施

了解全球信息导航系统

GPS 基本的工作原理是接收机不断地接收多颗导航卫星发来的数据,根据这些不同卫星发来的数据,计算、测量出各卫星到用户接收机之间的距离,再依据这些数据进行数学演算,就可推算出接收者的具体位置,从而实现在全球坐标体系中的定位。要达到这一目的,需要首先知道卫星的位置,这是根据星载时钟所记录的时间在卫星星历中查出;而用户到卫星的距离则通过记录的卫星信号传播到用户所经历的时间,再将其乘以光速得到。所以 GPS 工作的基本过程就是通过接收天线接收卫星数据,并通过运算,实现物体定位的目的。

本实验所用部件包括:

(1) GPS 天线:为提高信号强度,天线连接线较长,如图 16-1 所示。

图 16-1　GPS 接收天线

(2) 实验主控板:包含 GPS 接收模块、数据处理模块、SD 存储卡(保存位置数据离线包)。

(3) 录入键盘:主控显示部分(A8 网关),具体如图 16-2 所示。

请同学们注意图 16-2 中的左侧小方框部分,是有天线接口的 GPS 模块,结构如图 16-3 所示,其中 VK1513 GPS 模块是一个完整的卫星定位接收设备,具备全方位功能,能满足专业定位的严格要求。它体积小、功耗低,可以装置在汽车内部任何位置,适应个人用户的需要。

单元十六 | 应用层——GPS 定位技术

图 16-2 GPS 实验箱

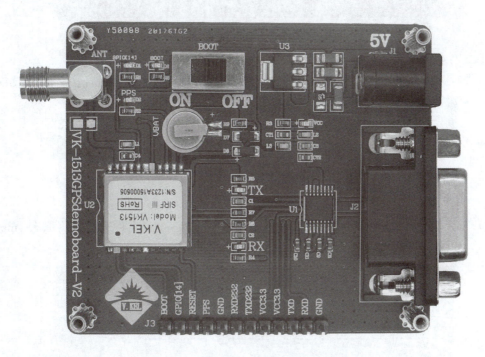

图 16-3 GPS 模块

步骤一：连接好线路。
（1）接好 USE 线路。
（2）连接 GPS 天线，将天线与 GPS 天线接口旋紧接牢，如图 16-4 所示。

图 16-4　实验箱操控板介绍

步骤二：将离线地图包导入到 SD 卡中，如图 16-5 所示。

（1）将光盘中的离线数据文件复制到 SD 卡中，将 SD 卡插入计算机插槽中。（把 SD 卡向里轻推，可弹出卡）

图 16-5　SD 卡存储信息

（2）将光盘中的 vmp 文件夹复制到 SD 卡的 BaiduMapSDK 文件夹下（将原有 vmp 文件夹覆盖），如图 16-6 所示。

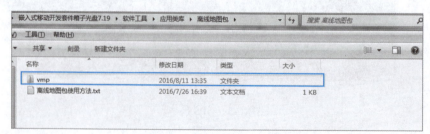

图 16-6　复制地图信息文件

（3）复制完成后将 SD 卡插回实验箱卡槽中，如图 16-7 所示。

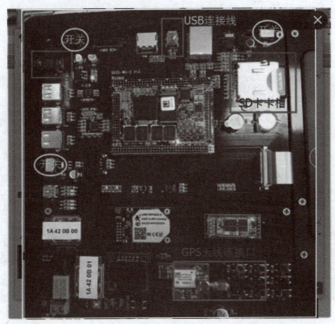

图 16-7　插回 SD 卡

（4）向主控计算机 A8 安装 GPS 应用程序。

连接 USB 接线到主计算机，启动 Eclipse。

① 导入 GPS 代码到 Eclipse。

② 将程序写入主控计算机 A8 的网关（此步骤厂家已经完成，此处可不用做），如图 16-8 所示。

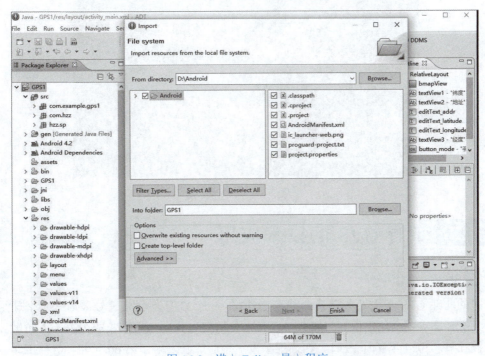

图 16-8　进入 Eclipse 导入程序

步骤三：启动程序。

在主控计算机 A8 桌面上找到 GPS 应用程序图标，单击启动后即可看到当前定位的效果，如图 16-9 所示。

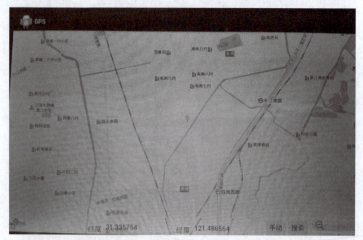

图 16-9　显示地图信息

步骤四：界面可显示当前位置，也可手动设置经纬度查询（仅限中国）地点。

若需要放大，或者输入经纬度查询，单击"自动"修改为"手动"，如图 16-10 所示。

图 16-10　设置查询信息

任务二　了解 GPS 的技术应用

任务描述

我国的北斗 GPS 系统发展迅速，截至 2020 年 6 月 23 日，北斗三号最后一颗全球组网卫星成功升空，已实现全球定位导航服务，而且定位精度达到厘米级别，成为令国人骄傲和自豪的高科技项目。2024 年 9 月 19 日，西昌卫星发射中心成功发射了第 60 颗北斗导航卫星。了解并掌握我国北斗导航技术对于发展我国的导航技术应用、加快物联网建设步伐都有重要意义。

任务分析

本任务将学习 GPS 基本的定位原理，了解影响 GPS 精度的因素，并分析了解 GPS 的应用。

任务实施

一、了解 GPS 系统的定位原理

GPS 定位的基本原理是利用了三维空间坐标轴。在太空轨道上高速运动的卫星的瞬间位置是数值确定的已知量（基础数据，又称起算数字），用三维度坐标表示为 (X_1,Y_1,Z_1)，再根据接收时间可算出物体与卫星间的距离 d_1。利用三颗卫星可得到三个方程，采用空间距离后方交会的方法，可以推算、确定待测点的位置（定位）。如图 16-11 所示，假设 t 时刻在地面待测点上安置 GPS 接收机，可以测定 GPS 信号到达接收机的时间 Δt，再加上接收机所接收到的卫星星历等其他数据可以确定以下四个方程式。

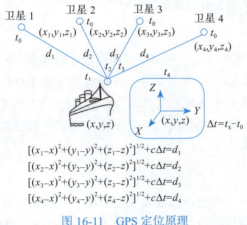

图 16-11 GPS 定位原理

GPS 系统的工作原理是：安装在车辆上的 GPS 接收机根据收到的卫星信息计算出车辆的当前位置，通信控制器从 GPS 接收机输出的信号中提取所需要的位置、速度和时间信息，结合车辆身份等信息形成数据包，然后通过移动运营商的 GPRS 网络发往监控中心。监控中心的服务器接收车载机发送的数据，并从中提取出定位信息，根据各车辆的车号和组号等，在监控中心的电子地图上显示出来。同时，控制中心的系统管理员可以查询各车辆的运行状况，根据车流量合理调度车辆。

二、了解 GPS 应用领域

1．测量

利用载波相位差分技术（RTK），在实时处理两个观测站的载波相位的基础上，可以达到厘米级的精度。与传统的手工测量手段相比，GPS 技术有着巨大的优势：

（1）测量精度高。

（2）操作简便，仪器体积小，便于携带。

（3）全天候操作。

(4)观测点之间无须通视。

(5)测量结果统一在 WGS84 坐标下,信息自动接收、存储,减少烦琐的中间处理环节。

2．交通跟踪、导航

租车服务、物流配送等行业利用 GPS 技术对车辆进行跟踪、调度管理,合理分布车辆,以最快的速度响应用户的乘车或接送请求,降低能源消耗,节省运行成本。GPS 在车辆导航方面发挥着重要的角色,在城市中建立数字化交通电台,实时发送播放城市交通信息,车载设备通过 GPS 进行精确定位,结合电子地图以及实时的交通状况,自动匹配最优路径,并实行车辆的自主导航。

3．救援

利用 GPS 定位技术,可对火警、救护、警察进行应急调遣,提高紧急事件处理部门对火灾、犯罪现场、交通事故、交通堵塞等紧急事件的响应效率。特种车辆(如运钞车)等,可对突发事件进行报警、定位,将损失降到最低。

4．农业

把 GPS 技术引入农业生产,实施所谓的"精准农业耕作"。该方法是利用 GPS 进行农田信息定位获取,包括产量监测、土样采集等,计算机系统通过对数据的分析处理,决策出农田地块的管理措施,把产量和土壤状态信息装入带有 GPS 设备的喷施器中,从而精确地给农田地块施肥、喷药。实现不减产的情况下,降低生产成本,有效避免资源浪费,降低因施肥除虫对环境造成的污染。

5．娱乐消遣

GPS 逐渐走进了人们的日常生活,成为人们旅游、探险的好帮手。通过 GPS,人们可以在陌生的城市里迅速地找到目的地,并且可以最优的路径行驶;野营者带着 GPS 接收机,可快捷地找到合适的野营地点,不必担心迷路;甚至一些高档的电子游戏,也使用了 GPS 仿真技术。

6．现代军事中的作用

GPS 现代化是为了更好地支持和保障军事行动。在有危险的,或有威胁的环境下,要求 GPS 能对作战成员的战斗力提供更好的支持,对他们的生命提供更安全的保障,能有助于各类武器发挥更有效的作用。甚至决定战争的走向。

三、GPS 应用实例介绍

1．上海的交通跨进了"卫星时代"案例

上海公交开发的一项便民实事工程,让乘客候车时能随时了解实时车辆的运行消息,不再"毛估估",其借助的就是 GPS 卫星定位系统。除了公交,出租、长途等行业如今也"武装"起了 GPS,上海的交通可以说是一脚跨进了"卫星时代"。

通过 GPS 定位,巴士公司率先将一些线路的调度站和行驶中的公交车联上了网。营运车辆的"一举一动"通过卫星传送实时反映到调度室的计算机上,路况如何、道路拥堵,调度员"足

不出户"尽收眼底,然后根据实际情况安排发车间隔。据了解,到今年底将有近千辆公交车装上这种"千里眼"。

全行业的 GPS 出租车调度平台正在打造。今后在出租车候客站、扬招点,市民可以实现"一指禅"轻松打的。因为新型站牌立柱上设有按钮,夜间乘客需用车可通过按钮来启亮上方的叫车灯,方便驾驶员在远处识别。同时,其预留的 GPS 卫星调度终端按钮可发出信号来连接计算机叫车网络,乘客只要一按钮,最靠近的"的哥"就快速过来接这单生意。

2. 系统方案的具体技术介绍

GPS 综合服务平台是车辆调度服务中心的核心,提供 GPS 信息的采集、格式转换与分发服务,响应用户的各种命令请求,提供数据库应用与存储服务,完成用户身份识别与安全控制。它包括:用户服务代理(UAS)、派发中心(EGF)、数据库应用服务器(DAS)、通信接口(CI)及系统信息管理(MIS)软件包等。系统采用模块化设计,运行平台为 UNIX\Linux\Windows 操作系统,数据库采用目前较稳定的 Oracle 数据库。GPS 综合服务平台与各种车载终端相连接的接口为独立的通信接口(CI),可以实现专网终端、公网终端并网运行,并可以任意扩充终端种类,无须修改服务程序。其另一个重要部分是 GPS 专用 GIS 控件,专注于快速、形象、生动地显示 GPS 信息。在每个模块快速、高效、稳定运行的基础上,各模块间可实现无缝连接,完成不同监控应用;不同 GPS 移动单元,不同通信方式在同一个系统上的统一运行。

由于 GPS 定位派发的特殊性,要求系统能够尽可能快地将 GPS 定位数据分发到不同的监控端,而丢失一两个定位数据是可以容忍的。在应用中,监控用户向系统发出的登录、呼车、车辆控制等命令相对有限,而网络中最大流量的数据是 GPS 定位数据包,所以系统间各个部分之间相连采用 TCP/IP 网络,并大量采用 UDP 协议传输数据。由于 UDP 是无连接传输,系统开销小,适合于大数据量的传输,而对于系统中命令的传输,采用命令确认机制,以保证命令正确传输,这样使系统以最高的效率转发 GPS 定位数据包,同时能够保证命令信息的正确传输。

由于科技发展的日新月异,特别是无线通信发展迅速,而 GPS 定位派发系统要与无线通信系统连接,所以系统的可扩展性也影响到了系统的使用,只有方便升级和扩展的系统才能适应当前的用户需求,因此系统采用服务器分布模块式设计,以不同的服务器实现不同的功能,使系统功能的增加不需要对整个系统进行修改。

3. 系统方案的基本功能

(1) 车台信息管理:对车台信息进行查询、统计、打印报表及增加、删除、修改的维护工作。可进行车台装车操作。

(2) 车辆信息管理:可对车辆信息进行查询、统计、打印报表及增加、删除、修改的维护工作。可进行车辆装车台操作。

(3) 操作员信息管理:对操作员信息进行查询、统计、打印报表及增加、删除、修改的维护工作。可对操作员进行权限分配。

(4) 日志管理:对日常操作(如工作站登录、车辆查询、区域报警设定、消息发送等)进行查询、统计、打印和删除。

（5）轨迹信息管理：车辆轨迹、历史数据回放、指定回放速度。

（6）监控窗口管理：增加监控窗口、删除监控窗口、排列监控窗口、选择目标符号。

（7）地图管理：选择地图、地图地物查询（如地图路径、经度偏移、纬度偏移）。

（8）监控状态管理：区域监控、多目标监控、单目标监控、非监控状态。

（9）目标查询：呼叫目标、中止呼叫、连续跟踪、取消连续跟踪、刷新车台表、车台统计、取上线车台表。

（10）车辆查询：输入车牌、车号等，查询车辆。

（11）设置目标属性：去零漂设置（速度限制）、是否去零漂车辆符号（正常目标名称字体颜色、正常目标名称背景颜色、激活目标名称字体颜色、激活目标名称背景颜色、符号宽度、符号高度、最大及最小显示比例、目标名称显示位置（尾部、左上角、正上方等））、误差圈设置（误差圈颜色、误差圈半径、误差圈密度）。

（12）设置窗口属性：是否自动换图、是否显示标尺、是否显示比例、是否显示影像图。

（13）设置目标显示属性：是否平滑移动目标、是否显示车辆名称、是否显示轨迹、是否显示误差圈、是否是绝对运动、是否进行道路匹配。

（14）显示图形显示属性：

标尺设置：标尺背景颜色、标尺前景颜色、窗口背景颜色。

放大镜设置：放大镜密度、放大镜高度、放大比例。

轨迹设置：轨迹点、轨迹线颜色、轨迹点半径、轨迹线宽度、是否显示轨迹连线等。

（15）越界报警：可设置内界/外界一旦超出设定区域即进行报警。

（16）超速报警：可设定速度限制，一旦超出设定速度即进行报警。

● 视频
GPS 定位技术简介

知识拓展

一、GPS 创意设计作品

1. 玩具小熊导航仪

玩具小熊是很多人钟爱的床头饰品，不过这个白色小熊却是一款"可爱"的 GPS 导航仪。相信它肯定能吸引不少女孩子的眼球。它的名字为 Navirobo，身长 25 cm（放在仪表板上好像有点太大了），质量 600 g，采用红外线遥控的方式操作。

Navirobo 本质上是车载 GPS 导航仪，但和一般用屏幕显示路线不同的是，坐在仪表板上时，它会举起毛茸茸的小手指向目前应该前进的方向；走错时它会回头指向你应该转的路口，而到达目的地时还会做"万岁！"的动作庆祝。

2. 自动咖啡机

有一天，当你回到家中，发现咖啡机已经自动为你准备了热气腾腾的卡布奇诺，该是多么惬意的事情。或许你会说这是痴人说梦，但已经有许多科学家为之而努力了。回家的路上想想进门就能喝到热咖啡，心里一定很舒服。

美国印第安纳州的一家研究所里面，科学家正在利用 GPS/RFID 技术研究咖啡机，利用定位技术，咖啡机能感知主人距离自己的位置，如果你正在往家赶，它就会启动程序研磨出一杯咖啡出来。另外，它还可以感知你喝咖啡的规律，从而在适当的时候为你服务。

3. 物项圈宠

动物是人类最好的朋友，很多养有宠物的人在这一点上感触是最深的了。下面这款具备定位功能的宠物项圈就是专门为宠物的主人们设计的，将它挂在猫或狗的脖子上，你就可以随时掌握它们的行踪，而不必担心"走丢"了。

具备定位功能的宠物项圈是由瑞典一家名为 Petlink 的公司推出的产品，定位服务则由 Telia 公司提供。如果你身在瑞典或者丹麦，只需要每月付 12 美元的服务费，就能享受此项服务。

4. 能呼救的 GPS 运动鞋

最近国外出现了这样一种可以让你随时知道自己（或者你的鞋子）位置的 GPS 运动鞋，更奇妙的是它竟然具有紧急通信功能，因此成了老年人的良伴。

这款运动鞋名叫 Compass Digital 1000，是世界上第一款同时具备定位与呼救功能的鞋子。除了 GPS 定位功能之外，它可以侦测你的心率、体温以及行走速度。另外，鞋子里面还集成了蓝牙耳机以及麦克风，紧急的时候可以朝着鞋子呼救，虽然看起来会有点搞笑，但绝对有用。这双运动鞋利用 Quantum 卫星科技提供的技术，GPS 模块安放在鞋子隐蔽的地方。在右脚的鞋子上可以发现一个呼叫按键，还有天线随时接收卫星信号。

二、北斗 GPS 的发展

20 世纪 70 年代，我国陈芳允院士于 1983 年创新性地提出了双星定位的设想。北斗系统工程首任总设计师孙家栋院士，进一步组织研究，提出"三步走"发展战略。

第一步，2000 年，建成北斗一号系统（北斗卫星导航试验系统），为中国用户提供服务。

第二步，2012 年，建成北斗二号系统，为亚太地区用户提供服务。

第三步，2020 年，建成北斗全球系统，为全球用户提供服务。

随后在北斗一号实验成功的基础上，2004 年，我国启动了北斗二号系统的建设。

2012 年，我国完成 14 颗卫星的发射组网。这 14 颗卫星分别运行在 3 种不同的轨道上，其中 5 颗是地球静止轨道卫星、5 颗是倾斜地球同步轨道卫星，还有 4 颗是中圆地球轨道卫星。

2019 年 5 月 17 日，我国成功发射了第四十五颗北斗导航卫星。至此，我国北斗二号区域导航系统建设圆满收官。

2009 年，我国启动了北斗三号系统的建设。从 2017 年 11 月 5 日，第一颗北斗三号卫星发射升空，到 2019 年 12 月，用两年多的时间，就将 28 颗北斗三号组网卫星和 2 颗北斗二号备份卫星成功地送入预定轨道，刷新了全球卫星导航系统组网发射速度的世界纪录。

此外，为确保我国卫星上使用的产品都是自主可控的，通过发动国内元器件、单机产品研制单位攻坚克难，使卫星上的产品全部由中国制造。

如今，经过北斗科研团队的艰苦努力，北斗三号全球卫星导航系统已全面建成，正在向全球提供安全可靠、连续稳定的高精度导航定位与授时服务。

课 后 习 题

一、填空题

1. 美国国防部制图局（DMA）于 1984 年发展了一种新的世界大地坐标系，称为美国国防部 1984 年世界大地坐标系，简称 _____。

GPS 系统由卫星星座部分 _____、_____ 地面监控部分和 _____ 用户接收部分等三部分组成。

2．GPS 地面监控系统由 _____、_____ 和 _____ 等三部分组成。

3．GPS 信号接收机按载波频率可分为 _____、_____ 等两种类型。

4．GPS 信号接收机按用途可分为 _____、_____ 和 _____ 等三种类型。

5．按误差性质划分，GPS 测量中包含的误差分为 _____、_____ 两类；按误差来源划分，可分为 _____、_____、_____ 和其他误差四类。

二、简答题

1．与经典测量技术相比，GPS 技术有何优点？

2．GPS 卫星的参数有哪些？

3．GPS 数据处理的过程有哪几个步骤？

4．何谓 GPS 卫星星历？

5．GPS 卫星信号由哪几部分组成？

三、操作题

利用实验箱导航软件，计算出学校与东方舟的距离。

单元十七

应用层——智能家居综合应用

学习目标

(1) 认识配置工具、协调器。
(2) 掌握节点板配置方法。
(3) 学会使用上位机控制节点板。
(4) 掌握在 PC 端、手机端使用上位机控制节点板工作状态的方法。
(5) 了解我国智能家居的标准及应用。

想要实现整个家居的智能化，需要设计的系统范围非常大，包括智能门锁、安防、可视对讲、可视分机、灯光、电动窗帘、背景音乐、环境监测（温度、湿度、燃气感应）、视频监控、集中控制和远程控制等，并且以上所有系统都不是独立的，而是和其他系统相互联系，融合为一个统一的整体，并相互响应，才是真正意义上的智能。

智能家居系统设计的原则：操作方便、功能实用、外观美观大方。系统要有吸引用户的外观和功能，能体现用户的生活品位。同时要化繁为简、高度人性、注重健康、娱乐生活、保护私密。图 17-1 所示为一个比较符合智能家居系统设计原则的简易方案图纸。

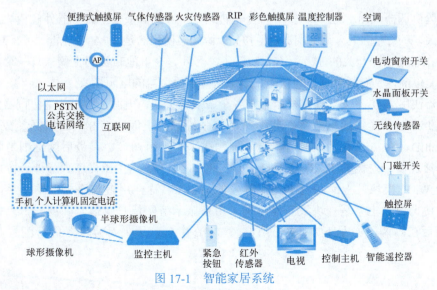

图 17-1 智能家居系统

前期准备

（1）无线传感网教学套件实验箱若干组（4人一组）。
（2）笔记本计算机式若干台，与实验箱配套。
（3）相关配套的光盘软件。

任务一　智能家居综合应用实验

任务描述

由于智能家居（smart home，home automation）是以住宅为平台，利用综合布线技术、网络通信技术、安全防范技术、自动控制技术、音视频技术将家居生活有关的设施集成，构建高效的住宅设施与家庭日程事务的管理系统，提升家居安全性、便利性、舒适性、艺术性，并实现环保节能的居住环境。所以学习智能家居要把重点放在节点感知和网络信息传输及中心控制三个方面。

任务分析

本任务是在无线传感网络教学套件实验箱基础上，实现多个传感器模块的综合性的网络连接，从中体会各模块的通信及信息的显示，了解多模块互连的应用。

任务实施

熟悉无线传感网教学套件箱，包括各节点板、协调器

ZigBee 技术实现互连的条件是要有协调器模块和终端节点模块，协调器（coordinator）是网络的核心，每个 ZigBee 网络只允许有一个 ZigBee 协调器，协调器首先选择一个信道和网络标识（PanID），然后开始这个网络。协调器具有网络的高权限，是整个网络的维护者，还可以保持间接寻址用的表格绑定，同时还可以设计安全中心和执行其他动作，保持网络其他设备的通信。

本实验协调器如图 17-2 所示。下面首先熟悉一下协调器板子上各个器件和模块。左上角为协调器开关，开关左侧下方是协调器电源接口，协调器使用的是 3.7 V 锂电池，可反复充电使用，注意正极在靠近电源开关的地方，不要装反了。另外，在电池负极的左侧，有一个按键，这是协调器的复位键，具有断电重启的功能，以上这些是协调器的电源模块。

协调器使用 ZigBee 无线通信技术来与各个节点板组网，电源开关右侧是协调器的核心——CC2530 的 ZigBee 无线通信芯片，其上贴了一张标签，上面印有 8 位的组网参数。其中前 4 位称为 PanID，5、6 位称为通道号，这 6 位构成了一组组网参数，最后两位则是版号，与组网无关。通过板子左侧的 JTAG 烧写口给 CC2530 芯片烧写 HEX 程序。另外，协调器的右下方有一个 Wi-Fi 模块，上面印有事先配置好的 Wi-Fi 名称，用来与平板电脑、手机等设备进行通信；协调器右上方是一块液晶显示屏，用来显示组网信息、信号强度、节点板短地址等信息；最后在协调器的左下方，提供了一个 USB 串口，用来对协调器进行配置和读取串口信息。

图 17-2 协调器结构

终端节点可以直接与协调器节点相连，是与协调器进行数据通信的最末端，终端也可以通过路由器节点与协调器节点相连。

节点板配置工具是配置终端节点的网络参数的程序，其工作界面如图 17-3 所示。在使用前需要熟悉一下配置工具的各种模块和功能。左上方是端口模块，用来寻找端口和打开、关闭端口；左侧中间部分是节点板传感器配置模块，用来配置节点板对应的传感器类型；中间部分是节点板参数配置模块，需要使用到的是板号和板类型的配置；右侧是节点板网络参数配置模块，通过网络参数的配置可以达到组网的效果，即协调器与节点板之间要保持 PanID 和通道号一致，即可组网，以图 17-2 中的标签号 5A 38 10 00 为例，如节点板和协调器之间想要组成一个网络，前 6 位 5A 38 10 需要保持一致，也就是节点板和协调器的网络参数前 6 位必须是 5A 38 10 才能成功组网。后 2 位是板号，各个板子不一样即可。

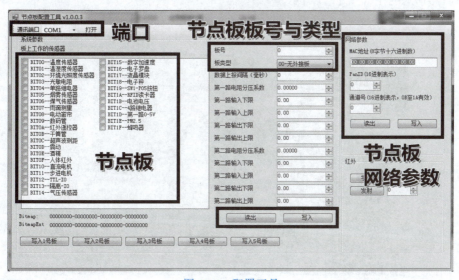

图 17-3 配置工具

本实验操作分三大环节：一是烧写协调器和节点板的系统程序；二是连接各模块组建网络；三是实现功能协作，完成相应的管理目的。

步骤一：烧写（具体操作见实验七）。

协调器烧写：协调器在烧写前显示屏无数据，烧写后显示屏有数据。如图 17-4 所示：烧写使用到的文件是 CC2530_COORD150629协调器.HEX 。

烧写前后的对比如图 17-4 所示。

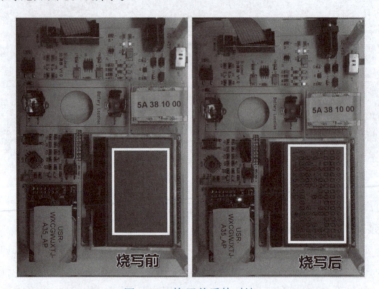

图 17-4　烧写前后的对比

节点板烧写：以温、湿度传感器与直流电机为例。

节点板烧写之后，协调器显示屏上的数据发生变化。直流电机的板号为 01，可以看到协调器数据显示屏上的第二个方格变为黑色，如图 17-5 所示。其他节点板烧写之后协调器显示的数据随之发生相应的变化。烧写使用到的文件是 无线传感箱150713节点板.hex 。

烧写后的信息变化如图 17-5 所示。

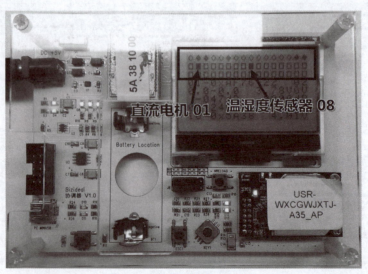

图 17-5　烧写后的信息变化

步骤二：节点板配置。

以管理员身份打开配置工具。

选择"节点板"，选择可用端口并打开，如图17-6所示。

图17-6 配置节点板

各节点板的配置方法与参数如下：

> **说明**
> 节点板的板类型选择见附录；节点板的网络参数及板号即节点板模块上贴的标签，前两个字节是PanID，第三个字节是通道号，最后一个字节是板号，节点板上的板号为十六进制，配置工具中板号为十进制，设置的时候注意转换，如图17-7所示。

图17-7 节点板的标识号

1）烟雾传感器

在左上角下拉列表框中选择USB串口线对应的端口，单击"打开"按钮，打开对应端口，会看到按钮右侧显示"串口已打开"文本信息。在传感器配置模块中勾选"烟雾传感器"与"电池电压"两个复选框。然后在配置工具中间部分的节点板参数配置模块中将板号设置为3，在"板类型"下拉列表框中选择"06-烟雾"，之后单击"写入"按钮即可设置节点板的板号与类型,如看见按钮下方显示"Write succeeded"文本信息,则表示写入成功,若不成功,可通过重新插拔 USB 串口线、重新打开节点板电源、重新打开软件、重新打开端口的方法重新尝试,直到成功为止。

成功写入后单击"读出"按钮验证之前配置的传感器和节点板参数是否的确写入成功;最后,在配置工具右侧的网络参数模块中,找到 PanID 文本框,输入"5A38",在"通道号"文本框中输入 10,单击"写入"按钮即可设置节点板的网络参数,如看见按钮下方显示"Write succeeded"文本信息,则表示写入成功,若不成功,可通过重新插拔 USB 串口线、重新打开节点板电源、重新打开软件、重新打开端口的方法重新尝试,直到成功为止。成功写入后单击"读出"按钮验证之前网络参数是否的确写入成功,如图 17-8 所示。

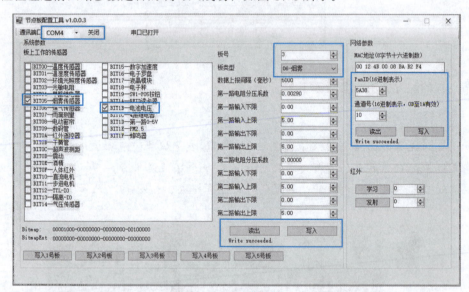

图 17-8 配置节点板号

2)节点型继电器

在左上角下拉列表框中选择 USB 串口线对应的端口,单击"打开"按钮,打开对应端口,会看到按钮右侧显示"串口已打开"文本信息。在传感器配置模块中勾选"单路继电器"与"电池电压"两个复选框。然后在配置工具中间部分的节点板参数配置模块中将板号设置为 10,在"板类型"下拉列表框中选择"04-单路继电",之后单击"写入"按钮即可设置节点板的板号与类型,如看见按钮下方显示"Write succeeded"文本信息,则表示写入成功,若不成功,可通过重新插拔 USB 串口线、重新打开节点板电源、重新打开软件、重新打开端口的方法来重新尝试,直到成功为止。

成功写入后单击"读出"按钮验证之前配置的传感器和节点板参数是否的确写入成功;最后,在配置工具右侧的网络参数模块中找到 PanID 文本框,输入"5A38",在"通道号"文本框中输入 10,单击"写入"按钮即可设置节点板的网络参数,如看见按钮下方显示"Write succeeded"文本信息,则表示写入成功,若不成功,可通过重新插拔 USB 串口线、重新打开节点板电源、重新打开软件、重新打开端口的方法重新尝试,直到成功为止。成功写入后单击"读出"按钮验证之前网络参数是否的确写入成功,如图 17-9 所示。

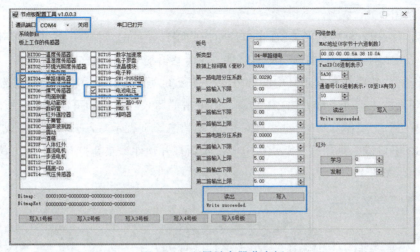

图 17-9 配置继电器节点板

3）人体红外传感器

在左上角下拉列表框中选择 USB 串口线对应的端口，单击"打开"按钮，打开对应端口，会看到按钮右侧显示"串口已打开"文本信息。在传感器配置模块中勾选"人体红外"与"电池电压"两个复选框。然后在配置工具中间部分的节点板参数配置模块中将板号设置为 9，在"板类型"下拉列表框中选择"0F- 人体红外"，之后单击"写入"按钮即可设置节点板的板号与类型，如看见按钮下方显示"Write succeeded"文本信息，则表示写入成功，若不成功，可通过重新插拔 USB 串口线、重新打开节点板电源、重新打开软件等方法重新尝试，直到成功为止。

成功写入后单击"读出"按钮验证之前配置的传感器和节点板参数是否的确写入成功；最后，在配置工具右侧的网络参数模块中找到 PanID 文本框，输入"5A38"，在"通道号"文本框中输入 10，单击"写入"按钮即可设置节点板的网络参数，如看见按钮下方显示"Write succeeded"文本信息，则表示写入成功，若不成功，可通过重新插拔 USB 串口线、重新打开节点板电源、重新打开软件、重新打开端口的方法重新尝试，直到成功为止。成功写入后可以单击"读出"按钮验证之前网络参数是否的确写入成功，如图 17-10 所示。

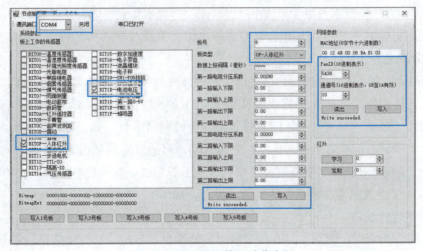

图 17-10 配置人体红外节点板

4）求助按钮

在左上角下拉列表框中选择 USB 串口线对应的端口，单击"打开"按钮，打开对应端口，会看到按钮右侧显示"串口已打开"文本信息。在传感器配置模块中勾选"干簧管"与"电池电压"两个复选框。然后在配置工具中间部分的节点板参数配置模块中将板号设置为 4，在"板类型"下拉列表框中选择"OD-TTL-IO"，之后单击"写入"按钮即可设置节点板的板号与类型，如看见按钮下方显示"Write succeeded"文本信息，则表示写入成功，若不成功，可通过重新插拔 USB 串口线、重新打开节点板电源、重新打开软件、重新打开端口的方法重新尝试，直到成功为止，如图 17-11 所示。

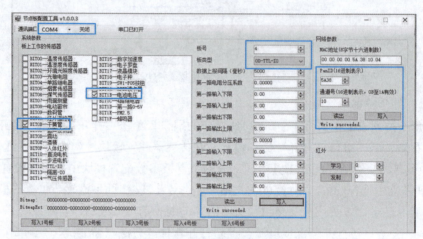

图 17-11　配置求助节点板

5）直流电机

在左上角下拉列表框中选择 USB 串口线对应的端口，单击"打开"按钮，打开对应端口，会看到按钮右侧显示"串口已打开"文本信息。在传感器配置模块中勾选"直流电机"与"电池电压"两个复选框。然后在配置工具中间部分的节点板参数配置模块中将板号设置为 1，在"板类型"下拉列表框中选择"16-直流电机"，之后单击"写入"按钮即可设置节点板的板号与类型，如看见按钮下方显示"Write succeeded"文本信息，则表示写入成功，若不成功，可通过重新插拔 USB 串口线、重新打开节点板电源、重新打开软件、重新打开端口的方法重新尝试，直到成功为止。

成功写入后单击"读出"按钮验证之前配置的传感器和节点板参数是否的确写入成功；最后，在配置工具右侧的网络参数模块中找到 PanID 文本框，输入"5A38"，在"通道号"文本框中输入 10，单击"写入"按钮即可设置节点板的网络参数，如看见按钮下方显示"Write succeeded"文本信息，则表示写入成功，若不成功，可通过重新插拔 USB 串口线、重新打开节点板电源、重新打开软件、重新打开端口的方法重新尝试，直到成功为止。成功写入后单击"读出"按钮验证之前网络参数是否的确写入成功，如图 17-12 所示。

6）温、湿度传感器

在左上角下拉列表框中选择 USB 串口线对应的端口，单击"打开"按钮，打开对应端口，会看到按钮右侧显示"串口已打开"文本信息。在传感器配置模块中勾选"温湿度传感器"与

"电池电压"两个复选框。然后在配置工具中间部分的节点板参数配置模块中将板号设置为8，在"板类型"下拉列表框中选择"00-无外接板"，之后单击"写入"按钮即可设置节点板的板号与类型，如看见按钮下方显示"Write succeeded"文本信息，则表示写入成功，若不成功，可通过重新插拔 USB 串口线、重新打开节点板电源、重新打开软件、重新打开端口的方法重新尝试，直到成功为止。

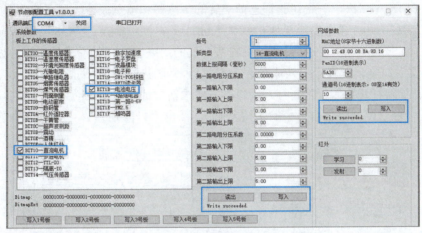

图 17-12　配置直流电机

成功写入后单击"读出"按钮验证之前配置的传感器和节点板参数是否的确写入成功；最后，在配置工具右侧的网络参数模块中找到 PanID 文本框，输入"5A38"，在"通道号"文本框中输入 10，单击"写入"按钮即可设置节点板的网络参数，如看见按钮下方显示"Write succeeded"文本信息，则表示写入成功，若不成功，可通过重新插拔 USB 串口线、重新打开节点板电源、重新打开软件、重新打开端口的方法重新尝试，直到成功为止。成功写入后可以单击"读出"按钮验证之前网络参数是否的确写入成功，如图 17-13 所示。

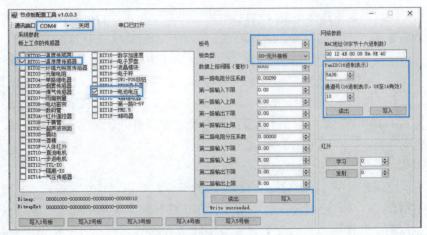

图 17-13　配置温、湿度节点板

7）燃气传感器

在左上角下拉列表框中选择 USB 串口线对应的端口，单击"打开"按钮，打开对应端口，会看到按钮右侧显示"串口已打开"文本信息。在传感器配置模块中勾选"煤气传感器"与

"电池电压"两个复选框。然后在配置工具中间部分的节点板参数配置模块中将板号设置为2，在"板类型"下拉列表框中选择"07-燃气"，之后单击"写入"按钮即可设置节点板的板号与类型，如看见按钮下方显示"Write succeeded"文本信息，则表示写入成功，若不成功，可通过重新插拔USB串口线、重新打开节点板电源、重新打开软件、重新打开端口的方法重新尝试，直到成功为止。

成功写入后单击"读出"按钮验证之前配置的传感器和节点板参数是否的确写入成功；最后，在配置工具右侧的网络参数模块中找到PanID文本框，输入"5A38"，在"通道号"文本框中输入10，单击"写入"按钮即可设置节点板的网络参数，如看见按钮下方显示"Write succeeded"文本信息，则表示写入成功，若不成功，可通过重新插拔USB串口线、重新打开节点板电源、重新打开软件、重新打开端口的方法重新尝试，直到成功为止。成功写入后单击"读出"按钮验证之前网络参数是否的确写入成功，如图17-14所示。

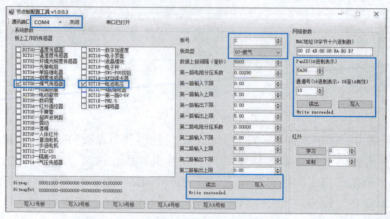

图 17-14　配置燃气节点板

8）照度传感器

在左上角下拉列表框中选择USB串口线对应的端口，单击"打开"按钮，打开对应端口，会看到按钮右侧显示"串口已打开"文本信息。在传感器配置模块中勾选"环境光照传感器"与"电池电压"两个复选框。然后在配置工具中间部分的节点板参数配置模块中将板号设置为7，在"板类型"下拉列表框中选择"00-无外接板"，之后单击"写入"按钮即可设置节点板的板号与类型，如看见按钮下方显示"Write succeeded"文本信息，则表示写入成功，若不成功，可通过重新插拔USB串口线、重新打开节点板电源、重新打开软件、重新打开端口的方法重新尝试，直到成功为止，如图17-15所示。

9）步进电机

在左上角下拉列表框中选择USB串口线对应的端口，单击"打开"按钮，打开对应端口，会看到按钮右侧显示"串口已打开"文本信息。在传感器配置模块中勾选"步进电机传感器"与"电池电压"两个复选框。然后在配置工具中间部分的节点板参数配置模块中将板号设置为6，在"板类型"下拉列表框中选择"07-步进电机"，之后单击"写入"按钮即可设置节点板的板号与类型，如看见按钮下方显示"Write succeeded"文本信息，则表示写入成功，若不成功，可通过重新插拔USB串口线、重新打开节点板电源、重新打开软件、重新打开端口的方法重新尝试，直到成功为止。

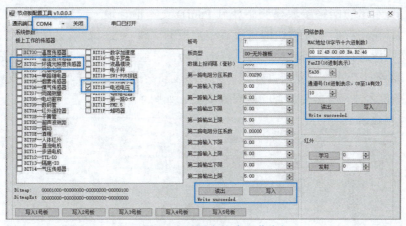

图 17-15 配置照度传感器节点板

成功写入后单击"读出"按钮验证之前配置的传感器和节点板参数是否的确写入成功;最后,在配置工具右侧的网络参数模块中找到 PanID 文本框,输入"5A38",在"通道号"文本框中输入 10,单击"写入"按钮即可设置节点板的网络参数,如看见按钮下方显示"Write succeeded"文本信息,则表示写入成功,若不成功,可通过重新插拔 USB 串口线、重新打开节点板电源、重新打开软件、重新打开端口的方法重新尝试,直到成功为止。成功写入后单击"读出"按钮验证之前网络参数是否的确写入成功,如图 17-16 所示。

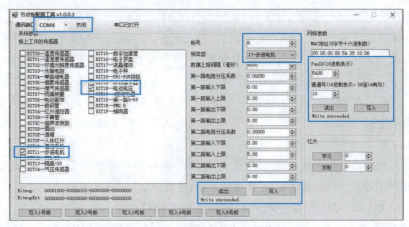

图 17-16 配置步进电机节点板

10) RFID 读卡器

在左上角下拉列表框中选择 USB 串口线对应的端口,单击"打开"按钮,打开对应端口,会看到按钮右侧显示"串口已打开"文本信息。在传感器配置模块中勾选"RFID 读卡器"与"电池电压"两个复选框。然后在配置工具中间部分的节点板参数配置模块中将板号设置为 13,在"板类型"下拉列表框中选择"1A-RFID",之后单击"写入"按钮即可设置节点板的板号与类型,如看见按钮下方显示"Write succeeded"文本信息,则表示写入成功,若不成功,可通过重新插拔 USB 串口线、重新打开节点板电源、重新打开软件、重新打开端口的方法重新尝试,直到成功为止。

成功写入后单击"读出"按钮验证之前配置的传感器和节点板参数是否的确写入成功;最

后，在配置工具右侧的网络参数模块中找到 PanID 文本框，输入"5A38"，在"通道号"文本框中输入 10，单击"写入"按钮即可设置节点板的网络参数，如看见按钮下方显示"Write succeeded"文本信息，则表示写入成功，若不成功，可通过重新插拔 USB 串口线、重新打开节点板电源、重新打开软件、重新打开端口的方法重新尝试，直到成功为止。成功写入后单击"读出"按钮验证之前网络参数是否的确写入成功，如图 17-17 所示。

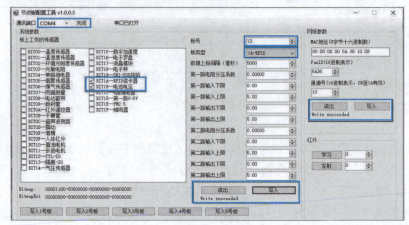

图 17-17　配置 RFID 传感器节点板

11）LCD 显示器

在左上角下拉列表框中选择 USB 串口线对应的端口，单击"打开"按钮，打开对应端口，会看到按钮右侧显示"串口已打开"文本信息。在传感器配置模块中勾选"液晶模块"与"电池电压"两个复选框。然后在配置工具中间部分的节点板参数配置模块中将板号设置为 5，在"板类型"下拉列表框中选择"00-无外接板"，之后单击"写入"按钮即可设置节点板的板号与类型，如看见按钮下方显示"Write succeeded"文本信息，则表示写入成功，若不成功，可通过重新插拔 USB 串口线、重新打开节点板电源、重新打开软件、重新打开端口的方法重新尝试，直到成功为止。

成功写入后单击"读出"按钮验证之前配置的传感器和节点板参数是否的确写入成功；最后，在配置工具右侧的网络参数模块中找到 PanID 文本框，输入"5A38"，在"通道号"文本框中输入 10，单击"写入"按钮即可设置节点板的网络参数，如看见按钮下方显示"Write succeeded"文本信息，则表示写入成功，若不成功，可通过重新插拔 USB 串口线、重新打开节点板电源、重新打开软件、重新打开端口的方法重新尝试，直到成功为止。成功写入后单击"读出"按钮验证之前网络参数是否的确写入成功，如图 17-18 所示。

12）PM2.5 传感器

在左上角下拉列表框中选择 USB 串口线对应的端口，单击"打开"按钮，打开对应端口，会看到按钮右侧显示"串口已打开"文本信息。在传感器配置模块中勾选"PM2.5"与"电池电压"两个复选框。然后在配置工具中间部分的节点板参数配置模块中将板号设置为 11，在"板类型"下拉列表框中选择"1B-PM2.5 模块"，之后单击"写入"按钮即可设置节点板的板号与类型，如看见按钮下方显示"Write succeeded"文本信息，则表示写入成功，若不成功，可通过重新插拔 USB 串口线、重新打开节点板电源、重新打开软件、重新打开端口的方法重新尝试，直到成功为止。

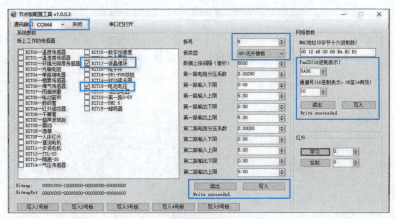

图 17-18　配置 LCD 显示器节点板

成功写入后单击"读出"按钮验证之前配置的传感器和节点板参数是否的确写入成功；最后，在配置工具右侧的网络参数模块中找到 PanID 文本框，输入"5A38"，在"通道号"文本框中输入 10，单击"写入"按钮即可设置节点板的网络参数，如看见按钮下方显示"Write succeeded"文本信息，则表示写入成功，若不成功，可通过重新插拔 USB 串口线、重新打开节点板电源、重新打开软件、重新打开端口的方法重新尝试，直到成功为止。成功写入后单击"读出"按钮验证之前网络参数是否的确写入成功，如图 17-19 所示。

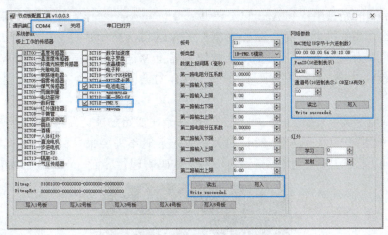

图 17-19　配置 PM2.5 节点板

13）气压传感器

在左上角下拉列表框中选择 USB 串口线对应的端口，单击"打开"按钮，打开对应端口，会看到按钮右侧显示"串口已打开"文本信息。在传感器配置模块中勾选"气压传感器"与"电池电压"两个复选框。然后在配置工具中间部分的节点板参数配置模块中将板号设置为 12，在"板类型"下拉列表框中选择"13- 气体压力"，之后单击"写入"按钮即可设置节点板的板号与类型，如看见按钮下方显示"Write succeeded"字样的文本信息，则表示写入成功，若不成功，可通过重新插拔 USB 串口线、重新打开节点板电源、重新打开软件、重新打开端口的方法重新尝试，直到成功为止。

成功写入后单击"读出"按钮验证之前配置的传感器和节点板参数是否的确写入成功；最后，在配置工具右侧的网络参数模块中找到 PanID 文本框，输入"5A38"，在"通道号"文本框中输入10，单击"写入"按钮即可设置节点板的网络参数，如看见按钮下方显示"Write succeeded"文本信息，则表示写入成功，若不成功，可通过重新插拔USB串口线、重新打开节点板电源、重新打开软件、重新打开端口的方法重新尝试，直到成功为止。成功写入后单击"读出"按钮验证是否之前网络参数的确写入成功，如图17-20所示。

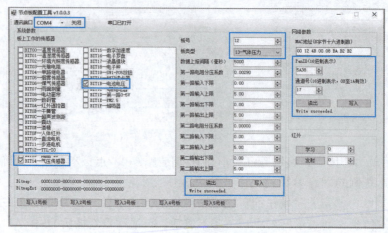

图17-20　配置气压传感器节点板

上位机控制。手机端App介绍：

在随设备附赠的光盘中找到App的安装包： ![IOTControl.apk] 将该安装包安装到手机中。

打开协调器，在手机上搜索名为USR-WSCGWJXTJ-A35_AP的Wi-Fi（其中数字35会根据设备的不同而变化，在做实验时需要连接协调器上Wi-Fi模块标签上相应Wi-Fi），连接成功后，可以观察到Wi-Fi模块上有两个绿色的LED灯会同时保持常亮（一个是电源灯一个是网络连接灯）。

在手机端找到名为IOTControl的App，打开App，在初始登录页面输入账号和密码，单击"登录"按钮完成登录操作（为了方便使用，初次登录App时不需要账号和密码，可以直接单击"登录"按钮登录，以后若需要账号和密码，可以在"密码管理"界面自行设置），如图17-21所示。

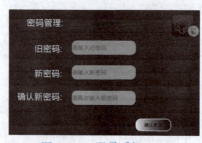

图17-21　登录手机App

登录成功后会看到主页面中有三个图标模块，分别是修改密码模块■、参数配置模块■、监控模块■。

修改密码模块■：打开之后可以对密码进行修改，分别输入旧密码、新密码，然后进行新密码输入确认后，单击"确认修改"按钮，即可完成对密码的修改。单击右上角的红色房子图标可以回到主界面。

参数配置模块■：在这里需要对手机的IP地址和端口号进行相应的配置。IP地址可以在设备附带的标签上找到，端口号默认为 8899，如图 17-22 所示。

图 17-22　设置 IP 地址

将 IP 地址和端口号分别输入到相应文本框中，单击"完成修改"按钮即可完成修改。"准备修改"按钮的作用是复位，如果修改了 IP 和端口信息，打乱了数字，单击"准备修改"按钮进行信息的复位，方便用户修改。屏幕下半部分是节点板板号的配置，根据之前使用配置工具配置节点板时的序号，进行相应的填写，注意不要出错。填写完成后单击右下角的"确认修改"按钮即可完成板号配置工作，如图 17-23 所示。

监控模块，分为环境数据监测和电器控制。环境数据监测部分可以直接看到各传感器检测到的数据，分别是温度、湿度、光照度、PM2.5 值、求助按钮状态、烟雾浓度、燃气浓度、人体红外状态、气压值、RFID 标签信息。在电器控制部分可以直接对节点板的工作状态进行控制，分别可以对直流电机、LCD 液晶屏、步进电机、继电器、RFID 标签进行操作和控制。

> **注意**
> 在使用手机 App 前需完成协调器和节点板的所有配置工作，并且打开它们，确认它们之间组网成功，如图 17-24 所示。

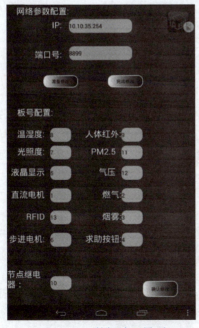

图 17-23　数据读写界面

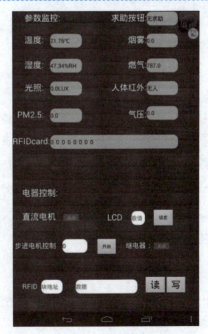

图 17-24　显示数据

首先需完成协调器和节点板的所有配置工作，并且打开它们，确认它们之间组网成功。并用 USB 串口线连接协调器和计算机。

以管理员身份打开配置工具：单击"协调器"按钮，如图 17-25 所示。之后会跳出 PC 端上位机界面，如图 17-26 所示。选择可用端口并打开。若协调器与节点板都已成功组网，并且硬件连接正确，稍等几秒后可以在软件的右侧看到节点板的信息会一条条地显示，直到全部节点板都显示出来为止。每一条信息都包含了节点板的板号、信号强度、板类型、MAC 地址、短地址、PanID、通道号等，如果事先给这块节点板的传感器配置了环境监测类型的传感器，则还能在这条信息里看到相应传感器的数据。比如将 8 号板配置成了温、湿度传感器，则能在 8 号节点板的信息内看到温度和湿度的数据。

图 17-25　选择协调器

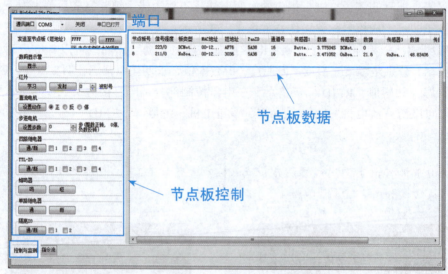

图 17-26　显示读写数据内容

另外，软件的左侧是节点板控制模块，其中包含了直流电机、步进电机、继电器、蜂鸣器等节点板的控制功能。如果事先给这块节点板配置了控制类型的传感器，则可以在左侧的控制模块中对其进行控制。比如，将 1 号板配置成了直流电机的传感器，则能在左侧的控制模块中选择直流电机的旋转方式，然后单击"设置动作"按钮，即可对直流电机的开和关进行控制（直流电机根据出厂时接线方式的不同可能会分为正转型和反转型）。

任务二　智能家居基础知识

任务分析

本任务对智能家居知识进行系统地介绍，目标是了解并掌握智能家居的基础知识，并对智能家居的组成、结构、应用等方面形成较全面的认识。

任务实施

一、了解智能家居

1. 定义

智能家居（smart home，home automation）是以住宅为平台，利用综合布线技术、网络通信技术、安全防范技术、自动控制技术、音视频技术将家居生活有关的设施集成，构建高效的住宅设施与家庭日程事务的管理系统，提升家居安全性、便利性、舒适性、艺术性，并实现环保节能的居住环境。

智能家居是在互联网影响深入、物联化稳步发展的情况下诞生的。智能家居通过物联网技术将家中的各种设备（如音视频设备、照明系统、窗帘控制、空调控制、安防系统、数字影院系统、影音服务器、影柜系统、网络家电等）连接到一起，提供家电控制、照明控制、电话远程控制、室内外遥控、防盗报警、环境监测、暖通控制、红外转发以及可编程定时控制等多种功能和手段。

智能家居的概念起源很早，但一直未有具体的建筑案例出现，直到 1984 年美国联合科技公司（United Technologies Building System）将建筑设备信息化、整合化概念应用于具体的项目中，才出现了首栋"智能型建筑"，从此揭开了全世界争相建造智能家居的序幕。

2. 发展

智能家居在中国的发展经历的四个阶段，分别是萌芽期、开创期、徘徊期、融合演变期。

1）萌芽期 / 智能小区期（1994—1999 年）

这是智能家居在中国的第一个发展阶段，整个行业还处在一个概念熟悉、产品认知的阶段，这时没有出现专业的智能家居生产厂商，只有国外产品代理销售公司从事进口零售业务，产品多销售给居住国内的欧美用户。

2）开创期（2000—2005 年）

这期间，国内先后成立了五十多家智能家居研发生产企业，主要集中在深圳、上海、天津、北京、杭州、厦门等地。智能家居的市场营销、技术培训体系逐渐完善起来，此阶段，国外智能家居产品基本没有进入国内市场。

3）徘徊期（2006—2010 年）

2005 年以后，优胜劣汰，许多坚持下来的智能家居企业，也经历了缩减规模的痛苦。这一时期，国外的智能家居品牌却暗中布局进入了中国市场，而活跃在市场上的国外主要智能家居品牌都是这一时期进入中国市场的，如罗格朗、霍尼韦尔、施耐德、Control4 等。国内部分存活下来的企业也逐渐找到自己的发展方向，例如天津瑞朗、青岛爱尔豪斯、海尔、科道等，深圳索科特研发了空调远程控制，成为工业智控的厂家。

4）融合演变期（2011—2020 年）

2011 年以来，市场明显看到了增长的势头，而且大的行业背景是房地产受到调控。智能家居的放量增长说明智能家居行业进入了一个拐点，由徘徊期进入了新一轮的融合演变期。

未来发展：接下来的三到五年，智能家居一方面进入一个相对快速的发展阶段，另一方面协议与技术标准开始主动互通和融合，行业并购现象开始出来甚至成为主流。进一步五到十年，智能家居行业将进入极为快速发展阶段,这个阶段国内将诞生多家年销售额上百亿元的智能家居企业,成为奠定国内智能家居发展的基石。

3. 主流技术

智能家居领域由于其多样性和个性化的特点,也导致了技术路线和标准众多,没有统一通行技术标准体系的现状,从技术应用角度来看主要有三类主流技术:

1) 总线技术类

总线技术的主要特点是所有设备通信与控制都集中在一条总线上,是一种全分布式智能控制网络技术,其产品模块具有双向通信能力,以及互操作性和互换性,其控制部件都可以编程。典型的总线技术采用双绞线总线结构,各网络节点可以从总线上获得供电,亦通过同一总线实现节点间无极性、无拓扑逻辑限制的互连和通信。

总线技术类产品比较适合于楼宇智能化以及小区智能化等大区域范围的控制,但一般设置安装比较复杂,造价较高,工期较长,只适用新装修用户。

2) 无线通信技术类

无线通信技术众多,已经成功应用在智能家居领域的无线通信技术方案主要包括:射频(RF)技术(频带大多为 315 MHz 和 433.92 MHz)、VESP 协议、IrDA 红外线技术、HomeRF 协议、ZigBee 标准、Z-Wave 标准、Z-world 标准、X2D 技术等。

无线技术方案的主要优势在于无须重新布线,安装方便灵活,而且根据需求可以随时扩展或改装,可以适用于新装修用户和已装用户。

3) 电力线载波通信技术

电力线载波通信技术充分利用现有的电网,两端加以调制解调器,直接以 50 Hz 交流电为载波,再以数百 kHz 的脉冲为调制信号,进行信号的传输与控制。

二、了解主要功能

1. 智能灯光控制

实现对全宅灯光的智能管理,可以用遥控等多种智能控制方式实现对全宅灯光的遥控开关、调光、全开全关及"会客、影院"等多种一键式灯光场景效果的实现。

优点:

(1) 控制:就地控制、多点控制、遥控控制、区域控制等。

(2) 安全:通过弱电控制强电方式,控制回路与负载回路分离。

(3) 简单:智能灯光控制系统采用模块化结构设计,简单灵活、安装方便。

(4) 灵活:根据需求的变化,通过软件设置即可实现灯光布局的改变和功能扩充。

2. 智能电器控制

电器控制采用弱电控制强电方式,既安全又智能,可以用遥控、定时等多种智能控制方式对饮水机、插座、空调、地暖、投影机、新风系统等进行智能控制。

优点:

(1) 方便:就地控制、场景控制、遥控控制、电话计算机远程控制、手机控制等。

(2) 控制:通过红外或者协议信号控制方式,安全方便不干扰。

（3）健康：通过智能检测器，可以对家里的温度、湿度、亮度进行检测，自动工作。
（4）安全：根据生活节奏自动开启或关闭电路，避免不必要的浪费和电气老化隐患。

3．安防监控系统

随着居住环境的升级，人们越来越重视自己的个人安全和财产安全，对人、家庭以及住宅小区的安全方面提出了更高的要求；同时，经济的飞速发展伴随着城市流动人口的急剧增加，给城市的社会治安增加了新的难题，要保障小区的安全，防止偷抢事件的发生，智能安防已成为当前的发展趋势。

视频监控系统已经广泛地存在于银行、商场、车站和交通路口等公共场所，但实际的监控任务仍需要较多的人工完成，而且现有的视频监控系统提供的信息是没有经过解释的视频图像，只能用作事后取证，没有充分发挥监控的实时性和主动性。

优点：
（1）安全：安防系统可以对陌生人入侵、煤气泄漏、火灾等情况及时发现并通知主人。
（2）简单：操作非常简单，可以通过遥控器或者门口控制器进行布防或者撤防。
（3）实用：视频监控系统依靠安装在室外的摄像机可以有效地阻止可疑人员进一步行动，并且也可以在事后取证给警方提供有力证据。

4．智能背景音乐

简单地说，家庭背景音乐就是在家庭任何一间房子里，比如花园、客厅、卧室、酒吧、厨房或卫生间，可以将 MP3、FM、DVD、计算机等多种音源进行系统组合，让每个房间都能听到美妙的背景音乐，音乐系统既可以美化空间，又可起到很好的装饰作用。

优点：
（1）独特：与传统音乐不同，专业针对家庭进行设计。
（2）效果：采用高保真双声道立体声喇叭，音质效果非常好。
（3）简单：控制器人性化设计，操作简单，无论老人小孩都会操作。
（4）方便：人性化、主机隐蔽安装，只需通过每个房间的控制器或者遥控器就可以控制。

5．智能视频共享

视频共享系统是将数字电视机顶盒、DVD 机、录像机、卫星接收机等视频设备集中安装于隐蔽的地方，系统可以做到让客厅、餐厅、卧室等多个房间的电视机共享家庭影音库，并可以通过遥控器选择自己喜欢的音源进行观看，采用这样的方式既可以让电视机共享音视频设备，又不需要重复购买设备和布线，既节省了资金又节约了空间。

优点：
（1）简单：布线简单，一根线可以传输多种视频信号，操作更方便。
（2）实用：无论主机在哪里，一个遥控器就可以对所有视频主机进行控制。
（3）安全：采用弱电布线，网线传输信号，永不落伍，即使以后升级还是用网线。

6．可视对讲系统

可视对讲产品已比较成熟，成熟案例随处可见。这其中有大型联网对讲系统，也有单独的对讲系统，比如别墅用的，其中有分一拖一、二、三等；一般实现的功能是可以呼叫、可视、对讲等功能,但是通过"品奇居"的整合部已经将很多不同平台的产品实现了统一,增强了整套系统控制部分的优势,让室内主机也可以控制家里的灯光和电器。

7. 家庭影院系统

对于高档别墅或者公寓的户型,客厅或者影视厅一般为 20 m² 左右,客厅或者视听室自然是家里最气派的地方,除了要宽敞舒服,也得热闹娱乐才行,要满足这样的要求,"家庭云平台"是家庭影院必不可少的"镇宅之宝"。

优点:

(1) 简单:操作非常简单,一键可以启动场景,如音乐模式、视听模式、卡拉 OK、电影模式等。

(2) 实用:拥有私人电影院,自己就是导演,在家可以随时看大片,为您节约宝贵的时间。说"镇宅之宝"一点也不为过,在周末可以与自己的好朋友拉近距离。

(3) 气派:通过千兆交换机连接到各个房间,即可通过遥控器/平板在不同的房间操作投影仪、电视机,分享私家影库。

备注:可配合智能灯、电动窗帘、背景音乐、进行联动控制。

8. 系统整合控制

总结:靠着多年的设计与施工经验以及各个部门的共同努力,本着有效提高产品的实用率、尽量减少成本让功能最大化,从实用的角度让很多功能实现尽量简洁有效的控制,实现让用户仅需要在系统整合智能家居产品中即可做到灯光控制、电器控制、安防报警、背景音乐、视频共享以及弱电信息六大功能。

9. 其他功能

1) 遥控控制

你可以使用遥控器控制家中灯光、热水器、电动窗帘、饮水机、空调等设备的开启和关闭;通过遥控器的显示屏可以在一楼(或客厅)查询并显示二楼(或卧室)灯光电器的开启关闭状态;同时遥控器还可以控制家中的红外电器(如电视、DVD、音响等)。

2) 电话远程控制

高加密(电话识别)多功能语音电话远程控制功能,当你出差或者在家外办事,你可以通过手机、固定电话控制家中的空调、窗帘、灯光、电器,使之提前制冷或制热或进行开启和关闭状态,通过手机或固定电话知道家中电路是否正常,各种家用电器(如冰箱中的食物等),还可以得知室内的空气质量(屋内外可以安装类似烟雾报警器的电器)从而控制窗户和紫外线杀菌装置进行换气或杀菌,此外根据外部天气的优劣适当地加湿屋内空气和利用空调等设施对屋内进行升温。主人不在家时,也可以通过手机或固定电话自动给花草浇水、宠物喂食等。控制卧室的柜橱,对衣物、鞋子、被褥等杀菌、晾晒等。

3) 定时控制

你可以提前设定某些产品的自动开启、关闭时间,如电热水器每天 20:30 自动开启加热,23:30 自动断电关闭,保证你在享受热水洗浴的同时,也带来省电、舒适和时尚。当然电动窗帘的自动开启、关闭更不在话下。

4）集中控制

你可以在进门的玄关处同时打开客厅、餐厅和厨房的灯光，尤其是在夜晚你可以在卧室控制客厅和卫生间的灯光电器，既方便又安全，还可以查询它们的工作状态。

5）场景控制

你轻轻触动一个按键，数种灯光、电器在你的"意念"中自动执行，使您感受和领略科技时尚生活的完美和简洁、高效。

6）网络远程控制

在办公室，在出差的外地，只要是有网络的地方，你都可以通过 Internet 登录到家中，在网络世界中通过一个固定的智能家居控制界面控制家中的电器，提供一个免费动态域名。主要用于远程网络控制和电器工作状态信息查询，例如你出差在外地，利用外地网络计算机，登录相关的 IP 地址，就可以控制远在千里之外自家的灯光、电器，在返回住宅上飞机之前，将家中的空调或是热水器打开……

7）全宅手机控制

全屋的灯光电器都能使用手机对其进行远程控制。只要手机能够连接网络，就能使用手机通过网络进行远程控制家里的灯光、电器还有其他的用电设备。

知识拓展

一、《国家标准化发展纲要》发布

2021 年 10 月 10 日，《国家标准化发展纲要》（以下简称《纲要》）正式发布。

《纲要》主要内容是关于从住房、物业服务，到新能源汽车、无人驾驶，以及平台经济、共享经济等领域的标准化建设的工作规划和安排。其目标是在各行业推进全域标准化深度发展、完善国家基础性制度，为经济活动和社会发展提供技术支撑。

《纲要》具体内容主要包含以下七个方面：

（1）在人工智能、量子信息、生物技术等领域，开展标准化研究。

（2）在新一代信息技术、大数据、区块链、卫生健康、新能源、新材料等技术领域，同步部署技术研发、标准研制与产业推广，加快新技术产业化步伐。

（3）研究制定智能船舶、高铁、新能源汽车、智能网联汽车和机器人等领域关键技术标准，推动产业变革。

（4）适时制定和完善生物医学研究、分子育种、无人驾驶等领域技术安全相关标准，提升技术领域安全风险管理水平。

（5）加快节能标准更新升级，抓紧修订一批能耗限额、产品设备能效强制性国家标准，提升重点产品能耗限额要求，扩大能耗限额标准覆盖范围，完善能源核算、检测认证、评估、审计等配套标准。

（6）加快完善地区、行业、企业、产品等碳排放核查核算标准。

（7）制定重点行业和产品温室气体排放标准，完善低碳产品标准标识制度。

二、《国家新一代人工智能标准体系建设指南》简介

2020 年 7 月 27 日，工信部、科技部、国家标准化管理委员会、中央网信办、国家发展改

革委等五部门联合印发《国家新一代人工智能标准体系建设指南》(以下简称《指南》),提出到 2023 年,初步建立人工智能标准体系,重点研制数据、算法、系统、服务等重点急需标准,并率先在制造、交通、金融、安防、家居、养老、环保、教育、医疗健康、司法等重点行业和领域进行推进。

《指南》中明确了人工智能标准体系结构包括"A 基础共性""B 支撑技术与产品""C 基础软硬件平台""D 关键通用技术""E 关键领域技术""F 产品与服务""G 行业应用""H 安全/伦理"等八部分。

《指南》明确提出结合当前人工智能应用发展态势,确定智能家居为人工智能标准化的九大重点行业应用领域之一,如图 17-27 所示。

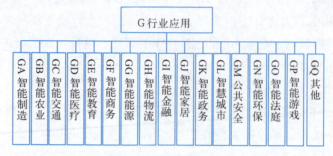

图 17-27 智能家居属人工智能标准体系重要分部分

《指南》中关于智能家居领域的行业应用标准提出明确要求:规范家居智能硬件、智能网联、服务平台、智能软件等产品、服务和应用,促进智能家居产品的互联互通,有效提升智能家居在家居照明、监控、娱乐、健康、教育、资讯、安防等方面的用户体验。

三、现代智能家居提供的服务

(1) 网络服务:要求始终在线,能与互联网随时相连,为居家办公提供方便条件。

(2) 安全服务:智能安防可以实时监控入侵、火灾、煤气泄漏、紧急呼救等。一旦出现警情,系统自动向中心发出报警信息,同时启动相关电器进入应急联动状态,实现主动防范。

(3) 智能控制服务:对声、光、电等实现智能化的场景控制,并可通过语音识别技术实现智能家电的声控功能,或通过各种主动式传感器(如温度、声音、动作等)实现智能家居的主动性动作响应。

(4) 环境控制:可以对室内、外的温度、湿度、亮度等进行智能化控制。

(5) 家庭娱乐:对诸如家庭影院系统和家庭中央背景音乐系统进行控制。

(6) 厨卫环境控制:主要指整体厨房和整体卫浴,实现多元素的智能调节。

(7) 家庭信息服务:主要是管理家庭信息及与小区物业管理公司联系。

(8) 家庭理财服务:是指通过网络完成理财和消费服务。

(9) 自动维护功能:智能信息家电可以通过服务器直接从制造商的服务网站上自动下载、更新驱动程序和诊断程序,实现智能化的故障自诊断、新功能自动扩展。

课后习题

一、填空题

1. 智能家居控制系统英文名称是_____。
2. NFC 是_____的简称。
3. 物联网从理论上分为三层,从上至下依次为应用层、_____、感知层。
4. 门禁卡的工作能源来自哪里?_____(参考选项:A. 磁场感应电流;B. 纽扣电池;C. 锂电池;D. 不需要提供电源)
5. 在智能家居中主要实现了对各类家居的感知数据的_____、感知数据的_____和_____的处理三种功能。

二、思考题

1. 收集市场上最常见的智能家居品牌,根据这些品牌找到最常见的产品,并注明常见功能和价钱。
2. 找出你最喜欢的智能家居品牌,请说出理由。

三、操作题

1. 改变无线传感网 PanID 和通道号地址,再一次连接,查看网络情况。
2. 使用 Visio 画出智能家居在家中的实际使用情况。
3. 改变各个模块之间的连接距离进行实验,总结模拟智能家居的实际使用距离,测算可以在多大面积的房屋中使用。

习题答案

单元一

一、选择题

1．B　2．D　3．B　4．A　5．D　6．A　7．D　8．A　9．A　10．D

二、多选题

1．ABC　2．AC　3．BC　4．ABD　5．ABC

三、判断题

1．×　2．√　3．√　4．√　5．×　6．×　7．√

四、操作题

同学们在手机软件商店中下载测血压软件，如"体检宝""随身测血压"等，进行人体心率、血压的测试。

具体过程（略）

单元二

一、选择题

1．B　2．B　3．A　4．A　5．A　6．B　7．B　8．A　9．B　10．A　11．A　12．A　13．A　14．B

二、填空题

1．978　2．错误纠正能力强　3．中国物品编码中心　4．矩阵式二维条码　5．电信号

三、概念题

1．条码：排列的条、空及其对应字符组成的标记，用以表示一定的信息。

2．条码识别：由条码符号设计、制作及扫描识读组成的自动识别系统。

3．商品代码：商品代码又称商品编码，或商品代号、货号，是在商品分类的基础上，赋予某种或某类商品以某种代表符号或代码的过程。

4．商品代码的种类：可分为数字型代码、字母型代码和混合型代码三类。

(1) 数字型代码：是用一个或若干个阿拉伯数字表示分类对象（商品）的代码，其特点是结构简单，使用方便，易于推广，便于计算机进行处理。

(2) 字母型代码：是用一个或若干个字母表示分类对象的代码。特点是便于记忆，比同样位数的数字型代码的容量大，不利于计算机识别与处理。

(3) 混合型代码：是由数字和字母混合组成的代码，它兼有数字型代码和字母型代码的优点，结构严密，具有良好的直观性和表达式，同时又适合于使用上的习惯。但是由于组成形式复杂，给计算机输入带来不便，录入效率低，错码率高。

5．二维码有哪些种类？

二维码在水平和垂直方向都可以存储信息。二维码能存储汉字、数字和图片等信息，因此二维码的应用领域要广得多。二维码可以分为堆叠式/行排式二维条码和矩阵式二维条码两类。堆叠式/行排式二维条码形态上是由多行短截的一维条码堆叠而成；矩阵式二维条码以矩阵的形式组成，在矩阵相应元素位置上用"点"表示二进制"1"，用"空"表示二进制"0"，"点"和"空"的排列组成代码。

6．二维码有哪些应用？

二维码的应用主要集中在以下方面：

(1) 身份识别：在名片上加入二维码，可以快速实现信息的识别和存储。网易最近也推出了二维码名片，方便记录，快速识别，其中包括一些会议签到之类的应用。

(2) 产品溯源：将一些产品的基本信息存储到电子标签中，便于保真、查询。还有目前物流运用二维码进行物流跟踪。

(3) 电子票务：电影票，景点门票，采用二维码定制，除去了排队买票验票时间，无纸化绿色环保。

(4) 电子商务：包括二维码提货，二维码优惠券等，目前一些海报上商品展示也出现二维码购物。

(5) 其他娱乐应用。

四、操作题

在手机软件商店中下载软件，然后查询商品的二维码信息。

操作过程（略）

单元三

一、选择题

1．A 2．B 3．B 4．C 5．D 6．D 7．A 8．B 9．B

二、填空题

1．Radio Frequency Identification 2．电子标签 读写器 计算机网络

3．电感耦合式 电磁方向散射耦合式 4．密耦合系统 远耦合系统 远距离系统

5．天线 射频模块 逻辑控制模块 6．有源标签 无源标签

7．线圈型 微带贴片型 偶极子型

三、简答题

1．什么是RFID？

RFID是一种自动识别技术，它利用无线射频信号实现无接触信息传递，达到自动识别目

标对象的目的。它是一种非接触式的自动识别技术，它通过无线射频方式自动识别目标对象，识别工作无须人工干预。

2．简述 RFID 系统的基本组成？

RFID 系统基本都是由电子标签、读写器和系统高层三部分组成。电子标签由芯片及天线组成，附着在物体上标识目标对象，每个电子标签具有唯一的电子编码，存储着被识别物体的相关信息。读写器是利用射频技术读写电子标签信息的设备。系统高层是计算机网络系统，数据交换与管理由计算机网络完成。读写器可以通过标准接口与计算机网络连接，计算机网络完成数据的处理、传输和通信功能。

3．简述低频和高频 RFID 的工作原理？

低频和高频 RFID 基本上都采用电感耦合识别方式。由于低频和高频 RFID 的工作波长较长，电子标签都处于读写器天线的近区，其工作能量是通过电感耦合方式从读写器天线的近场中得到。电感耦合的电子标签几乎都是无源的。电子标签与读写器之间传递数据时，电子标签需要位于读写器附近，这样电子标签可以获得较大的能量。

4．简述微波 RFID 的工作原理。

微波 RFID 是电磁反向散射识别系统，采用雷达原理模型，发射出去的电磁波碰到目标后反射，同时携带目标的信息返回。微波 RFID 的工作波长较短，电子标签基本都处于读写器天线的远区，电子标签获得的是读写器的辐射信号和辐射能量。电子标签接收读写器天线的辐射场，读写器天线的辐射场为无源电子标签提供射频能量，或将有源电子标签唤醒。微波 RFID 是视距传播。

四、操作题（略）。

单元四

一、选择题

1．A 2．B 3．B 4．D 5．A 6．D 7．B 8．B 9．A 10．C

二、填空题

1．实现数据的存储及命令发布和控制功能

2．RFID 超高频天线 ID4100、T5557 超高频卡、超高频标签

3．电源接口 USB 接口 软排线接口

4．超高频馈线 超高频天线

5．主控板驱动 连接器驱动 烧写器驱动

6．语音识别技术 图像识别技术 射频识别技术 条码识别技术

7．电感耦合式 磁反向散射耦合式

8．调制器 编码发生器

三、操作题（略）。

单元五

一、判断题

1．√ 2．√ 3．√ 4．√ 5．√

二、填空题

1．敏感元件、转换元件、转换电路三部分组成　非电量　电量

2．应变　压阻

3．极化效应　电致伸缩效应

4．外光电效应　光电导效应　光生伏特效应

5．涡流传感器　金属物体

6．半导体载流子

三、简答题

1．简述传感器应用的共同特点和共同过程。

共同的特点就是使用传感器完成信号的采集。使用微处理器或单片机完成信号的处理。共同的过程就是信号的采集、传输和处理过程。

2．光纤传感器一般分为哪两大类？

（1）利用光纤本身的某种敏感特性或功能制成的传感器，称为功能型传感器，又称传感型传感器。

（2）光纤仅仅起传输光的作用，它通过在光纤端面或中间加装其他敏感元件来感受被测量的变化，这类传感器称为非功能型传感器，又称传光型传感器。

3．简述半导体气敏传感器获取信号的方法。

（1）利用吸附平衡状态稳定值取出信号。

（2）利用吸附平衡速度取出信号。

（3）利用吸附平衡值与温度的依存性取出信号。

四、操作题（略）。

单元六

一、选择题

1．D　2．D　3．A　4．D　5．A　6．A　7．A　8．A　9．D　10．C

二、填空题

1．传感器　感知对象　用户（观察者）

2．协作式的感知　数据采集　数据处理　发布、执行感知信息

3．采集数据　数据处理　控制　通信

4．介质选择　频段选取　调制技术　扩频技术

5．大规模网络　自组织网络　可靠的网络　以数据为中心的网络　应用相关的网络

6．网络拓扑控制　网络协议　时间同步　定位技术　数据融合及管理　网络安全　应用层技术

7．物理层　介质访问控制子层　逻辑链路子层

8．数据库　数据处理引擎　图形用户界面　后台组件

9．多传感器的目标探测　数据关联　跟踪与识别　情况评估和预测

10．800 MHz　915 MHz　2.4 GHz

11．休眠（技术）机制　数据融合

12．机密性问题　点到点的消息认证问题　完整性鉴别问题

13．接入速率　工作信道　认证加密方法　网络访问权限

14．敏感元件　转换元件　转换电路

15．传感器模块　处理器模块　无线通信模块　能量供应模块

16．RIFD 无线识别　嵌入式系统技术　能量供给模块　纳米技术

三、简答题

1．Wi-Fi 应用主要包括哪些方面？

（1）家居电器智能化、安防设备、LED 灯光、智能公交网络、无线刷卡机、小额金融支付网络、工业设备联网、无线传感器；

（2）串口（RS232/RS485）转 Wi-Fi、SPI 转 Wi-Fi；

（3）Wi-Fi 远程控制/监控、TCP/IP 和 Wi-Fi 协处理器；

（4）Wi-Fi 遥控飞机、汽车等玩具领域；

（5）Wi-Fi 网络收音机、摄像头、数码相框；

（6）医疗仪器、数据采集、手持设备；

（7）Wi-Fi 脂肪称、智能卡终端；家居智能化；

（8）仪器仪表、设备参数监测、无线 POS 机；

（9）现代农业、军事领域等其他无线相关二次开发应用。

2．物联网的无线通信方式有哪些？

（1）Wi-Fi 俗称无线宽带，是一种无线局域网通信技术。

（2）蓝牙是一种设备之间进行无线通信的技术。

（3）Z-Wave：是由丹麦公司 Zensys 所一手主导的基于射频的、低成本、低功耗、高可靠、适于网络的短距离无线通信技术。

（4）IPv6/6Lowpan：基于 IPv6 的低速无线个域网标准，即 IPv6 over IEEE 802.15.4。

（5）LoRa：易于建设和部署的低功耗广域物联技术，使用线性调频扩频调制技术，既保持了像 FSK（频移键控）调制相同的低功耗特性，又明显增加了通信距离，同时提高了网络效率并消除了干扰。

（6）GPRS 是通用分组无线服务技术的简称。

（7）3G/4G：第三代和第四代移动通信技术，4G 是集 3G 与 WLAN 于一体，能够快速高质量地传输数据、图像、音频、视频等。

（8）NB-IoT 构建于蜂窝网络，只消耗大约 180 kHz 的带宽，可直接部署于 GSM 网络、UMTS 网络或 LTE 网络，支持低功耗设备在广域网的蜂窝数据连接，又称低功耗广域网。

四、操作题（略）。

单元七

一、选择题

1．D　2．A　3．B　4．C　5．B　6．D　7．B　8．A　9．B　10．D

11．C　12．A　13．B

二、判断题

1．√ 2．√ 3．√ 4．√ 5．√ 6．× 7．× 8．× 9．× 10．√ 11．√

三、填空题

1．2.4　（2，4）　5　13　2．电磁波　3．Access Point

4．1、6、11　5．Wireless Fidelity　IEEE 802.11

四、简答题

简要说明 WLAN 网速慢故障处理思路。

（1）查看 AP 状态，排除 AP 离线"吊死"等异常。

（2）查看现场信号强度是否足够，信号强度不足会影响用户接入速率，可以利用软件测试现场信号场强，并进一步判断是因天馈系统故障造成信号弱还是 AP 功率设置过低。进而维修天馈系统或调整 AP 输出功率。

（3）查看是否存在干扰，高校宿舍等 AP 密集场所可能因 AP 功率设置过高出现同邻频干扰。居民区应排查是否有 2.4G 频段的设备对 WLAN 网络造成干扰，如无绳电话、微波炉等。同邻频干扰可通过降低 AP 输出功率或将天线入室解决；2.4G 频点干扰可启用 802.11a 5G 频段进行避免。

（4）出口带宽是否足够，后期扩容站点可能因前期出口带宽规划不足，出现网络高峰期拥塞情况，可通过扩充上联端口带宽解决。

（5）AP 无线配置是否异常，查看 AC 及 AP 的相关配置，检查是否有配置错误造成 AP 性能下降。

五、操作题（略）。

单元八

一、选择题

1．B 2．A 3．D 4．D 5．D 6．B 7．B 8．A 9．A 10．C

11．C 12．A 13．C 14．C 15．C 16．C 17．A 18．D

二、填空题

1．单点寻址　广播寻址　2．2.4GHz　3．物理层和 MAC 层　4．ISM

5．低功耗、低成本、大容量、可靠、时延短、灵活的网络拓扑结构

6．APS、ZigBee 设备对象、ZigBee 应用框架（AF）ZigBee 设备模板和制造商定义的应用对象

7．物理层 MAC 层、网络层、应用层　8．近距离、低复杂度、低功耗、低成本

9．双向 CC2530 核心板　协调器底板　路由器底板　10．路由器

三、简答题

1．简述 ZigBee 网络层功能。

ZigBee 网络中的设备有三种类型：协调器、路由器和终端节点，分别实现不同的功能。协调器具有建立新网络的能力。协调器和路由器具备允许设备加入网络或者离开网络、为设备分配网络内部的逻辑地址、建立和维护邻居表等功能。ZigBee 终端节点只需要有加入或离开网络的能力即可。

2．简述端点的作用。

端点的主要作用可以总结为以下两个方面。数据的发送和接收：当一个设备发送数据时，必须指定发送目的节点的长地址或短地址以及端点来进行数据的发送和接收，并且发送方和接收方所使用的端点号必须一致。绑定：如果设备之间需要绑定，那么在 ZigBee 的网络层必须注册一个或者多个端点来进行数据的发送和接收以及绑定表的建立。

3．ZigBee 技术采用了哪些方法来保障数据传输的安全性？

（1）加密技术；

（2）鉴权技术；

（3）完整性保护；

（4）顺序更新。

4．简述 ZigBee 体系结构中各协议层的作用。

（1）物理层：物理层是协议的最底层，承付着和外界直接作用的任务。

（2）MAC 层：负责设备间无线数据链路的建立、维护和结束。

（3）网络层：建立新网络，保证数据的传输。对数据进行加密，保证数据的完整性。

（4）应用层：应用支持层根据服务和需求使多个器件之间进行通信。

四、操作题（略）。

单元九

一、选择题

1．D　2．A　3．A　4．B　5．A　6．D　7．A　8．B　9．A　10．D

二、简答题

1．简述 PCU 的主要功能。

数据族的分割和重组以及发送安排；无线信道接入控制和管理；传输错误诊断和重发；功率控制。

2．什么是 GSN？

GSN 是 GPRS 网络中最重要的网络部件，有 SGSN 和 GGSN 两种类型。

SGSN（Serving GPRS Support Node，服务 GPRS 支持节点）的主要作用是记录 MS 的当前位置信息，提供移动性管理和路由选择等服务，并且在 MS 和 GGSN 之间完成移动分组数据的发送和接收。

GGSN（Gateway GPRS Support Node，GPRS 网关支持节点）起网关作用，把 GSM 网络中的分组数据包进行协议转换，之后发送到 TCP/IP 或 X.25 网络中。

三、操作题（略）。

单元十

一、填空题

1．规定的被测量　敏感元件　转换元件

2．接触电动势　温差电动势

3．规定条件　规定时间　完成规定功能

4．热电偶　热敏电阻

二、简答题

1．简述辐射型测温的工作原理。

辐射测温的工作原理是基于物理的"热辐射效应"。所谓热辐射效应，就是在自然界中，当物体的温度高于绝对零度时，由于它内部热运动的存在，就会不断地向四周辐射电磁波，向周围空间散发出红外辐射能量，其中包含了波段位于 0.75～100 μm 的红外线。辐射测温仪就是利用这一原理，汇集物体散发的红外光线，辅助热电偶电路制作而成的。

2．简述电容湿度传感器的工作原理。

被测物体辐射的热能经感温器的物镜聚焦到热电偶的工作端上，将热能转换为热电势。被测物体的温度越高，辐射能越大，产生的热电势越高。将热电势用显示仪表（毫伏计或电子电位差计）测量，并显示出温度值，即可得知被测物体的温度。

3．什么是光电效应？试说明光纤传感器的工作原理。

当用光照射物体时，物体受到一连串具有能量的光子的轰击，于是物体材料中的电子吸收光子能量而发生相应的电效应（如电阻率变化、发射电子或产生电动势等）。这种现象称为光电效应。

工作原理：利用外界物理因素改变光纤中光的强度、相位、偏振态或波长从而对外界因素进行测量和数据传输。

4．光导纤维为什么能够导光？光纤式传感器中光纤的主要优点有哪些？

光导纤维工作的基础是光的全内反射，当射入的光线的入射角大于纤维包层间的临界角时，就会在光纤的接口上产生全内反射，并在光纤内部以后的角度反复逐次反射，直至传递到另一端面。功能型光纤传感器具有以下优点：

（1）具有优良的传旋光性能，传导损耗小。

（2）频带宽，可进行超高速测量，灵敏度和线性度好。

（3）能在恶劣的环境下工作，能进行远距离信号的传送。

三、操作题（略）。

四、思考题（略）。

单元十一

一、填空题

1．量程　110℃　2．参量传感器　发电传感器　数字传感器　特殊传感器

3．模拟式　数字式　开关式　4．系统误差　随机误差　人为误差　粗大误差

二、判断题

1．×　2．×　3．√　4．√

三、简答题

1．什么是霍尔效应？

金属或半导体薄片置于磁感应强度为 B 的磁场中，当有电流 I 通过时，在垂直于电流和磁

场的方向上将产生电动势 U，这种物理现象称霍尔效应。

2．什么是热电效应？

将两种不同的导体 A 和 B 连成闭合回路，当两个接点处的温度不同时，回路中将产生热电势。

3．什么是光电效应？

物体吸收到光子能量后，产生相应电效应的一种物理现象。

四、操作题（略）。

五、思考题（略）。

单元十二

一、简答题

1．烟雾传感器分类有哪些？

（1）离子式烟雾传感器：该烟雾报警器内部采用离子式烟雾传感，离子式烟雾传感器是一种技术先进、工作稳定可靠的传感器，被广泛运用到各消防报警系统中，性能远优于气敏电阻类的火灾报警器。

（2）光电式烟雾传感器：该烟雾报警器内有一个光学迷宫，安装有红外对管，无烟时红外接收管收不到红外发射管发出的红外光，当烟尘进入光学迷宫时，通过折射、反射，接收管接收到红外光，智能报警电路判断是否超过阈值，如果超过发出警报。

（3）气敏式烟雾传感器：该烟雾传感器是一种检测特定气体的传感器。它主要包括半导体气敏传感器、接触燃烧式气敏传感器和电化学气敏传感器等，其中用得最多的是半导体气敏传感器。它的应用主要有：一氧化碳气体的检测、瓦斯气体的检测、煤气的检测、氟利昂（R11、R12）的检测、呼气中乙醇的检测、人体口腔口臭的检测等。

2．烟雾传感器工作原理是什么？

MQ-2 型烟雾传感器属于二氧化锡半导体气敏材料，属于表面离子式 N 型半导体。处于 200～300 ℃时，二氧化锡吸附空气中的氧，形成氧的负离子吸附，使半导体中的电子密度减少，从而使其电阻值增加。当与烟雾接触时，如果晶粒间界处的势垒受到烟雾浓度影响而变化，就会引起表面导电率的变化。利用这一点就可以获得这种烟雾存在的信息，烟雾的浓度越大，导电率越大，输出电阻越低，则输出的模拟信号就越大。

二、思考题（略）。

三、操作题（略）。

单元十三

一、选择题

1．C 2．A B 3．E

二、填空题

1．Lux 平方米

2．LED

3．有插针（DIP） 焊线（Wire） 贴片（SMD），

4．5 V　1.5～2.5 kHz

5．电信号　红外信号

三、思考题（略）。

四、操作题（略）。

单元十四

一、思考题（略）。

二、操作题（略）。

单元十五

一、选择题

1．A　2．B　3．C　4．C　5．D　6．B　7．D　8．A　9．B　10．D

二、填空题

1．数据安全　网线安全　节点安全

2．信息感知（主要是RFID）和无线传输（主要是WSN）

3．算法和密钥

4．完全备份　差异备份　增量备份　事务日志备份

5．物理要素　运行要素　数据要素

6．包过滤技术　代理服务技术　状态监控技术

7．针对标签和阅读器　针对后端数据库

8．端口扫描　黑客攻击

三、简答题

物联网传感层信息安全的管理对策有哪些？

（1）传感网机密性的安全控制。建立传感网内部有效的密钥管理机制，保障传感网内部通信的安全。机密性需要在通信时建立一个临时会话密钥，确保数据安全。例如在物联网构建中选择射频识别系统，应该根据实际需求考虑是否选择有密码和认证功能的系统。

（2）通信节点认证体制。实施传感网节点认证，确保非法节点不能接入。认证性可以通过对称密码或非对称密码方案解决。使用对称密码的认证方案需要预置节点间的共享密钥，在效率上也比较高，消耗网络节点的资源较少，许多传感网都选用此方案；而使用非对称密码技术的传感网一般具有较好的计算和通信能力，并且对安全性要求更高。

（3）入侵监测机制。对可能被敌手控制的网络节点行为进行评估、检测，以降低敌手入侵后的危害。敏感场合节点要设置封锁或自毁程序，发现节点离开特定应用和场所，启动封锁或自毁，使攻击者无法完成对节点的分析。

（4）传感网安全路由控制。在所有传感网内部应用安全路由技术。通过路由管理实现数据

通信的安全。

（5）构建和完善我国信息安全的监管体系。改变监管体系存在着执法主体不集中，多重多头管理，建立安全管理制度和标准，实施有效的安全管理。

四、操作题（略）。

单元十六

一、填空题

1．WGS-84　2．监测站　主控站　注入站　3．单频型接收机　双频型接收机

4．导航型接收机　授时型接收机　测地型接收机

5．偶然误差　系统误差　卫星有关的误差　与传播路径有关的误差　与接收设备有关的误差

二、简答题

1．与经典测量技术相比，GPS 技术有何优点？

定位精度高、任何环境下均可使用、可全天候观测、可同时测定点的三维位置。

2．GPS 卫星的参数有哪些？

卫星颗数：21 颗工作卫星 +3 颗备用卫星。

轨道高度：20 200 km。

周期：11 小时 58 分。

轨道倾角：55 度。

轨道平面数：6 个。

3．GPS 数据处理的过程有哪几个步骤？

数据预处理、基线向量解算、GPS 网平差计算。

4．何谓 GPS 卫星星历？

卫星星历就是描述有关卫星轨道的信息。主要由一组对应某一时刻参考星历的轨道参数及其变率组成。GPS 卫星星历包括预报星历和后处理星历两种。

5．GPS 卫星信号由哪几部分组成？

由载波、测距码和导航电文三部分组成的测距码（包括 P 码、C/A 码）导航电文（包括数据码）载波（包括 1L 波、2L 波）。

三、操作题（略）。

单元十七

一、填空题

1．ScS　2．Near Field Communication　3．网络层　4．A

5．传输　采集　感知数据

二、思考题（略）。

三、操作题（略）。